国家出版基金资助项目

Projects Supported by the National Publishing Fund

国家出版基金项目
NATIONAL PUBLICATION FOUNDATION

钢铁工业协同创新关键共性技术丛书

主编 王国栋

真空轧制复合技术与工艺

Technology and Process of Vacuum Rolling Cladding

骆宗安 谢广明 著

北 京

冶 金 工 业 出 版 社

2024

内 容 简 介

本书是"钢铁工业协同创新关键共性技术丛书"之一，总结了国内外金属复合板的发展和科技进步，系统地介绍了近年来关于真空轧制复合技术制备金属复合板的相关基础研究和科研成果。主要内容包括采用真空轧制复合技术制备复合特厚钢板、不锈钢复合板和钛/钢等异种金属复合板、复合轧辊及复合棒线材等的生产技术，并阐述了真空轧制复合技术的界面复合的基本原理、复合板制备工艺及真空复合装备开发创新。

本书可供金属轧制复合板相关领域的科研人员、生产技术人员阅读，也可供大专院校师生参考。

图书在版编目(CIP)数据

真空轧制复合技术与工艺/骆宗安，谢广明著.—北京：冶金工业出版社，2021.4（2024.5 重印）

（钢铁工业协同创新关键共性技术丛书）

ISBN 978-7-5024-8854-3

Ⅰ.①真… Ⅱ.①骆… ②谢… Ⅲ.①轧制 Ⅳ.①TG33

中国版本图书馆 CIP 数据核字（2021）第 130539 号

真空轧制复合技术与工艺

出版发行	冶金工业出版社	**电 话**	(010)64027926
地 址	北京市东城区嵩祝院北巷 39 号	**邮 编**	100009
网 址	www.mip1953.com	**电子信箱**	service@mip1953.com

责任编辑 卢 敏 美术编辑 彭子赫 版式设计 孙跃红
责任校对 石 静 责任印制 禹 蕊
北京捷迅佳彩印刷有限公司印刷
2021 年 4 月第 1 版，2024 年 5 月第 2 次印刷
710mm×1000mm 1/16；20.5 印张；396 千字；311 页
定价 88.00 元

投稿电话 (010)64027932 投稿信箱 tougao@cnmip.com.cn
营销中心电话 (010)64044283
冶金工业出版社天猫旗舰店 yjgycbs.tmall.com
（本书如有印装质量问题，本社营销中心负责退换）

《钢铁工业协同创新关键共性技术丛书》
总　　序

　　钢铁工业作为重要的原材料工业，担任着"供给侧"的重要任务。钢铁工业努力以最低的资源、能源消耗，以最低的环境、生态负荷，以最高的效率和劳动生产率向社会提供足够数量且质量优良的高性能钢铁产品，满足社会发展、国家安全、人民生活的需求。

　　改革开放初期，我国钢铁工业处于跟跑阶段，主要依赖于从国外引进产线和技术。经过40多年的改革、创新与发展，我国已经具有10多亿吨的产钢能力，产量超过世界钢产量的一半，钢铁工业发展迅速。我国钢铁工业技术水平不断提高，在激烈的国际竞争中，目前处于"跟跑、并跑、领跑"三跑并行的局面。但是，我国钢铁工业技术发展当前仍然面临以下四大问题。一是钢铁生产资源、能源消耗巨大，污染物排放严重，环境不堪重负，迫切需要实现工艺绿色化。二是生产装备的稳定性、均匀性、一致性差，生产效率低。实现装备智能化，达到信息深度感知、协调精准控制、智能优化决策、自主学习提升，是钢铁行业迫在眉睫的任务。三是产品质量不够高，产品结构失衡，高性能产品、自主创新产品供给能力不足，产品优质化需求强烈。四是我国钢铁行业供给侧发展质量不够高，服务不到位。必须以提高发展质量和效益为中心，以支撑供给侧结构性改革为主线，把提高供给体系质量作为主攻方向，建设服务型钢铁行业，实现供给服务化。

　　我国钢铁工业在经历了快速发展后，近年来，进入了调整结构、转型发展的阶段。钢铁企业必须转变发展方式、优化经济结构、转换增长动力，坚持质量第一、效益优先，以供给侧结构性改革为主线，推动经济发展质量变革、效率变革、动力变革，提高全要素生产率，使中国钢铁工业成为"工艺绿色化、装备智能化、产品高质化、供给服务化"的全球领跑者，将中国钢铁建设成世界领先的钢铁工业集群。

2014年10月，以东北大学和北京科技大学两所冶金特色高校为核心，联合企业、研究院所、其他高等院校共同组建的钢铁共性技术协同创新中心通过教育部、财政部认定，正式开始运行。

自2014年10月通过国家认定至2018年年底，钢铁共性技术协同创新中心运行4年。工艺与装备研发平台围绕钢铁行业关键共性工艺与装备技术，根据平台顶层设计总体发展思路，以及各研究方向拟定的任务和指标，通过产学研深度融合和协同创新，在采矿与选矿、冶炼、热轧、短流程、冷轧、信息化智能化等六个研究方向上，开发出了新一代钢包底喷粉精炼工艺与装备技术、高品质连铸坯生产工艺与装备技术、炼铸轧一体化组织性能控制、极限规格热轧板带钢产品热处理工艺与装备、薄板坯无头/半无头轧制+无酸洗涂镀工艺技术、薄带连铸制备高性能硅钢的成套工艺技术与装备、高精度板形平直度与边部减薄控制技术与装备、先进退火和涂镀技术与装备、复杂难选铁矿预富集-悬浮焙烧-磁选（PSRM）新技术、超级铁精矿与洁净钢基料短流程绿色制备、长型材智能制造、扁平材智能制造等钢铁行业急需的关键共性技术。这些关键共性技术中的绝大部分属于我国科技工作者的原创技术，有落实的企业和产线，并已经在我国的钢铁企业得到了成功的推广和应用，促进了我国钢铁行业的绿色转型发展，多数技术整体达到了国际领先水平，为我国钢铁行业从"跟跑"到"领跑"的角色转换，实现"工艺绿色化、装备智能化、产品高质化、供给服务化"的奋斗目标，做出了重要贡献。

习近平总书记在2014年两院院士大会上的讲话中指出，"要加强统筹协调，大力开展协同创新，集中力量办大事，形成推进自主创新的强大合力"。回顾2年多的凝炼、申报和4年多艰苦奋战的研究、开发历程，我们正是在这一思想的指导下开展的工作。钢铁企业领导、工人对我国原创技术的期盼，冲击着我们的心灵，激励我们把协同创新的成果整理出来，推广出去，让它们成为广大钢铁企业技术人员手中攻坚克难、夺取新胜利的锐利武器。于是，我们萌生了撰写一部系列丛书的愿望。这套系列丛书将基于钢铁共性技术协同创新中心系列创新成果，以全流程、绿色化工艺、装备与工程化、产业化为主线，结合钢铁工业生产线上实际运行的工程项目和生产的优质钢材实例，系统汇集产学研协同创新基础与应用基础研究进展和关键共性技术、前沿引领技术、现代工程技术创新，为企业技术改造、转型升级、高质量发展、规划未来发展蓝图提供参考。这一想法得到了企业广大同仁的积极响应，全力支持及密切配合。冶金工业出版社的领导和编辑同志特地来到学校，热心指导，提出建议，商量出版等具体事宜。

国家的需求和钢铁工业的期望牵动我们的心，鼓舞我们努力前行；行业同仁、出版社领导和编辑的支持与指导给了我们强大的信心。协同创新中心的各位首席和学术骨干及我们在企业和科研单位里的亲密战友立即行动起来，挥毫泼墨，大展宏图。我们相信，通过产学研各方和出版社同志的共同努力，我们会向钢铁界的同仁们、正在成长的学生们奉献出一套有表、有里、有分量、有影响的系列丛书，作为我们向广大企业同仁鼎力支持的回报。同时，在新中国成立70周年之际，向我们伟大祖国70岁生日献上用辛勤、汗水、创新、赤子之心铸就的一份礼物。

中国工程院院士

2019 年 7 月

前　言

在现代工业化进程中，随着我国基础结构建设项目的不断增加，对金属材料性能的要求日益苛刻，在海洋工程、航空航天、核能、军工、电力及模具等众多领域，传统方法制备单一的金属材料已经无法满足其特殊的性能要求。层状金属复合板既可兼具多种材料的优良性能，又可以节约稀贵材料降低成本，具有广泛的应用前景。热轧复合法逐渐取代传统的爆炸复合法和扩散复合法成为金属复合板的主要生产方法。

真空轧制复合技术是在热轧复合技术的基础上发展而来，其利用真空电子束焊机在高真空下对复合坯四周进行焊接密封，保证复合界面的真空环境，然后采用常规的热轧方式制备复合板。真空热轧复合法既解决了传统的爆炸复合法效率低、污染大、产品尺寸小等问题，又避免了直接热轧复合界面氧化严重的缺点，具有低成本、高成材率和高生产效率的优点，因而成为宽幅高品质复合板生产的重要方法。目前，国内已建设多条真空轧制复合生产线，利用真空轧制复合技术制备出真空热轧复合特厚钢板、不锈钢复合板、压力容器钢复合板、钛/钢复合板、复合轧辊等一系列的产品，产品性能优良，已经达到国际领先水平。

真空轧制复合技术在特厚板及大型技术装备领域拥有广泛的应用前景。采用均质小尺寸坯料，通过真空制坯的方式，实现以小制大的目的，可有效解决传统大型铸坯存在的质量问题，为大型装备的制造开辟了新思路。不锈钢/钢和钛/钢等具有耐蚀性能的异种金属复合板被广泛应用于石油化工、海洋工程及食品行业，其同时兼具不锈钢和钛的耐蚀性能以及钢的低成本特性，具有广阔的市场前景和巨大的社会效益。在大型复合轧辊、复合棒线材和特厚铝合金板领域，真空轧制复合技术同样具有巨大潜力。

本书针对采用真空轧制复合技术制备的复合特厚钢板、不锈钢复合板和钛/钢等异种金属复合板、复合轧辊及复合棒线材等一系列的产品，系统阐述了真空轧制复合技术的界面复合的基本原理（界面夹杂物演变机理、界面元素氧化及扩散规律、动态再结晶机制及相变规律等）、复合板生产工艺（表面清理方式、焊接封装工艺、热轧工艺及热处理工艺等）及真空制坯装备开发和国内外相关领域的发展趋势及应用前景。

本书是在钢铁共性技术协同创新中心的统一组织领导下，由轧制技术及连轧自动化国家重点实验室的骆宗安等人编写。第 1 章由骆宗安编写，第 2 章由谢广明编写，第 3 章由王明坤、冯莹莹、毛蓝宇、刘照松编写，第 4 章由谢广明、王明坤、余焕编写，第 5 章由骆宗安、王明坤编写，第 6 章由骆宗安、余焕、李明、张新编写，全书由骆宗安和谢广明审校定稿。同时，对课题组的各位博士生、硕士生对本书提供的研究数据和资料表示真诚的感谢。

本书中研究内容得到了国家高技术研究发展计划（"863"计划）课题"高品质宽幅特厚不锈钢/低合金钢复合技术开发（2013AA031302）"和"海洋平台用高锰高强韧中厚板及钛/钢复合板研究与生产技术开发（2015AA03A501）"，"十三五"国家重点研发计划课题"容器板轧制复合原理与关键技术（2017YFB0305004）""海洋工程用管材/型材和特殊部件的关键制备技术研究（2016YFB0300603）""近终型、低温增塑、变厚度与复合轧制及热处理技术开发（2017YFB0304105）"资助。

由于作者水平有限，书中欠妥之处恳请各位读者不吝赐教。

作　者

2020 年 11 月

目　　录

1 绪 论

1.1 概述

随着科技的高速发展以及新产业、新技术的不断涌现，人们对材料性能的要求日益苛刻，在很多情况下单一的材料已经无法满足特殊性能的需要，因而新型复合材料已成为材料科学领域中一个重要的发展方向[1,2]。层状金属复合板是由两层或两层以上性能各异的金属板经特殊工艺加工后在界面实现牢固冶金结合的一种复合材料。与单一金属材料相比，层状金属复合材料结合了多种金属组元的优点，可得到单层材料所无法同时兼顾的物理、化学和力学性能，包括高强、耐磨、耐蚀、高导电、导热等特性。因而，金属复合板已经越来越多地用于航空航天、机械、船舶、海洋平台、核电站、电力等领域。另外，金属复合板还可极大节约稀有、贵金属材料，从而大幅降低成本。以应用最普遍的不锈钢/碳钢复合板为例，与纯不锈钢相比，复合板可节约昂贵的铬、镍合金 70%~80%，降低成本 40%~50%，具有极大的经济价值。随着能源消耗的不断加大，环境负担的日益加重，发展低能耗、低成本、高品质的材料与技术已成为当今世界材料科技发展的趋势，层状金属复合板则以其优异的性能、低廉的价格而越来越多地引起世界各国科研人员的共同关注。

目前，层状复合板的主要制备方法包括爆炸复合法和热轧复合法，然而传统的爆炸复合法因存在效率低、污染大、产品尺寸受限等问题，正逐渐被淘汰。直接热轧复合法具有高效率、低污染的优点，但复合界面的氧化较难控制，界面性能稳定性和均匀性较低。真空轧制复合技术（Vacuum Rolling Cladding，简称 VRC）是在热轧复合技术的基础上发展而来，其利用真空电子束焊接技术使界面处于稳定的高真空环境下，同时在高温和强塑性变形条件下形成稳定、牢固的冶金结合，获得具有良好板形、优异性能的高性能复合板。目前，真空轧制复合技术已经成为国内外层状复合材料制造的主要发展方向。

1.2 金属复合板的生产方法

金属复合板的生产方法多种多样，目前应用较广泛的有爆炸复合法、扩散焊接复合法、钎焊热轧法及轧制复合法等。

1.2.1 爆炸复合法

爆炸复合法是 19 世纪 40 年代由美国科学家 L. R. Carl 发明，其工艺过程如图 1-1 所示。爆炸复合法以炸药作为能源，在炸药的高速引爆和冲击作用下（7~8km/s）产生动能和热能作为焊接的能量，在十分短暂的过程中使被焊金属表面形成一层薄的塑性变形区、熔化区和扩散层，从而实现双金属的复合，是集压力焊、熔化焊和扩散焊"三位一体"的复合方法[3]。

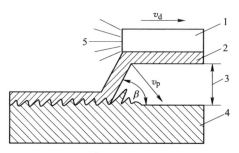

图 1-1 爆炸复合工艺示意图

1—炸药；2—覆板；3—间距；4—基板；5—起爆；

v_d—炸药爆轰速度；v_p—覆板速度；β—碰撞角

爆炸复合法有以下显著的优点：

（1）工艺操作简单，不需要复杂的设备，硬件投资成本较低。

（2）应用广泛，特别适用于物理性质差别较大的合金和金属之间的焊接。迄今为止已经成功实现了同质金属如钢/钢、铝/铝等，异种金属如不锈钢/钢、钢/铝、钢/钛、镍/铝、铝/铜、铜/钛等近 300 多种金属的复合。

但爆炸复合法也具有非常严重的缺点：

（1）复合界面的结合强度和结合率较低，尤其是起爆位置。

（2）复合板的板形较差。

（3）被复合金属必须具有足够的韧性和抗冲击能力，以承受爆炸冲击力。

（4）复合板的厚度和质量受到限制，不能生产较薄或宽幅的板坯。

（5）受天气和气候因素影响大，不能进行连续生产，生产效率低。

（6）如图 1-2 所示，爆炸复合时会产生巨大的噪声、振动及烟雾，产生严重的环境污染，因此生产地点会受到严格限制。

为改善爆炸复合板的板形以及复合板幅宽，通常需对爆炸复合板进行热轧。爆炸+轧制可有效克服爆炸复合法不能生产较薄和表面质量要求较高复合板的缺点，同时也弥补了产品尺寸受限制问题，但并未解决爆炸复合的环境污染问题。另外，爆炸复合+轧制在复合板的加热过程和轧制过程中，由于界面金属间化合物层的增长，界面的结合强度会出现一定程度的削弱[4]。

图 1-2 爆炸复合现场

1.2.2 扩散复合法

扩散复合法是将两块或多块具有洁净表面的金属叠合,而后置于真空或保护气氛内,在低于母材熔点的温度下,利用外界压力使金属板表面的氧化薄膜破碎、表面微观凸起发生塑性变形和高温蠕变实现紧密接触,最后依靠原子间的互扩散渗透使界面实现冶金结合[5,6]。根据被焊材料的组合方式和加压方式的不同,扩散焊接可分为无助剂扩散焊接、有助剂扩散焊接、相变超塑性扩散焊接、热等静压扩散焊接等。

扩散复合法的优点是:

(1) 可对性能和尺寸相差悬殊的材料进行复合。

(2) 无污染、自动化生产能力强。

但扩散复合法也有显著的缺点:

(1) 扩散复合的尺寸较小,多用于制作焊接接头,几乎无法生产大型复合板。

(2) 扩散复合时间较长,效率较低,无法进行连续式批量生产。

(3) 异种材料扩散复合的结合强度不高。

1.2.3 轧制复合法

轧制复合法是目前生产层状金属复合板的一种较普遍的方法,主要是利用轧机的巨大轧制力使金属发生塑性变形将相同或者不同的金属结合在一起,它又可以分为冷轧复合法、直接热轧复合法及真空热轧复合法等。

1.2.3.1 冷轧复合法

冷轧复合法是在再结晶温度以下对金属板进行轧制复合,然后通过热处理使界面实现冶金结合的复合板制备方法。20 世纪 50 年代由美国首先开始研究，提出了以"表面处理+冷轧复合+扩散退火"的三步法生产工艺[7]。冷轧复合的首道次变形量较大，一般需 60%～70%，甚至更高。冷轧复合凭借大压下量，使待复合界面氧化层破裂，大量新鲜金属在裂口处相互接触，产生原子接触和榫卯嵌合，实现金属键合，并在随后的扩散退火中使界面进一步强化[8]。轧制复合效果除与压下量有关外，还与轧辊直径、轧制速度、润滑等因素有关，但退火温度对复合板的最终结合强度起决定性作用。

冷轧复合法的优点在于省去了其他复合方法的精整工序，从冷轧带坯开始生产，能够成卷轧制，基、覆材层间厚度较均匀且性能稳定，可连续生产，效率高。但冷轧复合需要首道次压下率很大，因而对轧机的性能要求很高，很难生产厚度较大的产品，加之不同复合带材对表面精度要求不同，使其应用受到限制。

1.2.3.2　直接热轧复合法

热轧复合法是将覆材和基材重叠组坯，通过热轧使覆材与基材结合在一起的方法。在剪切变形力的作用下，两种金属间的接触表面十分类似于黏滞流体，更趋向于流体特性。一旦新生金属表面出现，它们便产生黏着摩擦行为，有利于接触表面间金属的固着，以固着点为核心，在高温热激活条件下形成稳定的热扩散，从而实现金属间的焊接结合。

直接热轧复合法是在常压或低真空下进行组坯的热轧复合法，其基本特点是单块组装热轧复合，能够实现连续生产，对轧机要求不高，可以复合大型复合板材。但是直接热轧复合法往往是在常压下进行组坯，焊接后待复合界面中充满空气，在加热过程中待复合表面会形成 1～3mm 厚的氧化膜；另外，许多异种金属的复合表面在高温下会生成金属间化合物层，从而阻碍复合界面的结合，界面结合率和结合强度难以保证。

1.2.3.3　真空热轧复合法

由于热轧复合法可以实现连续生产，且可以轧制宽幅大厚度复合板，具备显著的优势，但直接热轧复合受限于界面高温氧化问题，复合界面强度较难保证。鉴于此，1953 年苏联开展了真空热轧焊机的开发工作，随后美国、中国、日本也开展了相关研究工作[9]。图 1-3 为真空热轧焊机构造的示意图，真空热轧焊机的加热和轧制过程均在真空环境进行，其最大优势是避免了热轧过程中的界面氧化问题，可获得洁净、强度高的界面。但真空热轧焊机的设计复杂，目前研究仅停留在实验阶段，尚无法实现大规格复合板的制备。

由于真空热轧焊机的局限性，研究人员开始寻求其他途径确保界面真空。图 1-4 所示为体外抽真空的轧制复合法，该方法简单易行、成本较低。该方法先对

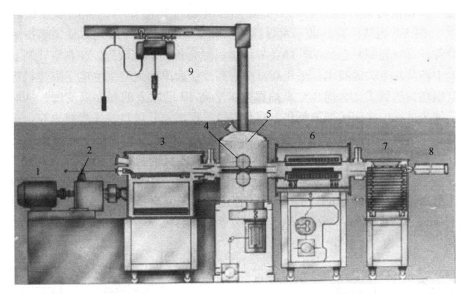

图 1-3 SGPPMP-2-175 型金属板真空热轧焊机示意图[10]

1—电动机；2—传动装置；3—卸载室；4—轧辊；5—工作室；

6—真空炉；7—加载室；8—机械手；9—电动滑车

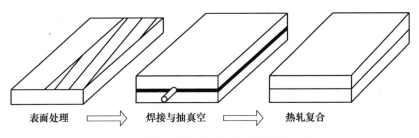

图 1-4 焊接后抽真空的真空热轧复合方法

待复合金属界面进行清理，然后将界面四周进行密封焊接，留有一个抽气孔；通过真空机组抽真空，达到规定真空度后将小孔封闭，然后进行加热轧制。该方法采用弧焊进行密封，生产成本较低，同时还避免了热轧复合过程的严重界面氧化，可有效提高界面结合性能。但是该方法也存在一些明显缺点：

（1）小孔密封质量不稳定，容易导致在加热和轧制过程中发生真空被破坏或真空度降低[11]，降低复合界面的结合性能。

（2）由于焊接过程中的自动化程度低，焊接过程填充金属量较大，使得复合板的生产效率较低、劳动环境恶劣。

在 20 世纪 90 年代，日本 JFE 将先进的真空电子束焊接技术引入了轧制复合中，即在高真空环境下利用电子束对复合坯四周进行焊接密封，使得复合界面始终处于高真空环境，然后在后续的加热和轧制过程中获得优异的冶金结合界面[12]。图1-5为基于真空电子束焊接的热轧复合技术（为叙述方便，该技术以后简称：真空轧制复合技术）制备异种金属复合板的工艺流程。在真空轧制复合技术中涉及几个关键技术：采用高真空、高焊接速率的大型真空电子束焊机进行真空组坯，达到了比普通真空泵抽真空水平高10倍以上的界面真空度，从而避免了加热过程中界面的严重氧化，同时焊接过程无需开坡口，无焊材填充，极大提高了焊接效率并降低了焊接成本；在轧制复合技术方面，由于界面质量的改善，可采用小压下的轧制方式，极大地降低了轧机的负荷，更受企业欢迎[13]。该方法生产的复合板界面复合率及成材率较高，整个生产过程自动化程度较高，工艺更易控制。目前，JFE已经实现了稳定高效的复合板生产，可以生产厚度达到150mm、宽度达到4200mm的不锈钢复合板，月产量可达2000t。

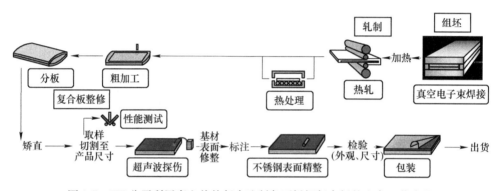

图1-5　JFE公司利用真空热轧复合法制备不锈钢复合板的生产工艺流程

　　真空热轧复合产品具备优良的性能，受到了世界各国研究人员越来越多的关注。目前真空电子束焊接技术日益成熟，国内也已经完全具备了大型真空电子束焊机的生产能力。东北大学在国内率先开始了真空电子束焊接组坯的热轧复合技术的研究，并成功研制了真空热轧复合特厚钢板、不锈钢复合板、钛/钢复合板等一系列产品，产品性能优良，已达到了国际领先水平[14~16]。

1.3　国内外复合钢板的研究现状

1.3.1　异质金属复合板

　　异质金属复合板是利用复合技术，将物理、化学、力学性能不同的两种或两种以上金属板材牢固结合到一起制成的复合材料。异质金属复合板在保持各自金属特性的同时，又可利用其他材料的特殊性能弥补各自不足，通过不同金属的合理组合获得优异的综合性能，可广泛应用于工程建设、航空航天、汽车制造、环保设备及石油化工等领域。

随着复合材料需求量的急剧上升，金属复合板的种类呈多样化发展。国内外研究者对不锈钢/碳钢、钛/钢、铝/钢、铜/铝、钛/铝、铜/钛等异质金属复合板的制备工艺及界面复合机理进行了大量系统的研究工作，为推动金属复合板的理论研究及工程化应用发挥了巨大的作用。

1.3.1.1 不锈钢复合板

不锈钢具有良好的耐蚀、耐高温、耐低温、耐磨损、外观精美等特性，用途非常广泛，是国民经济各部门发展的重要钢铁材料。但由于不锈钢的生产工艺复杂，且不锈钢中添加了大量的 Cr、Ni 等元素提高了成本，使其价格远高于碳钢。不锈钢复合板是以不锈钢为复层与碳钢或低合金钢基层结合而成的复合板，兼具不锈钢良好的耐蚀性和碳钢优良的力学性能。不锈钢复合板极大地节省了不锈钢板材，1t 不锈钢可生产 5~10t 不锈钢复合板，成本仅为相同质量纯不锈钢的1/3，而且不锈钢复合板可节约 70%~80%Cr、Ni 元素[17]，这对我国 Cr、Ni 资源贫乏而言具有重大的经济意义和社会效益。不锈钢复合板被广泛用于石油化工、桥梁建设、发电锅炉、水利设施等领域，是目前应用最广的异质金属复合板。

目前，国外不锈钢复合板的生产技术主要为热轧复合法，表 1-1 列出了世界上采用热轧复合法生产不锈钢复合板的主要企业及其产品。日本在 20 世纪 90 年代初就已开始利用热轧复合法制备宽幅不锈钢复合板，发展至今技术已非常成熟，其产品尺寸大，界面抗剪强度较高，未结合面占比较小，性能优良，处于国际领先水平。1993~2009 年，日本公开了 200 多项关于金属复合板生产的专利技术[18]，其中轧制技术是金属复合板中研究最多和最为关注的技术。随着市场对大规格不锈钢复合板需求量的不断增加，以及大功率轧机的出现和轧制技术的不断成熟，国际上大规格不锈钢复合板生产技术已定型为热轧复合技术。

表 1-1　世界主要的热轧不锈钢复合板生产企业及其产品

企　业	产品种类	最大尺寸 /mm×mm×mm	年产量/t
JSW （日本）	基板：SS400，SM，SB，SPV，SCMV，等	15000×4800×200	50000
	复层：不锈钢		
JFE （日本）	基板：SS400，SM（400，490），SPV（235，315，355），SCMV（2，3，4），SB410，SGV（410，458，480）	17000×4200×150	30000
	复层：430，410S，304L，316L，317L，347		
Voestalpine AG （奥地利）	基板：Q235B，Q345B，16MnR	15000×3800×120	30000
	复层：304，316L，310S，1Cr13，duplex SS		

　　国内的不锈钢复合板的生产最初以爆炸+轧制复合法为主，后来随着日本真空轧制复合技术的公开，国内一些钢企开始采用焊接后抽真空的方式热轧生产不锈钢复合板。由于此工艺操作简单，中小型企业均可实现批量生产，国内不锈钢复合板产量增长迅速，已经完全满足国内需求，并逐渐出现产能过剩的现象。但该工艺由于界面真空度低，生产出的复合板界面质量不稳定，成材率不高，因此难以与国外不锈钢复合板形成有效竞争。

　　近年来，东北大学在真空热轧不锈钢复合板领域展开研究，开发出了具有自主知识产权的真空制坯产线。目前采用此产线制备的304/Q235不锈钢复合板剪切强度已经达到487MPa，性能非常优良，远高于国家标准及其他方法生产的产品性能，已达到日本生产的不锈钢复合板性能的同等水平；国内已有多家企业引进该技术，并转变为实际生产力，不锈钢复合板产品的规格、种类、年产量近年来逐渐增加。

1.3.1.2　钛/钢复合板

　　随着我国陆上资源的日益枯竭以及经济的高速发展，海洋资源尤其是油气资源的开发利用日趋重要。根据我国海洋石油与天然气等资源开发的长远规划，未来5年我国将开发30多个海上油气田，需建造70多座海洋采钻平台，海洋工程用钢年需求量将达到180万吨以上。《中国制造2025》中指出要大力发展深海探测、资源开发利用、海上作业保障装备及其关键系统和专用设备，推动深海空间站、大型浮式结构物的开发和工程化，形成海洋工程装备综合试验、检测与鉴定能力，提高海洋开发利用水平。由于海洋苛刻的服役环境，暴露于海洋环境中的钢铁设施与周围介质发生电化学反应，产生了严重腐蚀，并且海洋中的风、浪、流和潮汐等水体循环运动也使其同时承受交变载荷作用。一旦采油平台、输油和输气管线等海洋设备发生腐蚀破坏事故，将造成严重的经济损失和恶劣的社会影响，甚至对生态环境造成不可逆的长期破坏。因此，随着我国海洋资源开发力度的不断加大，提高海上钢结构设施的耐海水腐蚀性能十分重要。

　　与海水直接接触的钛复层可起到强耐蚀作用，无需牺牲阳极或涂料防护，具有优异力学性能的钢基体则起到承载作用。钛/钢复合板的钢侧与海上钢结构有非常好的焊接兼容性，通过可靠的焊接和包覆设计，可有效防止钛/钢同时浸泡在海水中的偶联现象，避免钢结构的电偶腐蚀，实现对海上钢结构的有效防护。目前，国外已经将钛/钢复合板广泛用于海洋结构设施的腐蚀防护。例如：日本的横须贺船厂（图1-6a）采用了较大幅宽和板厚的钛/钢复合板对堤岸进行腐蚀防护，设计使用寿命超过70年。日本东京湾跨海大桥也采用了双层纯钛/普碳钢复合板对海上腐蚀强烈的飞溅区进行防护（图1-6b）。目前，国内关于钛/钢复合板在海洋结构设施腐蚀防护领域的开发和应用则处于起步阶段。

图 1-6 横须贺船厂堤岸(a)和东京湾大桥(b)采用的纯钛/普碳钢复合板

在钛/钢复合板的行业需求方面,国内市场在未来有望蓬勃发展。根据对国内市场几个主要工业领域需求状况的调查,预计每年国内对金属复合材料的需求将达到 50 万吨,其中包括 15 万吨钛/钢复合板。

早在 20 世纪 60 年代之前,钛/钢复合板生产以爆炸复合为主。但由于爆炸复合的局限性,热轧复合逐渐成为了钛/钢复合板生产的主流技术。特别从 20 世纪 80 年代末以来,日本众多企业在热轧钛/钢复合板的研究和生产方面进展显著,取得了大量专利成果[18],其中 JFE 钢铁公司利用热轧复合工艺生产出了性能优良的钛/钢复合板(最大剪切强度大于 250MPa,最大厚度 72mm,最大宽度 3.9m)[12]。图 1-7 为利用钛/钢热轧复合板经冷加工成型后制备的锅炉封头,性能优良。

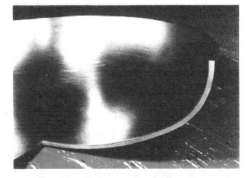

图 1-7 JSW 利用钛/钢热轧复合板加工成的锅炉封头

我国钛资源丰富，但钛/钢复合板的开发和应用却远远落后于世界其他国家，直到 20 世纪 80 年代才开始进行钛/钢复合板研究。目前，国内有宝鸡钛业有限公司、西北有色金属研究院、鞍钢集团公司、南京钢铁股份有限公司、四川惊雷科技有限公司、山东钢铁集团公司等多家钢铁企业生产钛/钢复合板。其中典型的制造工艺为爆炸复合和爆炸+轧制复合工艺，约占中国市场份额的 70% 以上。然而，在生产工艺、生产质量和应用范围方面，我国的钛/钢复合板的生产技术与国外相比十分落后。

近年来，为解决我国在制备高品质宽幅钛/钢复合板的技术难题，国家先后在国家高技术研究发展计划（"863"计划）和"十三五"国家重点研发计划中设立相关研究课题，东北大学、北京科技大学、鞍钢集团、南京钢铁股份有限公司等单位对热轧钛/钢复合板制备工艺进行了深入研究。围绕钛/钢复合板生产过程的界面化合物的生成与演变机理、真空热轧复合工艺及界面结合性能分析等进行深入的探讨与研究，确定了真空热轧钛/钢复合板的工业化生产路线，现已在南京钢铁股份有限公司生产制备出宽幅超过 3500mm，剪切强度大于等于196MPa，满足各项性能要求的钛/钢复合板。

1.3.1.3　其他多层金属复合板

不锈钢复合板、钛/钢复合板及其他耐蚀合金复合板的目的是解决材料的腐蚀问题，而一些其他具有导热、导电、磁性、韧性、塑性以及疲劳寿命优势的单一材料也可通过复合板进行取长补短，达到良好的综合性能。在有色金属中通常将铜、钛、铝、钼、镁等一种或多种组合在一起，使其具有特定功能、性能和价格方面的优势，如 Cu/Mo/Cu 多层复合板具有优良的宽频电磁屏蔽性能，可广泛应用于电子封装材料领域[19]；镁/钛、镁/不锈钢多层复合板具有一定的循环储氢性能[20]；钛/铝复合材料由于其独特的力学性能和低密度，在航空领域具有很大的应用潜力[21]；铜/铝复合板（见图 1-8）具有高导电性、低密度和相对于铜及其合金的价格低的优点，在电力行业具有较好的应用前景[8]。

与传统的双层复合板相比，多层金属复合材料因其显示出优异的强度、韧性、塑性、疲劳寿命、超塑性和成型性而得到越来越多的关注[22~24]。众多研究结果表明，多层金属复合材料可提高单一传统金属的强度和韧性。堆积叠层后，叠层结构材料的组织和性能可以沿层向独立分类，不受干涉。因此，软硬相的体积分数和化学成分可以独立选择。当多层金属复合板进行单轴拉伸试验时，应变和应力将均匀地分布在软层和硬层。因此，可以在一定程度上有效地提高层状金属复合材料的变形协调性和均匀塑性变形能力。作为应用最为广泛的钢铁材料，我们常通过调整合金元素和化学成分，调节其组织结构，借助热处理和热加工工艺，获得高性能新型钢种。典型的高强度钢包括双相钢、贝氏体钢、马氏体钢和

图 1-8 铜铝复合板制备的导电元件

马氏体时效钢,以及高韧性钢,如应变诱导马氏体(TRIP)钢和孪晶诱导塑性(TWIP)钢,其屈服强度和伸长率如图 1-9 所示。研究发现,超高强度钢具有较低的塑性和韧性,而超高韧性钢具有较低的强度,这种矛盾一直制约着超高强度钢的进一步应用和工业发展[25]。通过热轧、冷轧方式制备的 TWIP 钢/马氏体钢多层复合板同时拥有高的强度和塑性[26],如图 1-10 所示。

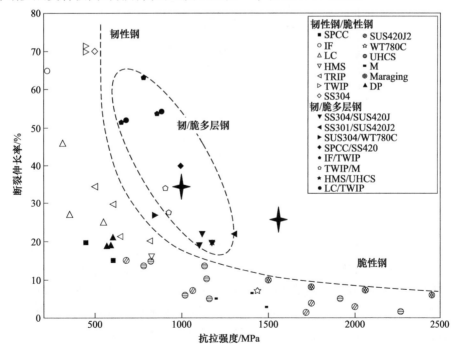

图 1-9 钢的抗拉强度和断裂伸长率的范围

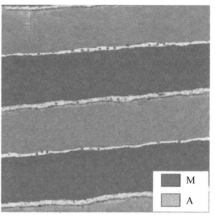

a

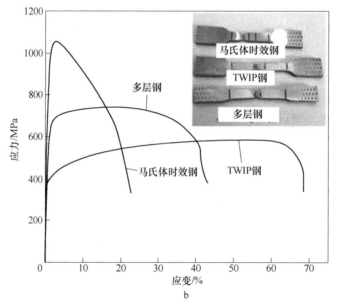

b

图 1-10　TWIP 钢/马氏体钢多层复合板

a—多层复合板微观结构；b—拉伸性能

  多层金属复合板所表现出优良的强韧性主要是由于不同材料之间的界面结构决定的。较强的界面结合强度可以提高复合材料在拉伸载荷作用下的变形协调性和整体塑性变形能力，从而提高复合材料的断裂伸长率。强界面结合强度还可以抑制过早形成局部应变，提高硬加工能力，大大降低塑性分叉的概率。提高界面强度的方法有很多，随着真空度、累积变形量和变形温度的提高，界面结合强度均可逐渐提高[27]。

  在众多层状复合材料的制备工艺中，热轧复合工艺成为制备多层金属复合板主要方式。轧制复合工艺所具备的界面结合率高、生产效率高、尺寸可控的特点在多层金属复合板的制备中具有更大的优势。通过对多层材料的累积变形，不但可以获得更高的界面强度，而且还可以使各材料的晶粒得到细化，获得更高的强韧性。由于多层复合板界面较多，需保证界面结合的均匀性才能实现较高的综合性能。因此，采用真空轧制复合技术（VRC）可以使界面在复合前处于真空状态，避免界面形成氧化夹杂物。目前具有高强韧性的多层金属复合板制备还停留在实验室研究中，VRC 技术的发展有望成为其实现工业化生产的有效手段。

1.3.2 特厚复合钢板

除了异质复合板，同质钢铁材料的特厚复合钢板也有非常广泛的应用。特厚钢板（厚度超过 120mm）产品在国内有广泛的市场需求，广泛应用于电力、化工、建筑、机械、造船、军工等国民经济建设的诸多领域[28]。例如：火电领域的汽轮发电机的汽包、结构件、环座及磁轭，水电领域的水电机组环座、电机支撑结构、船闸闸门，核电领域的核岛保护罩，风电领域的发电机座、法兰盘、塔筒，化工行业的大型反应器，建筑行业的重型钢结构，在机械行业的重型锻压设备、大型冶金设备等，模具制造行业、海工平台齿条和内燃机机座等。目前，国内特厚板的年需求量约 200 万吨，附加值和经济效益很高。但特厚板的生产技术难度大，导致实际市场缺口很大，国内除舞钢、宝钢、汉冶特钢等少数几家生产企业外，大量特厚钢板还须从德国、日本、美国等国进口[29]，表 1-2 为国内外主要的特厚板生产企业及其产品。

表 1-2 国内外主要的特厚板生产企业及其产品

原料	特　点	典型钢厂	说　明
钢锭	钢锭凝固时间长，大型非金属夹杂物上浮聚集在钢锭顶部，在轧制过程中可以切掉；锭厚达 910mm，与连铸板坯相比，有较大的压缩比	舞钢、兴澄特钢、鞍钢、汉冶特钢	扁锭较厚如德国迪林根钢厂用 56t 重钢锭，锭厚 910mm
电渣重熔	纯净度高、成分均匀、结晶组织致密等优点，大大减少了大型钢锭的非金属夹杂、各种偏析以及常见的缩孔、疏松等缺陷	舞钢、兴澄特钢、日本新日铁	美国核潜艇用钢板
连铸坯	压缩比大于 3，限制钢板厚度，易存在中心偏析和非金属夹杂物	营口 350mm 厚坯，新余 400mm 厚坯、汉冶特钢 420mm 厚坯	
锻造坯	将钢锭经水压机开坯后轧制	日本 JFE、法国 Usinor	厚板最大单重 120t
轧制坯	钢锭经轧制开坯，再经加热轧制成厚板	美国卢肯 5230mm	

目前国内外特厚钢板的生产工艺主要有以下几种方法：

（1）连铸坯轧制技术。连铸板坯质量良好、生产能耗低、成材率高，采用普通连铸坯为原料，连铸坯轧制法是近年来企业重点研究的工艺。但由于目前国内外最大连铸坯厚度为 475mm，受到压缩比限制，生产 100mm 以上的高质量特厚板难度很大。

（2）大型模铸钢锭轧制技术。这是国内轧制特厚钢板的传统生产工艺，该方法尽管可保证压缩比，但由于模铸工艺的先天缺陷，存在一系列问题：一是大型模铸钢锭心部偏析几乎无法避免，质量无法保证；二是钢锭浇铸工序长，能耗大，对环境造成一定污染；三是轧制成材率低，一般不超过 70%。

（3）大型电渣重熔钢锭/定向凝固钢锭轧制技术。这是一种近年来在国内新投入应用的特厚钢板生产技术，其原料为电渣重熔法生产的大型坯锭，具有非常高的内部质量，适合高品质特厚钢板的生产；但是这种生产工艺效率低，需将钢坯二次熔化，消耗大量能源，生产成本较高，难以大批量生产，仅适用于高级别、大单重、大厚度或对力学性能、焊接性能及其他性能有特殊要求的特厚钢板的生产。另外，国外有报道采用定向凝固钢锭生产大型钢锭，以解决偏析问题，但能耗大、成材率偏低等问题仍然存在。

（4）连铸坯的真空复合轧制技术。这是日本 JFE 为生产异种金属复合板而研发的一项技术，在此技术基础上，采用两块连铸坯经真空电子束焊接组合成一块大板坯，然后进行轧制以生产特厚钢板。在国内，该技术已经在济钢、鞍钢、南钢、唐山文丰等钢厂率先开始应用。

近年来，我国许多钢铁企业淘汰模铸工艺，陆续引进了连铸生产线。而真空轧制复合技术制备特厚钢板可避免对生产线的大幅改造，直接采用普通连铸坯进行复合，只需增加一个制坯车间，非常适合我国特厚钢板的生产。由于日本 JFE 公司对连铸坯复合轧制技术的公开报道非常少，高度保密，对具体的技术细节和生产工艺鲜有描述。东北大学轧制技术及连轧自动化国家重点实验室（RAL）在国内率先开展了连铸坯复合轧制特厚钢板方面的相关研究，进行了大量深入的实验和中试的研究工作，开发出了多项具有自主知识产权的复合工艺技术和生产装备，目前已有多家钢铁企业应用该技术。其中，济钢利用此技术已制备出了最大厚度达到 400mm、最大单重达到 70t 的高性能特厚复合钢板，达到国际领先水平。

参 考 文 献

[1] Moleiro F, Carrera E, Li G, et al. Hygro-thermo-mechanical modelling of multilayered plates: Hybrid composite laminates, fibre metal laminates and sandwich plates [J]. Composites Part B: Engineering, 2019, 177: 1~22.

[2] Bennaceur M A, Xu Y. Application of the natural element method for the analysis of composite

laminated plates [J]. Aerospace Science and Technology, 2019, 87: 244~253.

[3] 王耀华. 金属板材爆炸焊接研究与实践 [M]. 北京: 国防工业出版社, 2007.

[4] 李平仓, 赵惠, 马东康, 等. 爆炸复合+轧制法制备钛钢复合板工艺研究 [J]. 兵器装备工程学报, 2014 (12): 130~132.

[5] 张洪涛, 陈玉华. 特种焊接技术 [M]. 哈尔滨: 哈尔滨工业大学, 2013.

[6] 王娟, 刘强. 钎焊及扩散焊技术 [M]. 北京: 化学工业出版社, 2013.

[7] Jamaati R, Toroghinejad M R. Effect of friction, annealing conditions and hardness on the bond strength of Al/Al strips produced by cold roll bonding process [J]. Materials & Design, 2010, 31 (9): 4508~4513.

[8] Kim I K, Hong S I. Mechanochemical joining in cold roll-cladding of tri-layered Cu/Al/Cu composite and the interface cracking behavior [J]. Materials & Design, 2014, 57: 625~631.

[9] 赵东升. 钛合金与不锈钢真空热轧形变连接机理研究 [D]. 哈尔滨: 哈尔滨工业大学, 2008.

[10] Zhao D S, Yan J C, Wang Y, et al. Relative slipping of interface of titanium alloy to stainless steel during vacuum hot roll bonding [J]. Materials Science and Engineering: A, 2009, 499 (1~2): 282~286.

[11] 余伟, 张烨铭, 何春雨, 等. 轧制复合生产特厚板工艺 [J]. 北京科技大学学报, 2011 (11): 87~91.

[12] Nishida S I, Matsuoka T, Wada T. Technology and products of JFE steel's three plate mills [J]. JFE Technical Report, 2005 (5): 1~9.

[13] 骆宗安, 谢广明, 胡兆辉, 等. 特厚钢板复合轧制工艺的实验研究 [J]. 塑性工程学报, 2009, 16 (4): 125~128.

[14] 谢广明, 骆宗安, 王光磊, 等. 真空轧制不锈钢复合板的组织和性能 [J]. 东北大学学报 (自然科学版), 2011, 32 (10): 1398~1401.

[15] 谢广明, 骆宗安, 王国栋. 轧制工艺对真空轧制复合钢板组织与性能的影响 [J]. 钢铁研究学报, 2011, 23 (12): 27~30.

[16] 王光磊, 骆宗安, 谢广明, 等. 加热温度对热轧复合钛/不锈钢板结合性能的影响 [J]. 稀有金属材料与工程, 2013, 42 (2): 387~391.

[17] 王一德, 王立新, 李国平. 太钢不锈钢复合板生产发展及展望 [J]. 中国冶金, 2001 (2): 5~10.

[18] 李玉娇. 复合钢板轧制生产方法专利申请分析 [J]. 化工管理, 2016 (17): 75.

[19] 张兵, 王快社, 孙院军, 等. Cu/Mo/Cu轧制复合界面的结合特性 [J]. 中国有色金属学报, 2011, 21 (9): 2163~2167.

[20] Danaie M, Mauer C, Mitlin D, et al. Hydrogen storage in bulk Mg-Ti and Mg-stainless steel multilayer composites synthesized via accumulative roll-bonding (ARB) [J]. International Journal of Hydrogen Energy, 2011, 36 (4): 3022~3036.

[21] Ma M, Huo P, Liu W C, et al. Microstructure and mechanical properties of Al/Ti/Al laminated composites prepared by roll bonding [J]. Materials Science and Engineering: A, 2015, 636: 301~310.

［22］ Gao K, Zhang X, Liu B, et al. The Deformation Characteristics, Fracture Behavior and Strengthening-Toughening Mechanisms of Laminated Metal Composites: A Review ［J］. Metals, 2019, 10 (1): 4.

［23］ Sun W, Fan H, You F, et al. Prediction of interfacial phase formation and mechanical properties of Ti6Al4V-Ti43Al9V laminate composites ［J］. Materials Science and Engineering: A, 2020: 139173

［24］ Wang H, Su L, Yu H, et al. A new finite element model for multi-cycle accumulative roll-bonding process and experiment verification ［J］. Materials Science and Engineering: A, 2018, 726: 93~101.

［25］ Yu W X, Liu B X, Cui X P, et al. Revealing extraordinary strength and toughness of multilayer TWIP/Maraging steels ［J］. Materials Science and Engineering: A, 2018, 727: 70~77.

［26］ Yu W X, Liu B X, He J N, et al. Microstructure characteristics, strengthening and toughening mechanism of rolled and aged multilayer TWIP/maraging steels ［J］. Materials Science and Engineering: A, 2019: 138426.

［27］ Zhang B Y, Liu B X, He J N, et al. Microstructure and mechanical properties of SUS304/Q235 multilayer steels fabricated by roll bonding and annealing ［J］. Materials Science and Engineering: A, 2019, 740~741: 92~107.

［28］ 沈继刚, 李宏图, 王勇. 浅论我国大单重特厚钢板的轧制生产技术 ［J］. 宽厚板, 2011 (2): 27~30.

［29］ 崔风平, 崔琦, 于秀琴. 复合连铸板坯轧制特厚钢板技术的应用 ［J］. 宽厚板, 2016, 22 (2): 35~37.

2 层状金属固相复合理论基础

2.1 层状金属固相复合机制

金属固相复合主要是指两种或两种以上金属在固态下的冶金结合，其复合机理即固相复合材料的结合面在复合前、复合过程中以及复合后的微观组织和结构、化学和物理性能的变化和形成牢固结合的原理。20 世纪 50 年代以来，固相复合机理的研究日益深入，主要理论包括机械啮合理论、金属键理论、能量理论、再结晶理论、扩散理论、三阶段理论、位错理论、薄膜理论、Bay N 理论等[1,2]。然而，目前对各类复合板的固相复合机理认识仍不够清晰，理论仍需进一步完善。

2.1.1 机械啮合理论

机械啮合理论是 1939 年由英国剑桥大学的 Bowden 和 Tabo 所提出的[3]。该理论认为，表面粗糙度对于异种金属的结合强度具有显著影响，机械啮合作用是实现金属固相复合的主要机制。异种金属在强压力作用下，相互接触的金属表面间彼此相互啮合，从而实现异种金属复合。

一般来说，机械啮合作用越强，界面结合力越大，尤其对界面剪切强度的增加尤为明显。多数情况下，界面结合不是单一的机械结合，而是与其他类型结合形式共存。该理论仅适于接触面非常粗糙的异种金属固相轧制复合类型，应用范围较窄。

2.1.2 金属键理论

金属键理论是由 Burton 在 1954 年提出的。该理论认为，实现金属间结合的唯一条件是使界面两侧金属原子足够靠近，直至达到原子间引力能发挥作用的位置，这种引力作用在同种或不同金属原子间都存在。当界面两侧金属原子不断靠近时，它们之间的引力将增加，且当间距为正常间距 2 倍时引力达最大值，当达到正常原子间距时引力为零，此时相邻原子间形成稳定排列，外层自由电子成为金属键的共用电子，界面两侧金属依靠金属键结合在一起。因此，实现金属结合的唯一条件是两种金属原子必须靠近到原子间引力发挥作用的范围[4]。

该理论说明，实现异种金属结合的化学基础这一理论被人们普遍接受，但不适于解释某些低温复合问题。

2.1.3　能量理论

能量理论是 Cline 在 1966 年分析能量在金属复合中的作用时提出的。该理论认为，组元金属结合不是依靠原子扩散，而是取决于原子的能量。当被复合材料相互接触时，即使原子已接近到晶格参数的范围，只要原子所含能量还未达到结合的最低能量，就不足以结合。只有当接触处金属原子能量达到某一水平，表面间才会形成金属键，它们之间的界面开始消失而连接在一起[5,6]。

能量理论是金属键理论的升级理论，该理论从能量角度解释了界面形成过程，可圆满解释一些现象；但没有揭示金属间结合到底与哪些物理或化学性能有关，且无法解释加工硬化使金属结合能力变差的原因。

2.1.4　薄膜理论

薄膜理论认为，金属间结合不取决于材料本身性能，而由金属表面状态决定，即待复合材料表面附着的氧化层。只要去除表面油膜和氧化膜，在协调一致的塑性变形过程中，使复合金属互相接近到原子间力的作用范围，就能形成复合。氧化膜可分成两种：硬而脆、韧而易变形。当金属冷变形时，硬而脆的氧化膜被粉碎，裸露出清洁的金属层，当清洁金属相互接近到原子间力作用距离时，就牢固地结合在一起；如果氧化膜是韧而易变形的，则变形时易变形的氧化膜随金属一起流动而阻碍复合。薄膜理论主要适用于异种金属固相轧制复合领域[7,8]。

2.1.5　扩散理论

扩散理论是由 Earl 在 1963 年所提出的。该理论认为，界面扩散是轧制复合的主要原因。金属在轧制过程产生的大量变形热可使金属表面温度急剧升高，金属表面相互接触的原子具有高热活化特性，结合界面形成一薄层，高能量原子扩散能力加强，在原子扩散范围内形成新相，实现冶金结合。

结合界面的原子扩散必会使异种金属原子间产生互扩散，以提高金属间结合能力。该理论从微观角度讨论了热量对原子运动的作用，但未能解释热量与扩散原子间的具体关系，以及在一定厚度的扩散范围内，扩散区厚度若不断增加，界面剪切强度与扩散层厚度的关系。

2.1.6　位错理论

位错理论认为，异种金属的结合过程是接触区内金属塑性流动的结果。当两种相互接触的金属产生协调一致的塑性变形时，位错迁移到金属的接触表面，从而破除氧化膜，产生高度只有一个原子间隔距离的小台阶。把金属接触表面上出现位错看作是塑性变形阻力的减小，因而有利于金属复合。但从另一角度来看，金属表面上出现位错，必会增加表面不平度，这就造成接触表面比内部金属强得多的塑性变形。由此可知，结合过程是接触区金属的塑性流动结果，位错理论是薄膜理论的深层次补充。

2.1.7 再结晶理论

再结晶理论是 1953 年 Parks 根据金属在大变形量时再结晶温度显著下降现象所提出的。该理论认为，不同组元金属在高温下变形产生的结合是两组元结合面处的再结晶过程，即组元金属变形产生加工硬化，高温下结合面的晶格原子很快重新排列，形成同属两组元的共同晶粒，使相互接触的两组元结合为一体。再结晶理论适用于对热处理后金属材料的组织变化进行解释，但并不适于复合过程本身，尤其他无法解释一些低温复合现象[9]。

2.1.8 Bay N 理论

在 20 世纪 80 年代，Bay N 理论由丹麦科学家 Bay N 所提出。Bay N 利用电镜在对固相复合样品剥离面进行观察时发现，复合表面存在大量的氧化膜碎片，而当表面氧化膜去除后，金属与空气产生了不同程度的氧化[10]。Bay N 理论认为，固相复合主要由 4 个阶段构成：在一定压力下，覆膜破裂；表面扩展导致新鲜基材裸露；法向压力将基材挤压入覆膜裂缝中；异种金属的活性面在间隙中汇合并形成真实结合。固相复合的本质在于压力使接触面接近至原子间距离，由原子吸附产生大量结合点。实验也证明，结合强度基本由结合过程决定。扩散等理论只涉及结合后的变化，未触及本质，且扩散对结合强度的影响不大。结合强度的获得主要与结合表面状况、结合表面扩展率及复合后的热处理等因素相关。

2.1.9 三阶段理论

在异种金属复合过程中，单一的结合机制往往很难全面解释界面结合过程。近年来，很多学者在上述几种结合理论基础上，总结出了三阶段理论。该理论是在固相复合"三步法"基础上提出的，三步法即金属复合时需经金属表面处理、轧制和热处理三步。该理论认为，任何高温加压条件下进行的双金属复合过程都包含物理接触、化学作用和扩散三个阶段[11]。

（1）第一阶段为物理接触阶段。组元金属在结合面接近到原子能够产生物理作用的距离。这一过程的实现是由于金属在外力作用下产生塑性变形，表面层破裂，新鲜金属从裂缝中挤出、相遇并达到原子间相互作用距离。金属表面层裂缝形成和扩展与表面层的性质、厚度及金属变形程度有关；新鲜金属从裂缝中挤出和作用与金属正压力有关。

金属表面层由三部分组成：与基体金属相邻层是表面经机械加工或钢刷清理、化学或电化学处理所形成的脆性层，覆盖脆性层的是氧化层和氧化层上面的气体或液体吸附层（又称污染层）。脆性层的性质与表面处理方法、工艺条件和组元金属的性能有关，作用是保护基体金属在脆性断裂时暴露的新鲜金属表面不被氧化和污染，因为空气无法进入断裂的裂缝与暴露的新鲜金属接触，故称脆性层为覆盖层。金属在复合过程中，氧化层通常是难免的，或是必然的。氧化层越薄越脆越容易破裂。采用真空或气体保护防止金属表面层氧化有益于复合。污染层是金属表面经溶液或酸液化学处理除去金属表面油脂时残留下来的液体和气体薄膜，它们由清洗液本身和大气环境中的水蒸气等组成，并吸附于金属表面最外层，这种薄膜韧性很好，在基体变形时不易断裂和剥落，但加热到一定温度时，则挥发而变成脆性薄膜。清洁的金属表面在复合前长时间暴露于大气环境中，尤其当空气湿度较大时，会明显降低复合强度。若复合时在真空中或保护气氛中加热，使污染层气化挥发形成脆性膜，可明显提高复合强度。污染层破裂不同于脆性层脆断，其厚度随基体变形逐步减薄。

新鲜金属接触往往是既有从脆性层裂缝中挤出，又有污染层破裂后基体金属的显露，这两种接触在金属复合中所占主与次，同金属的性能、表面处理方法及工艺条件、表面处理后到复合前的停留时间及环境、复合方法等有关。金属从裂缝中挤出取决于裂缝宽度，宽度过小则无法挤出；增加正压力，裂缝宽度增大，均有利于挤出，故可提高结合强度。

（2）第二阶段为化学相互作用阶段。新鲜金属接触达到原子间作用距离时，原子获得外界赋予的能量，产生物理、化学相互作用，形成化学键，实现新鲜金属接触部分的点结合，即初结合。初结合强度应达到在自然状态中和完成下步工序过程中组元间不能分离的程度。

（3）第三阶段为扩散阶段。复合金属在完成物理接触实现初步结合后，各组元金属中原子通过结合面相互扩散，增进结合强度。初结合仅是两组元界面中新鲜金属暴露部分的局部点结合，被污染层、氧化层和硬化层覆盖的部分只是组元表面层接触，并未形成结合而构成一体。通过结合点和接触面的原子扩散，扩大结合面，增加复合强度，即在一定的温度和时间条件下，结合点原子互相扩散形成结合区；覆盖区的表面层熔化并扩散到组元金属中，使组元结合面构成连续牢固结合。

上述的各种固相复合机理都在一定程度上揭示了金属结合的规律，但是它们并不相互排斥，而是相互补充。

2.2　真空热轧金属复合板的界面复合机理

真空轧制复合技术是在传统热轧复合的基础上发展起来的一种新型复合技

术，因而其本质上与热轧复合技术是一脉相承的。由于真空轧制复合技术包含了加热和轧制的工艺过程，因而其复合机理也继承了热轧复合的界面结合机理，即包括界面啮合机制、界面扩散机制、再结晶理论、三阶段理论等。但两者又存在着较大的区别，具体表现在以下几个方面：

（1）临界变形量的不同：在传统的热轧复合过程中，由于坯料封装采用的是埋弧焊封装技术，基材在外侧、覆材被封装在内部，四周依靠封板制造一个真空环境，因而基材和覆材之间有一定相互错动的空间，两者未被强力约束。然而，真空轧制复合过程中，基材与覆材是被牢固的真空电子束焊缝强力约束的。事实上，在轧制复合的变形过程中，基材、覆材界面之间是存在较强剪切应力的。因此，与普通的轧制复合相比，由于真空轧制复合技术制备的基、覆材之间的强力约束作用，使得基、覆材不会发生相互错动，即使在比较小的道次轧制压下量下，仍然能够实现有效的界面愈合。因而，真空轧制复合技术不需要很大的道次压下量，仅通过累积变形量就可实现牢固的冶金结合界面。然而，普通热轧复合往往需要一个很大的首道次临界压下率，才能实现界面的有效结合，这极大地增加了轧钢设备的负荷，生产难度加大。

（2）界面交互扩散的不同：与普通的热轧复合技术相比，由于真空轧制复合工艺条件下的基、覆材界面始终处于高真空环境下，因而复合界面的氧分压是比较低的，界面也就不容易生成较厚的 Fe-O 氧化物。事实上，根据热轧复合的界面结合理论，在基、覆材的加热过程中，界面两侧的基、覆材会发生强烈的元素交互扩散行为，而元素扩散程度对于后续界面结合的影响是十分关键的。因此，界面氧化产物的生成将对元素扩散产生较大影响，越厚和越致密的氧化物对界面元素的扩散有显著的抑制作用。因此，在真空轧制复合技术制备条件下，由于界面氧化物较薄，对界面元素的扩散抑制效应较弱，界面元素扩散充分，有利于界面的结合。

（3）界面产物生成机制的不同：在一些种类的基、覆材复合界面，通过元素扩散还可能产生一些特定的金属间化合物，如钛-钢界面，钛侧的钛元素和钢侧的铁元素就容易在复合界面生成 Ti-Fe 金属间化合物，而该化合物具有脆、硬的特性，对界面的有效结合是不利的。对于传统热轧技术来说，界面的失效往往发生在氧化物与脆硬金属间化合物之间，这主要是由于氧化物本身的韧塑性也不好，两者的界面往往是弱结合界面。因此，大量的氧化物与金属间化合物伴生的时候，界面强度被急剧削弱。真空轧制复合技术制备条件下，由于界面氧化物数量较少、尺寸较小，因而对界面性能的弱化作用较小，可获得更为优异的界面结合。

参 考 文 献

［1］ Li L, Yin F X, Nagai K. Progress of laminated materials and clad steels production ［J］. Materials Science Forum, 2011 (675): 439~447.

［2］ 祖国胤. 层状金属复合材料制备理论与技术 ［M］. 沈阳: 东北大学出版社, 2013.

［3］ Pauling L. A Resonating-Valence-Bond theory of metals and intermetallic compounds ［J］. Proceedings of the Royal Society of London, 1949, 196 (1046): 343~362.

［4］ 闻立时. 固体材料界面研究的物理基础 ［M］. 北京: 科学出版社, 2011.

［5］ Cline C L. An analytical and experimental study of diffusion bonding ［J］. Welding Journal, 1966, 45 (11): 481~489.

［6］ Sun S, Pugh M. Fabrication and mechanical properties of steel-steel composites ［J］. Materials Science and Engineering: A, 2001, 300 (1~2): 135~141.

［7］ 陈燕俊. 贵金属层叠复合材料的制备工艺与界面研究 ［D］. 杭州: 浙江大学, 2001.

［8］ 张太正. 铜/钢双金属复合材料的制备及其界面研究 ［D］. 沈阳: 沈阳大学, 2015.

［9］ Ghaleh S M, Malahi M, Gupta M. Accumulative Roll Bonding—A Review ［J］. Applied Sciences, 2019, 9 (17): 3627~3658.

［10］ Bay N, Clomensen C, Juelstorp O, et al. Bond strength in cold Roll Bonding ［J］. CIRP Annals-Manufacturing Technology, 1985, 34 (1): 221~224.

［11］ 何康生, 曹雄夫. 异种金属焊接 ［M］. 北京: 机械工业出版社, 1986: 109~129.

3 真空轧制复合特厚板

目前,厚度超过 100mm 的特厚钢板广泛应用于诸多工业领域,市场需求很大。但国内特厚板生产尚无法完全满足市场需求,我国每年仍需从国外大量进口。国内仍然以传统的模铸法生产特厚钢板,其工艺复杂,能耗高且效率低,已不符合现代工业生产对成本和能耗的要求。因此,本章重点介绍 VRC 技术制备特厚钢板的研究现状,具体包括:表面处理、焊接封装、加热和轧制工艺以及热处理的相关工艺技术研究;复合工艺对复合界面的微观组织和力学性能的影响规律;轧制复合过程中的变形规律的有限元模拟研究;在国内多家钢铁企业进行的不同品种用途、等级、规格特厚钢板的工业试制和生产情况[1,2]。

3.1 钢坯表面状态对复合效果的影响研究

在特厚钢板的复合过程中,钢坯表面的清洁度是得到优异结合界面的前提,钢坯表面的油污、水汽、氧化膜、粗糙度等因素均会影响界面结合。根据金属表面状态不同,金属表面可分为吸附层、氧化层、过渡层和基体层,表面处理的目的主要是去除钢坯表面的吸附层和氧化层,使洁净表面直接接触,形成牢固的冶金结合。

本节对化学处理、钢丝刷打磨、磨床加工和带水砂带打磨等表面处理方式进行介绍,不同表面处理方式的优缺点见表 3-1。

表 3-1 不同表面处理方式的优缺点

方　法	优　点	缺　点
化学处理法	能有效去除表面油污,可处理形状复杂的工件	工序复杂,效率低
钢丝刷打磨法	可有效去除钢坯表面锈层,效率高	钢丝刷需频繁更换,锈层易残留
磨床加工处理法	表面较光洁,效率高	设备复杂,成本高,易引入杂质
带水砂带打磨法	表面洁净度高,粗糙度低	操作复杂,受工件形状限制

3.1.1 化学处理法

化学处理法是利用腐蚀性溶液溶解金属表面,去除表面锈层,具体流程为:除油→热水洗→冷水洗→除锈→中和→流动水洗→干燥。首先,将钢坯浸入

NaOH、NaPO$_3$、Na$_2$CO$_3$、NaSiO$_3$ 的 90℃ 混合水溶液 3min，充分去除油污；然后，用热水和冷水去除钢坯表面残存酸液；随后，将钢坯放入 HCl、乌洛托品和 As$_2$O$_3$ 的混合除锈液中除锈，溶液温度控制在 40℃ 以下；中和工艺采用 Na$_2$CO$_3$ 溶液去除钢坯表面残留酸液，中和后用流动水去除钢坯表面残液；最后，对表面处理完成的钢坯进行干燥处理。

研究发现，表面经化学处理后的复合界面出现开裂，有大面积未复合区。化学处理的未复合界面形貌如图 3-1 所示，发现未复合界面存在大量点状或块状夹杂物。对夹杂物进行能谱分析发现，块状物由 O-C-Si 组成，推测夹杂物应该是酸洗残留物。图 3-1b 中弱结合面连接处的夹杂物含有较多的 C、O、Fe 元素。

图 3-1　经化学处理的复合界面微观形貌

a—完全未复合界面；b—弱复合面

图 3-2 为经化学处理后的复合界面组织。在复合界面处出现明显的连续缝隙，复合效果差。因此，酸洗除锈工艺比较复杂，操作也较为困难，容易出现复合界面酸洗残液清理不净的问题，造成部分复合表面的自然开裂，以及部分区域的弱连接，影响最终复合效果。

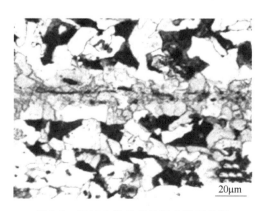

图 3-2　经过化学处理的复合界面组织

3.1.2 钢丝刷打磨法

钢丝刷打磨法不但能清洁表面，还可使金属表面形成一定粗糙度。粗糙表面不仅接触面大，而且在复合轧制变形过程更易产生局部剪切变形，从而使表面硬化层和氧化膜破裂，使底层新鲜金属暴露，互相接触，使金属表面间距在轧制复合时达到原子级别，产生足够的结合力，克服界面势能，形成牢固冶金结合。用钢丝刷处理金属表面时，如粗糙度过大易引起结合强度不稳定。另外，钢丝刷速度和力量较难控制，速度过快时容易使热量来不及散失，表面发生二次氧化。

研究发现，采用钢丝刷处理的特厚钢板界面未出现开裂，性能显著提高。然而，超声波探伤检测结果显示，复合界面出现明显回波，说明界面存在尺寸大于0.1mm 的集中缺陷（见图 3-3）。

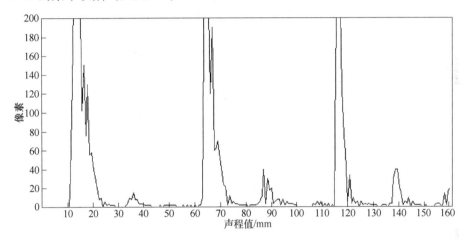

图 3-3　超声波探伤检验结果

在复合板头、尾部取金相试样，界面形貌如图 3-4 所示。从图 3-4 中可看出，界面结合处有大量颗粒夹杂物，这可能是由于钢丝刷打磨痕迹内的铁屑、残锈等残留污染物引起的。另外，个别位置存在 $20\sim30\mu m$ 长的未复合缺陷。

经检测，钢丝刷打磨后的特厚钢板 Z 向抗拉强度约 402MPa，小于基材的抗拉强度 520MPa。如图 3-5 所示，断裂位置发生在界面附近，样品无明显颈缩，为脆性断裂。因此，钢丝刷打磨的复合板虽未自然开裂，但界面结合性能仍未达到基体性能。这主要是由于打磨过程中钢丝刷打磨掉的铁锈和污染物不能被完全清除，最终残存在界面，导致钢材的力学性能降低。

3.1.3 磨床加工处理法

磨床加工处理法是将待复合的钢坯放在磨床上，将表面加工至完全露出金属光泽，经组坯、轧制得到复合板。图 3-6 为磨床加工得到的复合界面微观组织。

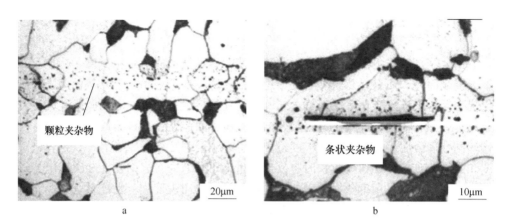

图 3-4　钢丝刷打磨表面的复合界面金相组织照片

a—低倍金相照片；b—高倍金相照片

图 3-5　钢丝刷打磨表面的复合板 Z 向拉伸试样

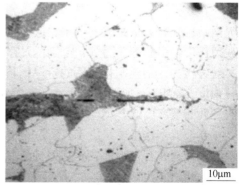

图 3-6　磨床加工的复合板复合界面金相组织

a—低倍金相照片；b—高倍金相照片

从图 3-6 中可以看出明显的复合界面，界面存在大量条状夹杂物，但无明显裂纹，珠光体和铁素体均匀分布在界面。特厚钢板 Z 向抗拉强度较高，超过500MPa，但拉伸过程颈缩不明显，塑性仍较差。和钢丝刷打磨法相比，磨床加工得到的复合界面的抗拉强度明显提高，但是塑性改善有限，说明磨床加工的效果仍不理想。这可能是由于磨床加工时乳化液会使高温钢板表面生成氧化膜，影响了复合板性能。

3.1.4 带水砂带打磨法

带水砂带打磨法是通过高速运转的砂带磨削，清除表面的氧化铁皮，并在磨削过程中通水冷却磨削表面，防止因打磨过程产生的高温使表面发生二次氧化，同时流动的冷却水可随时去除磨削残留物，从而获得高洁净表面。磨削表面形貌如图 3-7 所示，采用砂带磨削时，钢坯表面产生了均匀细密且较浅的划痕。对图3-7 中各点进行成分分析发现（见表 3-2），各点成分与基材一致，说明表面氧化层已被彻底去除，新鲜金属基体已全部露出。

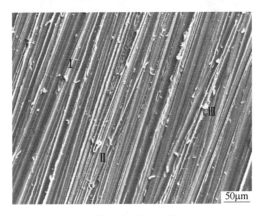

图 3-7　砂带打磨后钢坯的表面形貌

表 3-2　砂带磨削表面成分分析（原子分数）　　　　　　（%）

位　置	O	Si	C	Mn	Fe
I	—	0.75	0.15	1.51	97.59
II	—	—	0.09	1.57	98.34
III	—	0.76	0.12	1.02	98.10

带水砂带打磨处理的复合板界面组织如图 3-8 所示。原始界面已经完全消失，未发现明显夹杂物，复合界面结合良好。Z 向拉伸试验结果如图 3-9 所示，从图中可以看出存在明显颈缩现象，为明显韧性断裂，复合界面处的 Z 向抗拉强度和伸长率高于基体处的 Z 向抗拉强度，复合钢板的结合性良好。

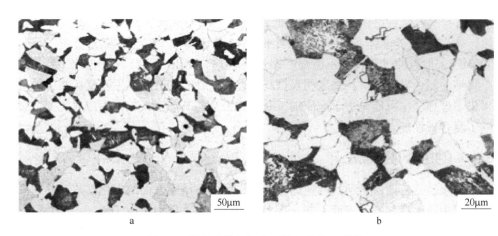

图 3-8　带水砂带机打磨后的复合界面形貌
a—低倍金相照片；b—高倍金相照片

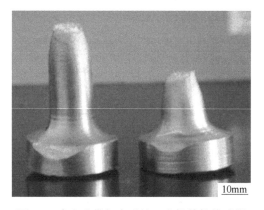

图 3-9　直向砂带打磨后的 Z 向拉伸拉伸试样

　　不同钢板表面处理方式下特厚复合板的力学性能如图 3-10 所示。在表面处理过程中，表面残留氧化铁皮或其他污染物会对界面性能产生较大影响。因此，带水砂带打磨可使复合板界面较干净，是合适的钢坯表面清理方式，获得了良好的力学性能。

3.1.5　电化学处理法

　　可用于金属复合板表面处理的方法还有电化学处理。电化学处理是指在特定的电化学反应器内，通过设计的电极反应以及由此而引起的一系列化学反应、电化学过程或物理过程，达到污染物降解、转化的目的。由于电化学处理后的表面容易产生孔洞和沟槽等刻蚀现象，可形成一定的粗糙度，从而增强了界面的结合能力。但是电化学处理需要电源及相应设备，金属表面容易形成影响结合的膜

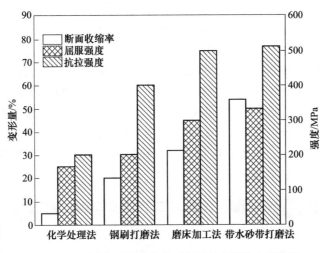

图 3-10　不同表面处理条件下特厚复合板的力学性能

层，处理的钢板尺寸也受到限制，因此在金属复合板的工业生产过程中一般不使用该技术。

3.2 真空电子束焊接封装工艺研究

真空热轧复合技术的关键在于如何保证界面处于稳定的高真空，防止加热及轧制过程的界面氧化，保证界面性能。因此，坯料焊接封装工艺是影响界面在整个复合过程是否处于高真空的关键。

真空电子束焊由于具有能量密度高、束流集中、焊接稳定、可控性能好、较大深宽比等优点，已成为制备大尺寸复合板的有效组坯手段。然而，电子束的强烈局部热作用使焊接接头易产生较大的应力，对接头力学性能有很大影响，尤其是高碳当量难焊接钢材，焊接应力作用会产生严重的冷裂纹，在加热和热轧复合过程中焊缝极易产生开裂。因此，研究不同材料的电子束焊接工艺，探究合适的焊接参数十分必要。本节重点针对低碳当量 Q345 钢板和高碳当量 45 中碳钢两种代表性材料进行焊接工艺研究。

3.2.1 低碳当量 Q345 钢板电子束焊接工艺研究

3.2.1.1 焊接速度对焊接接头组织的影响

将表面处理后的两块相同尺寸 Q345 钢板对接，用夹具对齐夹紧后放入真空电子束焊机真空室，真空度为 1×10^{-2} Pa。采用上聚焦方式，焊接束流 50mA，焊接速度分别为 200mm/min、300mm/min 和 400mm/min 进行焊接。观察不同焊接速度条件下的钢板焊接接头深度、宽度和热影响区的大小。

　　不同焊接速度下的接头宏观形貌如图 3-11 所示。三种焊接速度下接头呈锥形，无明显气孔、裂纹和夹杂等缺陷。接头可分为三个典型区：焊合区（NZ）、热影响区（HAZ）和母材区（BM）。其中，热影响区根据温度范围不同，可细分为内热影响区和外热影响区。焊接速度 200mm/min 时，接头深度 16.8mm；焊接速度 300mm/min 时，接头深度 13.3mm；焊接速度 400mm/min 时，接头深度 11.1mm。结果表明，随焊接速度减小，接头深度逐渐增加。接头深度直接体现了焊缝结合程度，接头越深，复合坯在加热及轧制过程中越不易开裂，可有效保证界面真空度。然而，随焊接速度减小，热影响区面积也随之增加，焊接速度 200mm/min 时热影响区面积最大。

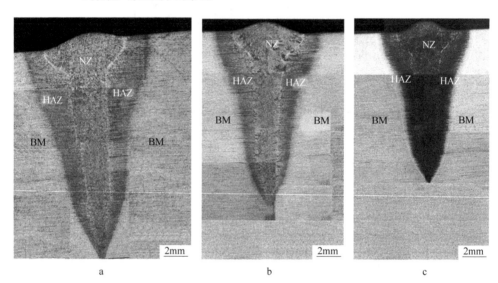

图 3-11　不同焊接速度条件下的焊接接头宏观形貌
a—焊接速度 200mm/min；b—焊接速度 300mm/min；c—焊接速度 400mm/min

　　图 3-12 为焊接速度 300mm/min 接头不同区域的微观形貌。焊合区主要由粗大板条马氏体组成。内热影响区主要由细小的板条贝氏体组成，而外热影响区主要由细小的铁素体和马氏体双相组成。这是由于在焊接过程中，峰值温度处于铁素体和奥氏体的两相区，原始铁素体发生了部分奥氏体化过程，同时原始铁素体被细化。外热影响区的峰值温度在其共析点附近，铁素体中的碳溶解度增加，珠光体中碳原子开始向铁素体扩散，珠光体片层发生溶解，产生细小的退化珠光体和铁素体混合组织。

　　当焊接速度为 200mm/min 时，接头组织如图 3-13 所示。在较慢的焊接速度时，焊缝高温停留时间长，焊合区增大。在随后的冷却过程，冷却速度较慢，抑制了奥氏体向板条马氏体转变[3]，因此焊合区组织主要由粗大的板条贝氏体、粒

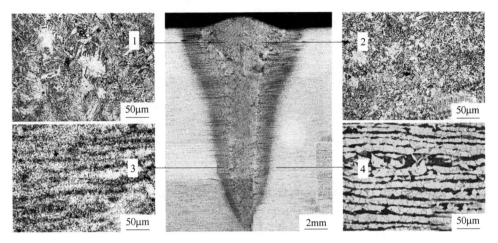

图 3-12　300mm/min 焊接速度条件下的焊接接头微观形貌

1—焊合区；2—内热影响区；3—外热影响区；4—母材

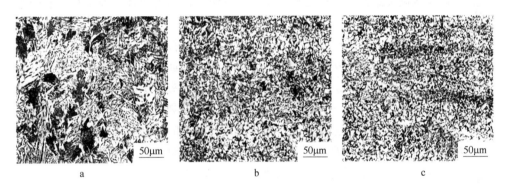

图 3-13　200mm/min 焊接速度条件下的焊接接头微观形貌

a—焊合区；b—内热影响区；c—外热影响区

状贝氏体和珠光体组成。而热影响区主要由粒状贝氏体、铁素体和珠光体组成。焊合区中的珠光体和粒状贝氏体脆性大，焊缝容易在加热及轧制过程中开裂。

当焊接速度为 400mm/min 时，接头微观组织如图 3-14 所示。结果表明，焊合区主要由粗大板条马氏体组成，内热影响区主要由细小的马氏体和板条贝氏体组成，而外热影响区主要由粒状贝氏体、铁素体及珠光体组成。焊合区峰值温度高，导致奥氏体粗化严重，在随后的冷却过程中，较快的冷却速度促进了马氏体板条的形核以及长大，最终焊合区由粗大的板条马氏体组成。马氏体能够有效提高材料的强度，但韧性随之降低，这在复合坯料加热和轧制过程中容易造成焊缝开裂[4]。因此，焊接速度不宜选取较快的 400mm/min。

对不同焊接速度条件下的焊合区、热影响区和母材区域进行硬度检测，检测位置距焊缝上表面 2mm 处。检测区域以焊缝为中心，左右两侧对称各检测 12 个

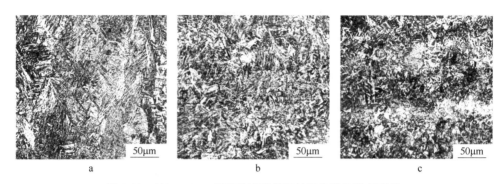

图 3-14　400mm/min 焊接速度条件下的焊接接头微观形貌

a—焊合区；b—内热影响区；c—外热影响区

点，各点间距为 0.5mm，使检测硬度区域从一侧母材至另一侧母材并贯穿整个焊接接头组织，检测结果如图 3-15 所示。不同焊接速度条件下的硬度变化趋势类似，热影响区硬度最高，焊合区硬度次之。热影响区原奥氏体晶粒细小，显微组织被细化，导致晶界增多，因此在各自焊接速度条件下热影响区硬度值均最高。焊合区峰值温度高且停留时间长，导致了原奥氏体晶粒的粗化，晶界减少，因此硬度值略有下降。随着焊接速度增加，焊后冷却速度加快，更容易形成高硬度的马氏体组织，导致硬度增加。硬度值的分布结果与接头组织的分布情况吻合，进一步确定了焊接接头存在三种不同区域。同时，经过测量，焊接速度 200mm/min 条件下焊接接头热影响区宽度最大，而 300mm/min 和 400mm/min 条件下的焊接接头热影响区宽度较小且差别并不明显。结合以上组织分析和硬度检测结果，最终选定研究过程中的钢板电子束焊接速度为 300mm/min。

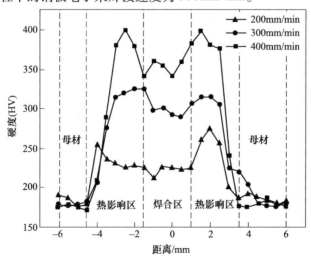

图 3-15　焊接接头各部分区域组织的硬度分布

3.2.1.2 焊接束流对焊接接头组织的影响

在上聚焦、焊接速度 300mm/min 条件下，采用 35mA、50mA 和 65mA 束流进行焊接，接头形貌如图 3-16 所示。焊接束流 35mA 时，接头表面有一定凹陷，焊接深度仅 5mm。焊接束流 65mA 时，焊缝深度 14mm。可看出随焊接束流增加，焊缝深度与热影响区范围均增加。焊接束流 35mA 的焊合区有大量马氏体形成，大量马氏体导致接头脆性增加韧性下降，且焊接接头深度较低，钢板焊合效果较差，因此不宜选取 35mA 焊接束流。当焊接束流达到 65mA 时，其焊接热影响区面积较焊接束流为 50mA 时明显增大，这将对焊接接头力学性能产生不利影响，据此确定实验过程中的钢板焊接束流为 50mA。

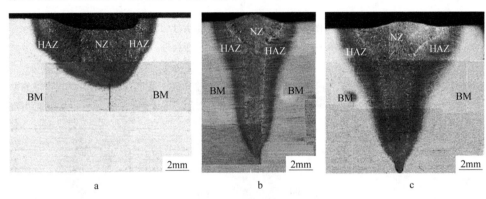

图 3-16　不同焊接束流的焊接接头宏观形貌
a—焊接束流 35mA；b—焊接束流 50mA；c—焊接束流 65mA

3.2.1.3 焊接束流的聚焦方式对焊接接头组织的影响

依据焊接束流聚焦位置不同，聚焦方式分为上聚焦、表面聚焦和下聚焦，如图 3-17 所示。在焊接速度 300mm/min、焊接束流 50mA 条件下，分别选用上聚焦、表面聚焦和下聚焦进行焊接，接头形貌如图 3-18 所示。结果表明，表面聚焦时，接头深度 8.3mm，且热影响区最宽，因此通常不选用表面聚焦。上聚焦或下聚焦时，无论是焊缝深度还是热影响区宽度都差别不大，且接头呈完整锥形。上聚焦、表面聚焦和下聚焦焊接条件下的焊合区及热影响区均主要由贝氏体组成。然而，下聚焦焊接时，工件温度最高且率先融化的位置在工件内，接头易产生孔洞和微裂纹，导致其力学性能下降。因此，通常选用束流聚焦方式为上聚焦。

对焊接性能较好的低合金钢而言，电子束焊工艺改变对焊缝冶金未产生较大影响，均能保证焊缝无缺陷。为保证复合板在轧制时焊缝具有足够的强度，应根据不同尺寸规格的复合坯料调整焊缝深度，同时也需避免过深的焊缝而造成过大的切边量，降低成材率。

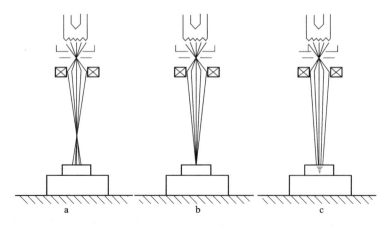

图 3-17　焊接束流的聚焦方式

a—上聚焦；b—表面聚焦；c—下聚焦

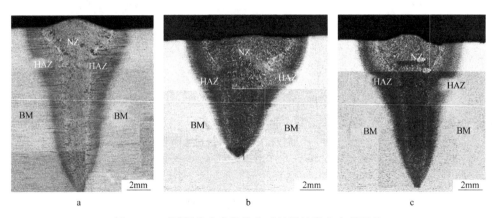

图 3-18　不同焊接束流聚焦方式的焊接接头宏观形貌

a—上聚焦；b—表面聚焦；c—下聚焦

3.2.2　高碳当量 45 中碳钢的电子束焊工艺研究

45 中碳钢是在机械制造业中应用广泛的优质碳素结构钢，经热处理后有较高的强度和塑性。随各类装备的大型化发展，相关行业对厚规格 45 钢板的需求不断提升，传统大铸锭制备的特厚板无法消除元素偏析问题，因而转向真空轧制复合法制备特厚钢板方式，这无法避免对 45 钢的焊接封装。对于 45 钢焊接研究已比较成熟，其化学成分见表 3-3。根据碳当量计算公式：

$$C_{eq} = \{w(C) + w(Mn)/6 + [w(Cr) + w(Mo) + w(V)]/5 +$$
$$[w(Ni) + w(Cu)]/15\} \times 100\% \tag{3-1}$$

表 3-3　45 钢的化学成分（质量分数）　　　　　　　（%）

C	Si	Mn	Cr	Ni	Cu	P	S
0.42~0.50	0.17~0.37	0.50~0.80	≤0.25	≤0.30	≤0.25	≤0.035	≤0.035

　　计算可知，45 钢碳当量达到 0.7%，所以其焊接时焊缝区域淬硬倾向较大，有较强的冷裂纹敏感性，属难焊接材料。对于高碳当量难焊接钢板，提高接头韧性的方法通常有选用合适的焊材、控制焊缝金属成分、降低焊缝中扩散氢含量、预热、控制热输入量等。因此对 45 钢焊接采用如下措施：（1）直接焊接：通过调整工艺参数，改善焊缝组织性能，获得合适的焊接窗口；（2）添加中间层：在焊缝中加入低合金 Q345 钢作为填充金属改善接头组织性能，焊接组坯方式如图 3-19 所示；（3）焊前预热处理，将钢坯预热到 250~300℃。

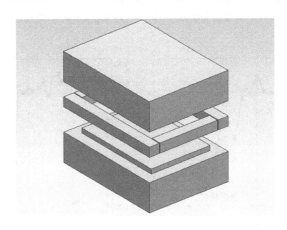

图 3-19　组坯方式示意图

　　研究中采用较小线能量参数：焊接束流 65mA 和 80mA，焊接速度 500mm/min 和 400mm/min，确保界面不飞溅，使焊缝获得较好的韧性和良好的综合性能。接头微观形貌如图 3-20 所示。焊缝中心出现粗大柱状晶，沿对称的柱状晶中心有贯穿裂纹。通过参数调节，裂纹可得到缓解，但内部仍有部分缺陷难以彻底消除。上聚焦束流由于热输入过大导致裂纹尤为明显。

　　为对比研究不同焊接参数下焊接组织的力学性能，选取 65mA、500mm/min 和 65mA、400mm/min 的两个金相试样进行硬度测试，焊接接头的硬度分布曲线如图 3-21 所示。焊缝中心硬度远高于母材硬度，焊缝中心组织为针状马氏体。热影响区硬度变化梯度较大，组织为马氏体、退化珠光体、铁素体。图 3-22a 所示为基体的珠光体和铁素体组织，硬度相对较低。综上所述，调整焊接参数可以消除贯穿裂纹和部分缺陷，但由于 45 钢的碳含量较高，仅调节焊接参数无法消除焊接过程中形成的脆性组织。

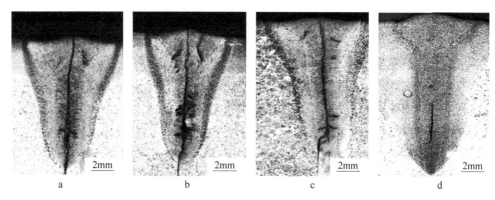

图 3-20　不同焊接参数下 45 钢焊缝形貌

a—焊接束流 65mA，焊接速度 500mm/min；b—焊接束流 65mA，焊接速度 400mm/min；
c—焊接束流 80mA，焊接速度 500mm/min；d—焊接束流 80mA，焊接速度 400mm/min

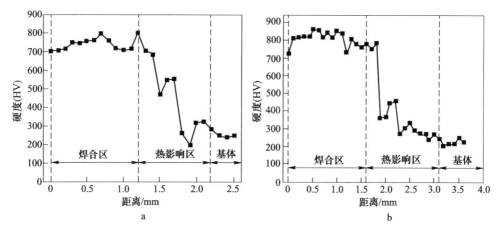

图 3-21　45 钢焊缝硬度分布曲线

a—焊接束流 65mA，焊接速度 500mm/min；b—焊接束流 80mA，焊接速度 400mm/min

鉴于仅调节工艺参数无法避免 45 钢焊接裂纹，拟采用填充金属和焊前预热方式开展研究。填充金属可降低焊缝的碳当量，抑制裂纹产生，而预热则是降低焊接接头冷却速度，防止焊缝产生淬硬组织。为使填充金属与母材充分融合，采用大束流焊接。图 3-23 为 45 钢在不同焊接条件下的焊缝形貌，从左至右对应焊接工艺为：添加金属夹层、电子枪预热焊接、钢坯整体预热后真空室内焊接。由图 3-23a 可看出，在焊缝添加低合金钢金属时，贯穿裂纹消失，但焊缝底部产生裂纹。焊缝由于碳含量的降低，微观组织从针状马氏体变为板条马氏体，焊缝韧性提高。采用焊前预热可明显改善焊缝形貌，如图 3-23b 所示，经电子束散焦预热后，仅在焊缝底部残留部分裂纹，可有效保证整个焊缝的密封性。当复合坯料

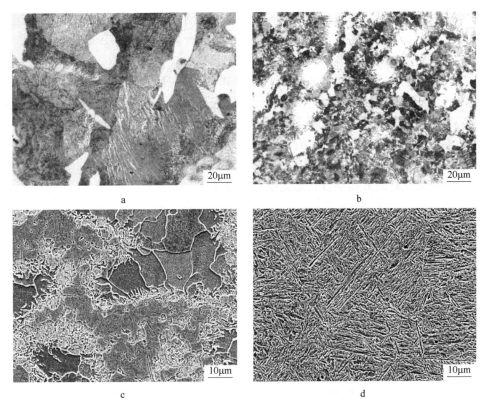

图 3-22　80mA、400mm/min 焊接参数条件下 45 钢焊缝组织不同区域的微观形貌

a—母材；b—热影响区；c—热影响区与焊缝区交界处；d—焊缝区

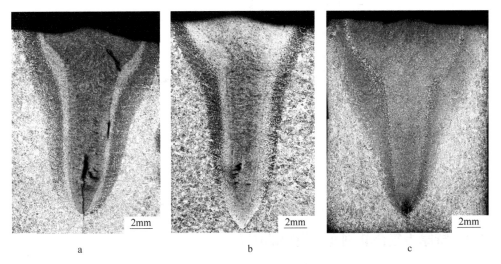

图 3-23　45 钢焊缝形貌

a—添加金属夹层；b—双电子枪预热焊接；c—整体预热后真空焊接

尺寸较大时，电子束散焦产生的热量不足以使焊缝周围保持一定的温度，仍会使焊缝产生冷裂纹。而将复合坯料整体预热后再进行焊接，焊缝冷裂缺陷已经完全消失，得到了良好的焊缝组织。

三种工艺状态下的焊缝硬度分布曲线如图 3-24 所示。添加填充金属后，焊缝的硬度较直接焊接的焊缝有所下降，但仍与母材组织的硬度值有较大差异。通过采用预热的方式焊缝硬度值下降明显，使焊缝、热影响区和母材的硬度相差不大，显著提高了焊缝的韧性，有利于复合坯在后续的加热及轧制过程保持较高的真空度。采用焊前整体预热的方式制备的特厚复合板坯焊缝在轧制时不产生裂纹，为获得良好的界面结合状态提供了前提条件。

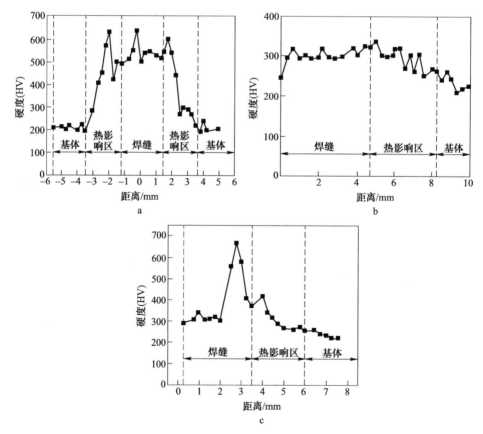

图 3-24　焊缝硬度分布曲线

a—添加金属夹层；b—双电子枪预热焊接；c—整体预热后真空焊接

3.3　特厚板复合轧制变形规律的研究

在特厚板复合轧制过程中，复合界面的应变状态是衡量复合效果的主要因素。特厚板坯料厚度大，变形不易深入心部界面。在实际生产过程中，不易测得定量的数据。采用数值模拟方法，可方便地得出复合轧制过程中厚度方向的变形规律，为实际生产提供参考依据。本节采用有限元模拟并结合实验验证，分析了轧制过程中轧件的应力-应变，总结了特厚板轧制过程中的变形规律。

3.3.1 不同单道次压下率对厚度方向变形规律的影响

考虑到轧制过程的几何对称性，为节省计算时间，取试样厚度方向的1/2建立几何模型，并在厚度对称面上施加 y 方向位移约束。轧辊与试样均用四节点实体单元 PLANE162 划分网格，如图 3-25 所示。轧辊采用刚性材料模型，轧件采用弹塑性材料模型，各项参数见表 3-4。

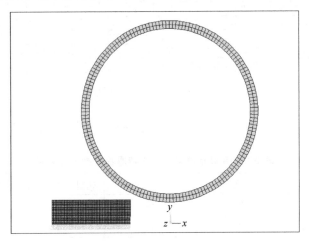

图 3-25　特厚板复合轧制变形有限元模型

表 3-4　有限元模拟计算参数

	材料模型	刚性
轧　辊	密度/kg·m^{-3}	7850
	杨氏模量/MPa	2.1×10^5
	泊松比	0.3
轧　件	材料模型	弹塑性模型
	密度/kg·m^{-3}	7850
	杨氏模量/MPa	1.17×10^5
	泊松比	0.3
	屈服应力/MPa	80
	剪切模量/MPa	8
轧辊与轧件接触摩擦系数	静态	0.35
	动态	0.25

运用后处理器 LS-PREPOST 选取轧件厚度方向上不同位置的单元，对厚度方向的变形程度加以分析：如图 3-26 所示，沿轧件厚度 t 方向取距表面 0、$t/4$、$3t/8$ 和 $t/2$ 距离的 4 个单元 S1475、S725、S325、S25，其中 S25 为心部单元。通过输出轧件各单元的应变值和应力值，绘制各道次应变-时间曲线及应力等值线图，分析轧件变形规律。

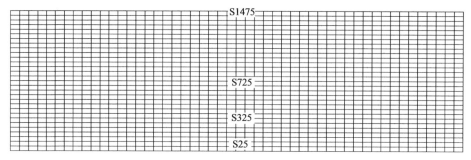

图 3-26　厚度方向单元选取

对不同单道次压下率下的轧件进行轧制模拟，轧制模拟规程见表 3-5。

表 3-5　有限元模拟单道次特厚板轧制规程参数

项　目	轧前厚度/mm	轧后厚度/mm	轧制速度/m·s⁻¹	单道次压下率/%
单道次模拟实验 1	60	54	1	10
单道次模拟实验 2	60	48	1	20
单道次模拟实验 3	60	42	1	30
单道次模拟实验 4	60	39	1	35

图 3-27 所示为单道次压下率 20% 时变形区等效应力分布图及应变-时间曲线图。从图 3-27 中可以看出，轧件从表面到心部受力均超过 80MPa，超过材料的屈服应力。从由图 3-27b 可以看出，轧件表面单元在刚接触轧辊时产生剧烈变

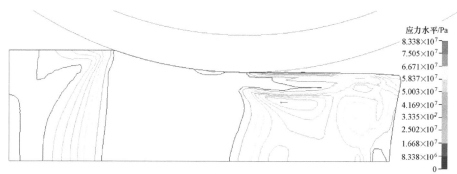

应力水平/Pa
8.338×10⁷
7.505×10⁷
6.671×10⁷
5.837×10⁷
5.003×10⁷
4.169×10⁷
3.335×10⁷
2.502×10⁷
1.668×10⁷
8.338×10⁶
0

a

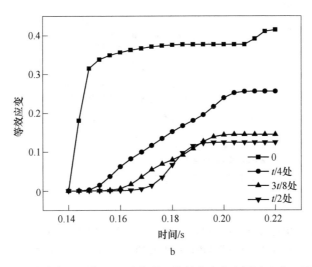

b

图 3-27 单道次压下率 20% 时变形区等效应力分布图及应变-时间曲线

a—等效应力等值线图；b—厚度方向上等效应变-时间曲线

形，随后由于表面受轧辊摩擦影响逐渐增大，金属流动性减弱，使得应变保持在 0.35 左右不再变化。在表面金属流动受阻时，内部金属流动活跃，因此在 $t/4$ 处的单元应变持续增大。由于内部金属变形增强，使得各厚度层上的单元应变增大，心部处的应变超过 0.1。

图 3-28 为单道次压下率 30% 时变形区等效应力分布图及应变-时间曲线图。从图 3-28 中可以看出，变形区内单元应力超过 80MPa，表面单元应变先增大后基本保持不变。由于受轧辊摩擦影响使得表面金属流动性减弱，而轧件内部金属不受影响，因此内部单元应变持续增大，心部单元应变最大可达 0.24。

图 3-29 为单道次压下率 35% 时变形区等效应力分布图及应变-时间曲线图。

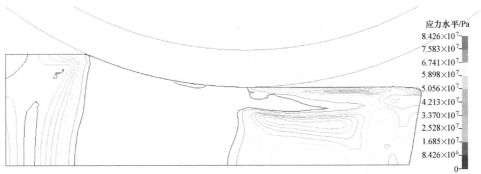

a

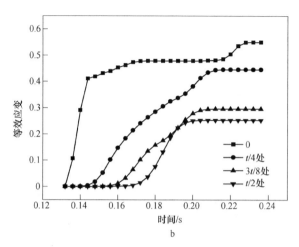

图 3-28　单道次压下率 30%时变形区等效应力分布图及应变-时间曲线
a—等效应力等值线图；b—厚度方向上等效应变-时间曲线

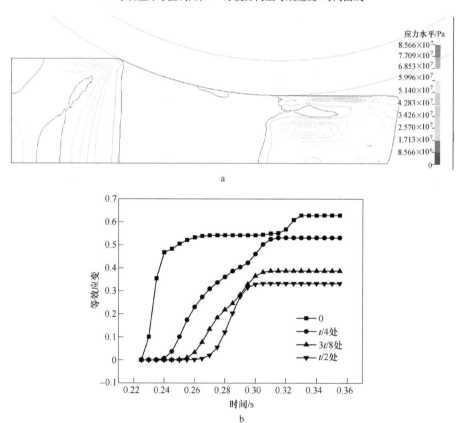

图 3-29　单道次压下率 35%时变形区等效应力分布图及应变-时间曲线
a—等效应力等值线图；b—厚度方向上等效应变-时间曲线

从图 3-29 中可以看出，随着压下率增大，变形区应力逐渐增大。各厚度层上单元应变-时间曲线逐渐趋于一致，说明各厚度层上的变形更加趋于一致，最终心部应变值达到了 0.31。

综上所述，随着单道次的压下率的增大，变形区内轧件受到的应力逐渐增大且都超过金属的屈服应力。通过各单道次的应力-时间曲线图可以看出，随着压下率增大，各厚度层上单元的应变曲线逐渐趋于一致，这有利于整个厚度方向上轧件的协调变形。

3.3.2　总压下率对特厚板轧制厚度方向变形规律的影响

模拟过程中轧制速度设定为 1m/s，8 道次共完成 60% 压下率变形。各道次轧制规程具体参数见表 3-6。

表 3-6　有限元模拟特厚板轧制规程参数

道次	轧前厚度/mm	轧后厚度/mm	轧制速度/m·s⁻¹	道次压下率/%	累计压下率/%
1	60	54	1	10	10
2	54	48	−1	11	20
3	48	42	1	13	30
4	42	36	−1	14	40
5	36	33	1	8	45
6	33	30	−1	9	50
7	30	27	1	10	55
8	27	24	−1	11	60

图 3-30 为累计压下率 10% 的变形区等效应力分布图及应变-时间曲线图。由图 3-30 中可知，变形区应力梯度较大呈 "Y" 形分布，轧件表面应力值为 85MPa，超过了轧件屈服应力。在厚度为 $t/4$ 处应力值逐渐减小，中心部位的应力值约 77MPa。从应变-时间曲线可知，累计压下率为 10% 时只有表面单元产生了应变，在 $t/4 \sim t/2$ 厚度区间应变值接近或者等于零，认为此处轧件未发生变形。

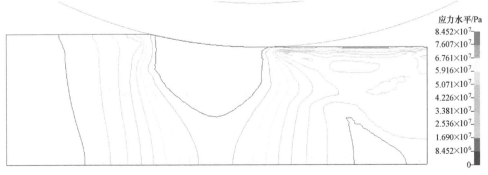

应力水平/Pa
8.452×10⁷
7.607×10⁷
6.761×10⁷
5.916×10⁷
5.071×10⁷
4.226×10⁷
3.381×10⁷
2.536×10⁷
1.690×10⁷
8.452×10⁶
0

a

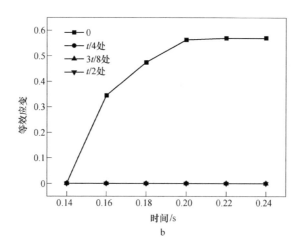

b

图 3-30   累计压下率为 10%时变形区等效应力分布图及应变-时间曲线

a—等效应力等值线图；b—厚度方向上等效应变-时间曲线

图 3-31 所示为累计压下率为 20%时的变形区等效应力分布图及应变-时间曲

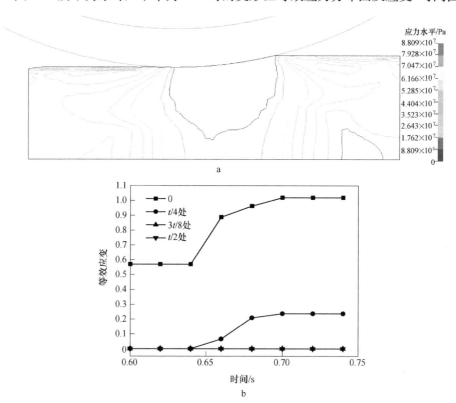

图 3-31   累计压下率为 20%时变形区等效应力分布图及应变-时间曲线

a—等效应力等值线图；b—厚度方向上等效应变-时间曲线

线图。由图 3-31 可知轧件变形区长度增加，心部应力值为 78MPa，接近轧件屈服应力。由应变-时间曲线可以看出，在 $3t/8$ 和 $t/2$ 厚度的应变依然接近于零，表明在该应力条件下轧件心部未产生变形。

图 3-32 为累计压下率 30% 时的等效应力分布图及应变-时间曲线图。由图 3-32 中可以看出，$t/4$ 厚度上轧件受的最大应力超过 90MPa，心部应力超过 80MPa，超过了材料的屈服应力。由于心部流动受到阻碍较大，在板厚较大情况下，应变相对较小，因此 $t/2$ 厚度处的应变值依然接近于零。

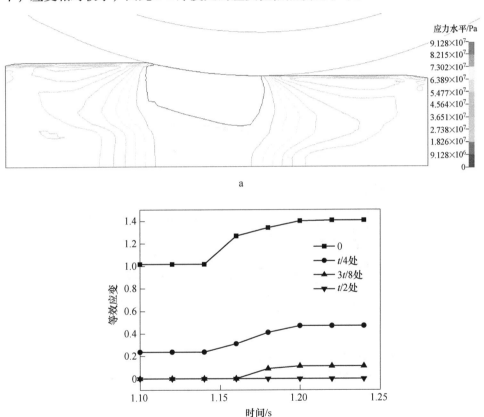

图 3-32　累计压下率为 30% 时变形区等效应力分布图及应变-时间曲线
a—等效应力等值线图；b—厚度方向上等效应变-时间曲线

图 3-33 所示为累计压下率 40% 时的变形区等效应力分布图及应变-时间曲线图。从图 3-33 中可以看出，变形区长度增大，表面最大应力为 94MPa，心部应力超过 85MPa，并且超过了材料的屈服应力。由于变形程度增大，内部金属流动增大，此时心部单元产生应变，应变值达到 0.1。

图 3-34 为累计压下率 50% 时的变形区等效应力分布图及应变-时间曲线图。

此时的心部应力 88MPa，随着变形程度的增加，轧件心部应变变化不明显，仍为 0.1。

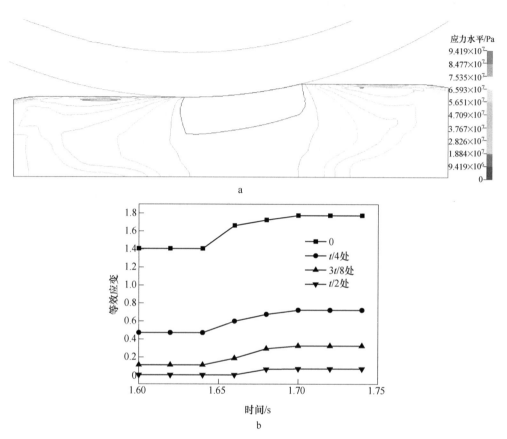

图 3-33　累计压下率为 40%时变形区等效应力分布图及应变-时间曲线
a—等效应力等值线图；b—厚度方向上等效应变-时间曲线

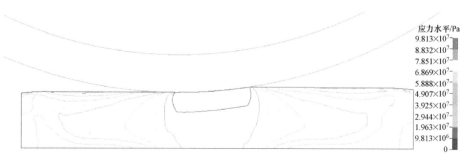

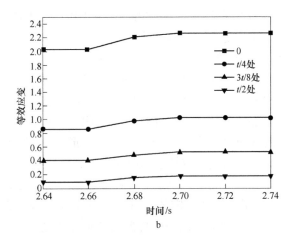

b

图 3-34 累计压下率为50%时变形区等效应力分布图及应变-时间曲线
a—等效应力等值线图；b—厚度方向上等效应变-时间曲线

图 3-35 为总压下率60%时的变形区等效应力分布图及应变-时间曲线图，

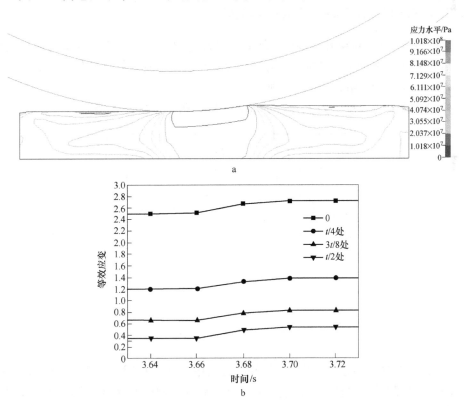

b

图 3-35 总压下率为60%时变形区等效应力分布图及应变-时间曲线
a—等效应力等值线图；b—厚度方向上等效应变-时间曲线

此时轧件表面应力约为100MPa，心部应力约为90MPa，芯部应变为0.5。随着压下率增加，心部金属流动变大，导致心部应变增大。

综上所述，在轧制速度不变的条件下，特厚板厚度方向塑性变形规律为：（1）轧制过程变形从表面向内部逐渐减小，心部变形最小。（2）随着各道次的轧制，总压下率增大，轧件减薄，轧件变形区内的等效应力值也随之增大。当压下率较小时，心部的等效应力未能达到其屈服应力值，所以不能产生变形；当心部等效应力达到其屈服应力但由于上层金属变形量小而使流动受到阻碍时，也不能发生变形，只有应力达到或超过屈服应力，并且其上层的金属发生稳定流动时，心部的金属才会产生变形，但是变形程度还是小于上层金属（累计压下率40%时）。（3）当累计压下率达一定值时（累计压下率为60%时），各厚度层变形前后应变增量相同，此时可以认为轧件厚度方向变形协调。（4）随着压下率增加，厚度方向上应力增大，内部应力达到屈服应力，并且随变形区长度增加，表面金属受到与轧辊间摩擦影响增大，应变速率下降，而内部金属变形不受限制，因此促进了心部金属变形。

3.3.3 多道次轧制有限元模拟的实验验证

以Q345钢为对象开展多道次轧制，对轧件厚度方向上变形规律的有限元模拟结果进行实验验证。实验设备为东北大学轧制技术及连轧自动化国家重点实验室ϕ450mm实验机组，研究方法如下：

（1）在轧件厚度方向上打出ϕ6mm的贯穿孔，如图3-36所示。

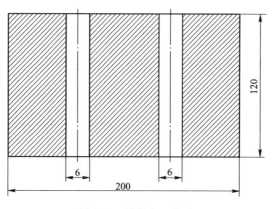

图3-36　轧件加工方法

（2）将ϕ6mm的紫铜棒放入打好的孔洞中，并对孔洞的两边进行焊接密封，以防止在轧制时铜棒被挤出，通过轧制结束后观察铜棒的变形来判断厚度方向上变形状态。

（3）将轧件放入加热炉加热至1000℃（为防止铜达到熔点液化，影响实验效果）并保温 3h，完成不同压下率的轧制变形，每轧制一道次使用锯床将插入铜棒的部分剖开取一次样（铜棒截面），然后继续轧制，直至铜棒全部取出。

（4）通过观察铜棒截面的形状来判断厚度方向上的变形状态，以验证有限元模拟的结果。铜棒插入位置如图 3-37 所示。

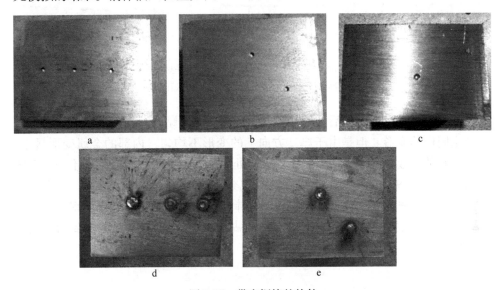

图 3-37　带有铜棒的轧件

a—10%~30%压下率轧件；b—40%~50%压下率轧件；c—60%压下率轧件；d，e—焊接密封后的轧件

用铜棒变形来反映轧件内部的变形可分为两个阶段，第一阶段变形使得铜棒与轧件完全贴合而不存在因钻孔产生的空隙，这一阶段观察到的实验现象主要反映厚度方向上变形的不均匀程度；在第二阶段，铜棒的变形将受到基体金属的制约并随着基体金属变形而变形，此阶段在进一步验证第一阶段的结果的同时，还可以通过观察厚度方向上铜棒的变形来判断轧件是否变形协调。

轧件加工过程中，铜棒与轧件孔洞之间是并未严密贴合的，中间存在微小缝隙。在轧制过程中，由于有缝隙的存在，铜棒在未和钢贴合时，变形受到的阻力较小，变形会相对容易，所以铜棒会先于孔洞产生变形，铜棒在变形后会充满孔洞并与轧件基体贴合，而在未发生变形的区域缝隙仍然存在，这样可以很直观地分辨出变形区和未变形区。总压下率为 10%和 20%时，由有限元模拟结果可知，此时变形集中在轧件表面，20%压下率时只在 $t/4$ 厚度处有少量的变形，$t/4$ 厚度以下几乎不变形，如图 3-38a、b 所示，厚度 $t/4$ 以上的铜棒都与基体金属发生了贴合，而 $t/4$ 以下铜棒和基体间的缝隙还非常明显。当总压下率达到 30%时，$3t/8$ 厚度处产生了一定量的变形使铜棒于基体贴合，而心部 $t/2$ 厚度处除个别区域未贴合外，铜棒基本上可以充满预置的孔洞，如图 3-38c 所示。

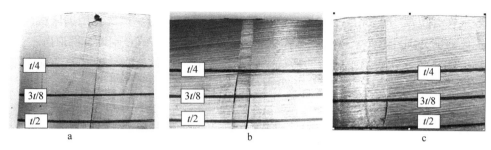

图 3-38　总压下率为 10%~30% 铜棒变形图

a—10%压下率；b—20%压下率；c—30%压下率

在变形进入第二阶段后，铜棒和基体的侧壁已经贴合，在轧制方向上会与基体产生同样的变形。但是由于厚度方向上的变形不均匀，内部的金属变形量小，接近于心部的金属由于变形量小于近表面处的金属，使得铜棒产生了不同程度的变形，如图 3-39a、b 所示，可以明显地观察到，随着压下率的增加，由于厚度方向上应变速率的不同使得心部位置的铜棒与基体金属脱离。当压下率进一步增加到 60% 时，铜棒与基体金属第二次完全贴合，并且可以明显地观察到沿厚度方向上的连续变形，此时轧件产生协调变形。

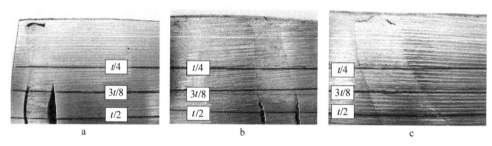

图 3-39　总压下率为 40%~60% 铜棒变形图

a—40%压下率；b—50%压下率；c—60%压下率

有限元计算表明，特厚板多道次轧制过程中，总压下率小于 30% 时，变形主要发生在从表面到 t/4 厚度处；总压下率超过 30% 时，轧件心部位置才能产生变形并随着压下率的增加逐渐增大；总压下率达到 60% 时，轧件表面与心部的变形速率趋于一致。通过铜棒实验结果与有限元模拟的结果对比，两者吻合良好，证明了模拟结果的准确性。

3.3.4　特厚板轧制厚度方向上的变形规律

通过模拟特厚板轧制过程中总压下率对轧件厚度方向变形，以及单道次压下率对厚度方向变形的影响，并结合实验验证结果，总结出特厚板轧制过程中厚度方向上的变形规律如下：

（1）在多道次轧制过程中，总压下率小于40%时，变形基本集中在 $0 \sim t/4$ 厚度区间内，$3t/8 \sim t/2$ 厚度区间内的变形不明显。在总压下率达到50%时，随着轧制压下率增大，轧件厚度方向上应力值增加显著并且逐渐渗透入轧件内部，使得不同厚度层上的单元应变速率趋于一致，促进了内外金属的协调变形。

（2）随着单道次压下率的增大，轧件所受的应力逐渐增大，单道次压下率超过20%时，整个轧件厚度方向上的应力值都超过了金属的屈服强度，这使变形可以顺利从轧件表面渗透到心部，可以在相对较小的总压下率下使心部产生塑性变形，只有心部产生明显的塑性变形，才有可能达到良好的复合状态。但由于变形区增大，表面金属受轧辊摩擦影响也相应增大，使厚度方向上的变形协调性比多道次轧制相对较弱；若一直采用大的单道次压下率，则轧件内部的组织会因不协调变形而产生大量的缺陷。

综合以上结论，结合特厚板复合轧制的特点，可以总结出以下工艺建议：

（1）为了达到良好的复合效果，采用首道次大压下量以保证能够在尽量小的总压下率下，使心部产生较大的塑性变形以达到复合的目的。

（2）在首道次大变形轧制后，采用多道次小压下率对轧件进行轧制，使得复合界面处的组织可以在之后的再结晶轧制中有所改善，因此后阶段小压下率轧制的目的主要是改变产品性能，多道次轧制后能促进厚度方向上的协调变形，得到整体性能更好的特厚复合板。

3.4 特厚复合钢板界面夹杂物演变机理及工艺控制

真空热轧复合法制备特厚钢板的关键技术是避免界面氧化，保证界面优良的结合性能。但由于抽取真空后界面依然不可避免地会存在一定的氧分压，特厚复合坯在高温下加热时复合界面处的金属元素便会与界面处残余的氧发生反应而生成氧化夹杂物。因此，尽量减少界面夹杂物的生成，避免其对特厚钢板的复合性能造成影响变得至关重要。本节利用真空热轧复合法制备了特厚钢板，并针对复合界面夹杂物的特征、夹杂物对界面的影响、加热及轧制过程中界面夹杂物的生成及演变机理以及真空度、压下率对界面组织性能及界面夹杂物的影响规律等进行了深入的分析研究。

3.4.1 特厚复合钢板的界面特征与界面夹杂物的生成机理

3.4.1.1 材料制备

研究采用低合金钢 J55 连铸坯为原料，其 Z 向力学性能和主要化学成分见表 3-7 和表 3-8。从连铸坯上切取的坯料尺寸为 200mm×150mm×60mm。复合板制备过程为：去除坯料表面氧化皮及污染物，利用丙酮及酒精擦除坯料表面油污；然后将两块坯料进行电子束焊接密封，最后将坯料加热至 1200℃，保温 2h，三道

次轧制，单道压下率分别为 25%、20%、17%，总压下率为 50%，初轧温度
1150℃，终轧温度不低于950℃，轧制速度 1m/s。

表 3-7   实验用 J55 连铸坯成分（质量分数）   （%）

元　素	Fe	C	Si	Mn	P	S	Cr	Ni
含　量	余量	0.194	0.339	1.462	0.0096	0.005	0.035	0.021
元　素	Al	Cu	Mo	Ti	V	Nb	B	
含　量	0.029	0.009	0.016	0.0154	0.0026	0.0168	0.0019	

表 3-8   实验用连铸坯 Z 向力学性能

复合坯	抗拉强度/MPa	断面收缩率/%	伸长率/%
J55 连铸坯	545	39	53

3.4.1.2   特厚复合板的界面组织及性能

图 3-40 为界面微观组织形貌，界面组织与基体无差异，均为铁素体+珠光

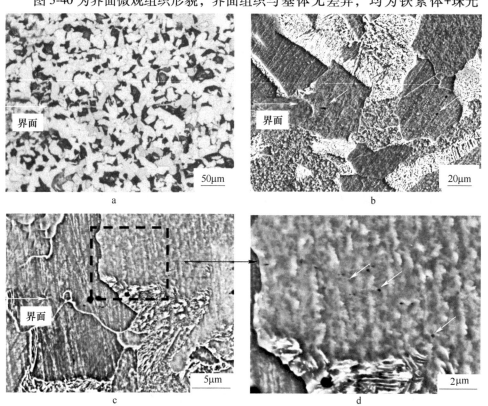

图 3-40   特厚复合钢板界面的微观组织形貌

a—OM 照片；b—SE 形貌照片；c—BSE 形貌照片；d—c 图放大照片

体。界面洁净，低倍下观察已无法找到界面痕迹，不存在微裂纹及未结合缺陷。界面两侧形成了共有晶粒，说明界面两侧钢板已实现良好冶金结合。扫描电镜照片显示，界面有少量细小夹杂物的不连续分布，夹杂物尺寸小于 $0.5\mu m$。另外，在界面两侧基体内弥散分布少量小于 100nm 的夹杂物。对界面夹杂物成分进行电子探针分析，结果如图 3-41 所示。界面存在三类不同夹杂物：（1）主要分布于界面的 I 类夹杂物，成分主要为 Al-Si-Mn-Ti-O，这类夹杂物尺寸较大；（2）在界面附近基体内弥散分布的细小 II 类夹杂物，此类夹杂物成分为 Al-O；（3）界面基体内还存在一种尺寸介于 I 与 II 之间的颗粒夹杂物，此类夹杂物成分为 Al-Ti-O。

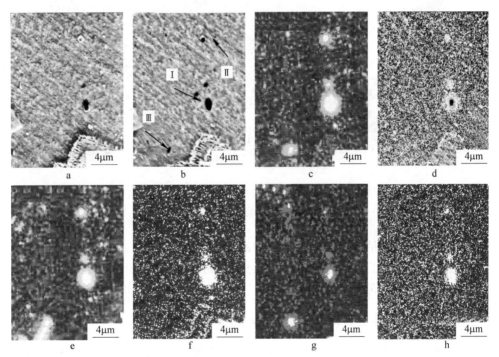

图 3-41 特厚复合钢板界面夹杂物的元素分布图

a，b—形貌照片；c—O 的分布；d—Fe 的分布；e—Al 的分布；f—Si 的分布；g—Ti 的分布；h—Mn 的分布

从上述分布图可看出，三类夹杂物均为氧化物。分别对夹杂物进行成分检测，结果列于表 3-9。根据元素含量推断，I 类夹杂物为混合型氧化物，为 Al_2O_3-MnO-SiO_2-TiO_2，II 类夹杂物中铝、氧原子比接近 2∶3，可确定为 Al_2O_3；III 类夹杂物为 Al_2O_3-TiO_2。

对高真空组坯热轧复合钢板进行 Z 向力学性能分析，抗拉强度为 549MPa，断面收缩率 37%，伸长率 49%，复合钢板达到与原始坯料相当的力学性能。图 3-42 为复合钢板 Z 向拉伸试样断裂后的宏观形貌及断口微观形貌图。Z 向拉伸断口

表 3-9　各类界面夹杂物的成分含量

夹杂物类型	元素含量（原子分数）/%					
	Mn	Si	Ti	Al	O	Fe
Ⅰ	5.16	3.09	1.22	6.43	22.84	余量
Ⅱ	1.00	0.07	—	11.94	18.48	余量
Ⅲ	0.98	—	4.92	7.83	20.46	余量

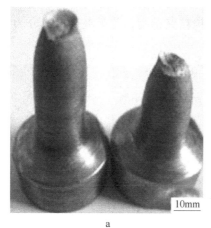 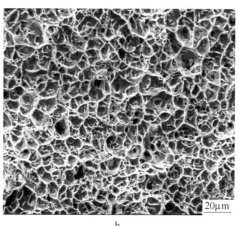

a　　　　　　　　　　　　　　　　　b

图 3-42　特厚复合钢板 Z 向拉伸试样断裂后的宏观形貌及断口微观形貌照片
a—拉伸试样宏观形貌；b—断口微观形貌

未发生在界面，而是断裂在基体。拉伸断口均为韧窝形貌，说明断裂为韧性断裂。因此，通过该工艺制备的复合钢板已经达到了与原钢板相当的强度，韧性良好，性能优良，可满足工程应用要求。

3.4.1.3　特厚复合钢板界面夹杂物的生成机理

为阐明界面氧化物生成机理，进行了加热实验研究，即经相同温度和时间加热，然后空冷至室温。从加热后坯料取样分析，观察表面及断面夹杂物生成情况。

图 3-43 为加热后复合界面表面及横截面的微观形貌。表面存在横向分布的条带，条带表面分布有韧窝，说明部分位置发生了冶金结合，韧窝间的光滑区为未结合区。

过冷奥氏体向马氏体、铁素体或珠光体转变时会产生体积膨胀[5]。表面晶粒膨胀自由度大，在冷却后呈现晶界凹陷、晶粒凸出形貌。刘宗昌等人[6]在研究钢的真空热处理表面形貌时，也发现了晶粒凸出现象。

对图 3-43a 晶界夹杂物进行成分分析，结果如图 3-44 所示，夹杂物为 Al-Si-Mn-Ti 氧化物。相比晶内夹杂物，晶界氧含量更高，聚集合金元素也更多，晶界

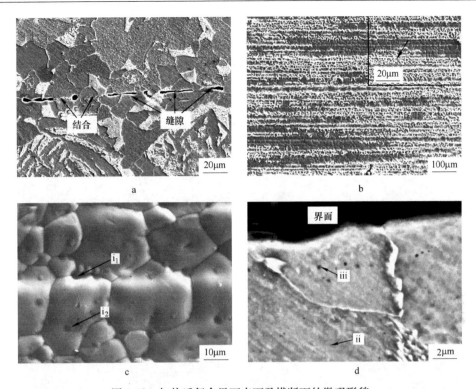

图 3-43　加热后复合界面表面及横断面的微观形貌

a—横断面 SE 形貌照片；b—接触表面 SE 形貌照片；c—加热表面 SE 形貌照片；d—横断面 BSE 形貌照片

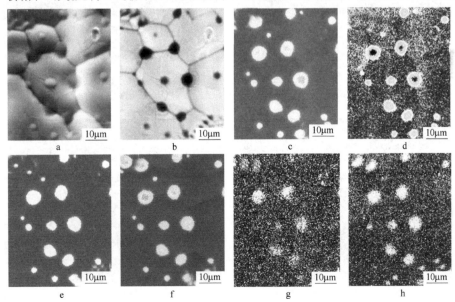

图 3-44　加热后复合界面表面夹杂物的元素分布图

a，b—形貌照片；c—O 的分布；d—Fe 的分布；e—Al 的分布；f—Si 的分布；g—Ti 的分布；h—Mn 的分布

氧化相对严重。对图 3-43c 箭头所示晶界 i_1 和晶内 i_2 生成夹杂物检测，结果见表 3-10。晶界与晶内夹杂物成分接近，为同类夹杂物，成分与轧后界面的 Ⅰ 类夹杂物接近。因此，可断定轧后界面的 Ⅰ 类夹杂物均为加热过程中生成的 i 类夹杂物演变而成。

　　图 3-43d 为加热后截面的 BSE 形貌，近界面处存在 ii 和 iii 类夹杂物。其中，iii 类夹杂物生成位置紧邻界面，分布集中。而 ii 类夹杂物弥散分布于界面附近的基体。两者相比，iii 类夹杂物尺寸略大，数量较少。图 3-45 为截面元素分布图，

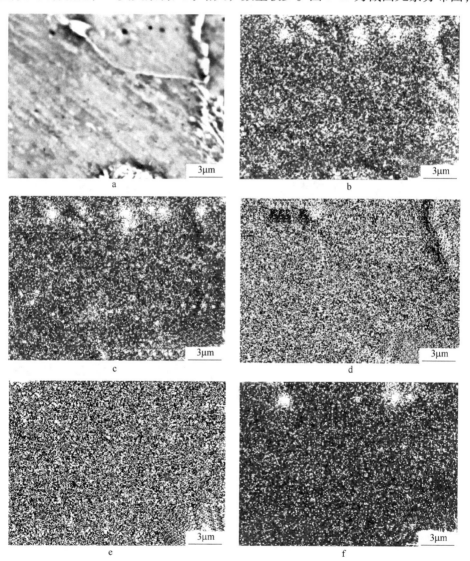

图 3-45　加热后复合界面横断面上夹杂物的元素分布图

a—形貌照片；b—O 的分布；c—Al 的分布；d—Si 的分布；e—Mn 的分布；f—Ti 的分布

ii 类夹杂物为 Al 的氧化物，而 iii 类夹杂物为 Al-Ti 氧化物，与 i 类夹杂物不同，两类夹杂物不含 Si、Mn，ii 类和 iii 类夹杂物的 WDS 分析结果见表 3-10。ii 类夹杂物为 Al_2O_3，iii 夹杂物为 Al_2O_3-TiO_2 混合物。因此，上述两类夹杂物与轧后复合界面观测到的 Ⅱ 类和 Ⅲ 类夹杂物也是相对应的。通过上述分析，轧后界面存在的三类氧化夹杂物均由加热过程氧化物演变而成。

表 3-10　加热后复合界面处各类夹杂物的成分含量

夹杂物类型	元素含量（原子分数）/%					
	Mn	Si	Ti	Al	O	Fe
i_1	7.74	4.95	1.83	10.3	34.3	余量
i_2	5.96	3.75	1.40	8.17	26.4	余量
ii	0.74	—	5.62	8.84	25.1	余量
iii	0.91	0.06	—	13.91	21.46	余量

焊接组坯的真空度为 10^{-2}Pa，氧分压约 $2.1×10^{-3}$Pa，组坯后界面并非完全贴合，两块坯料间仍存在部分间隙。当氧分压高于合金氧化物平衡氧分压时，合金元素就会被氧化。图 3-46 为多种氧化物平衡氧分压与温度关系图[7]，在 1200℃时，碳钢中的主要元素铁、锰、硅、铝、钛中，铁元素的平衡氧分压最高，为 10^5Pa。界面氧分压远高于碳钢中的合金元素平衡氧分压，因此合金元素发生氧化。但是这些元素与氧的亲和力并不相同，从图 3-47 所示的艾琳厄姆图中可以看出，上述合金元素在 1200℃下氧化物的吉布斯自由能排序为：

$$\Delta G_{Al_2O_3} < \Delta G_{TiO_2} < \Delta G_{SiO_2} < \Delta G_{MnO} < \Delta G_{FeO} < \Delta G_{Fe_3O_4} < \Delta G_{Fe_2O_3}$$

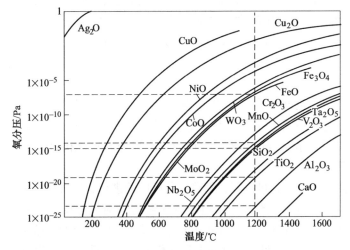

图 3-46　部分金属元素氧化物的平衡氧分压

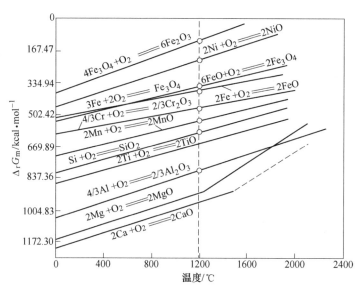

图 3-47　部分金属氧化反应的艾琳厄姆图

因此，铝、钛、硅、锰、铁与氧的亲和力依次降低，氧化物的稳定性也相应降低。在氧化过程中，氧亲和力高的元素会优先与氧结合，即发生"选择性氧化"。因此，在高温加热过程中，钢中合金元素会优于与氧发生反应：

$$4Al(s) + 3O_2(g) === 2Al_2O_3(s) \tag{3-2}$$

$$Ti(s) + O_2(g) === TiO_2(s) \tag{3-3}$$

$$Si(s) + O_2(g) === SiO_2(s) \tag{3-4}$$

$$2Mn(s) + O_2(g) === 2MnO(s) \tag{3-5}$$

合金元素与氧反应生成相应氧化物后，会在表面形成贫化区，从而造成浓度梯度。基体内合金元素在浓度梯度驱动下向表面扩散，并继续与氧反应。由于铝、钛等强亲氧元素的含量很低，表面的铝、钛不能消耗掉界面的氧，而基体铝、钛向表面扩散需要一定时间，此时硅、锰等亲氧能力相对较低的元素会与氧继续反应，因此生成 Al-Si-Mn-Ti 混合氧化物。由于晶界能量较高，扩散激活能要比晶内小，原子易迁移[8]。李铁藩等人[9]也认为，晶界是元素快速扩散的通道，有利于合金的选择性氧化。因此，如图 3-43 所示，晶界特别是三叉晶界处的合金元素更易扩散至表面与氧发生反应，晶界处的氧化相对严重，形成的氧化物尺寸相对较大。

由于界面附近的氧含量有限，随着氧化反应的进行，氧含量越来越少，氧分压越来越低。当氧分压低于图 3-46 中所示各元素的平衡氧分压时，氧化无法继续进行。直到氧分压低于 Al_2O_3 的平衡氧分压时，界面氧化反应彻底结束。另外，在氧化物中 Al_2O_3 有最高稳定性，铝还可与稳定性较低的氧化物反应生成 Al_2O_3。

由于钢基体本身对氧有一定溶解度，即在钢基体内固溶了一定量的氧。在高温下，这些氧会与基体内合金元素发生氧化反应。由于钢中氧的溶解度非常小，只有靠近界面的少量氧亲和力较高的元素会发生内氧化，如 Al_2O_3（见图 3-45）。

3.4.2 真空度对特厚复合钢板界面夹杂物的影响

真空度是影响界面夹杂物的重要因素，同时真空度直接影响抽真空时间，关系到工业生产的效率。本节在相同表面处理、组坯、加热、轧制的工艺条件下，采用不同真空度进行组坯，分别研究低真空下（1Pa）和常压（10^5Pa）下复合界面夹杂物的生成规律及界面复合性能。

3.4.2.1 低真空下组坯界面组织与夹杂物生成机理

图 3-48 为低真空复合界面的组织形貌。与高真空复合界面类似，低真空复合界面两侧钢板已经生成了完整的共有晶粒、界面无裂纹等缺陷，这说明复合界面已经形成了冶金结合。与高真空复合界面不同的是，低真空复合界面夹杂物数量尺寸有很大变化。对比低真空复合界面（见图 3-48）与高真空复合界面（图3-40b）可以发现，低真空复合界面的夹杂物数量明显增多，复合界面不仅存在大颗粒状的夹杂物，而且还弥散分布着许多小颗粒的夹杂物；夹杂物的尺寸也有所增大，大颗粒状的夹杂物直径可达 $1\mu m$。

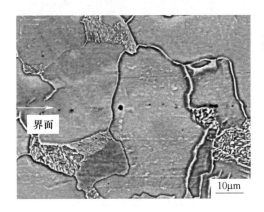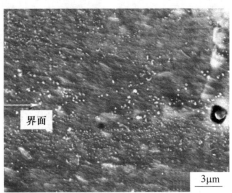

图 3-48 低真空复合界面的组织形貌

对低真空界面夹杂物进行元素分析，如图 3-49 所示。位于界面中心的大颗粒夹杂物为 Al-Si-Mn-Ti 氧化物，位于界面附近基体内弥散夹杂物为 Al-Ti 氧化物和 Al_2O_3。可见，低真空界面夹杂物种类与高真空并无明显区别，仅是夹杂物数量与尺寸不同。在低真空下焊接时，复合界面的真空度约为 1Pa，此时氧分压约为 0.21Pa。界面氧分压增高和氧的总含量的增加必然会导致复合界面处出现比高真空下更加严重的氧化，从而生成尺寸加大、数量增多的氧化物。虽然如此，低真空复合界面处的氧化并不是灾难性的。由于复合界面依然是密封的，复合界面处氧的总含量有限，随着氧化反应的不断进行，界面处的氧逐渐被耗尽，直至氧化反应结束。因此，与高真空复合界面相比，低真空复合界面处的夹杂物数量和尺寸明显增加，但种类未变。

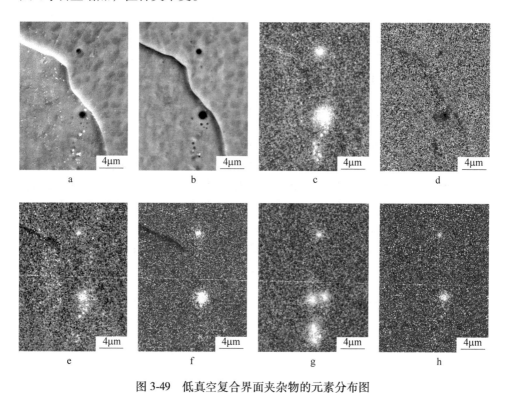

图 3-49　低真空复合界面夹杂物的元素分布图

a，b—形貌照片；c—O 的分布；d—Fe 的分布；e—Al 的分布；f—Si 的分布；g—Ti 的分布；h—Mn 的分布

3.4.2.2　常压下组坯界面组织及夹杂物的生成机理

图 3-50 为常压下的复合界面组织特征。常压下界面已形成完整晶粒，但界面存在宽约 30μm 的脱碳层，脱碳层为粗大的铁素体组织。在脱碳层内密集分布数量众多、大小不一的夹杂物。界面内夹杂物带宽约 15μm，夹杂以颗粒状为主，越远离界面，夹杂物的尺寸越小，在原始界面处存在较少量粗大的条状夹杂物。在夹杂物带以外存在少量更为细小的夹杂物。图 3-51 和图 3-52 为界面夹杂物的成分分析结果，发现界面夹杂物种类复杂，界面中心的粗大夹杂物成分为 Fe-Si-Mn-O 或 Si-Mn-O，脱碳层内的细小颗粒夹杂物成分为 Fe-Si-Mn-O，脱碳层外细小夹杂物成分为 Al-O。

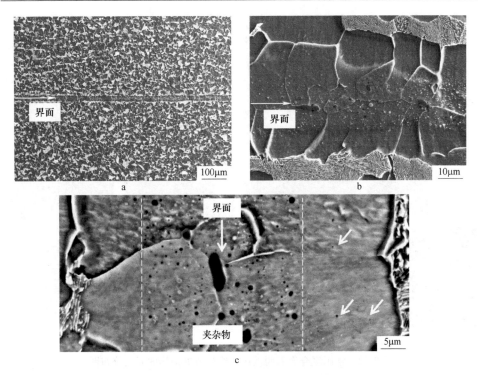

图 3-50　常压复合界面的组织形貌

a—界面 SE 低倍照片；b—界面 SE 高倍照片；c—界面 BSE 高倍照片

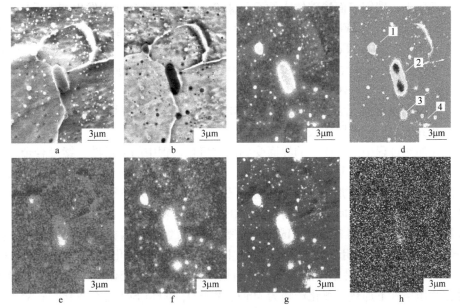

图 3-51　常压复合界面脱碳区中心位置夹杂物的元素分布图

a，b—形貌照片；c—O 的分布；d—Fe 的分布；e—Al 的分布；f—Mn 的分布；g—Si 的分布；h—Ti 的分布

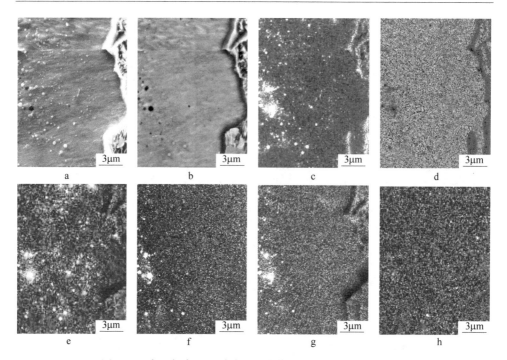

图 3-52　常压复合界面脱碳区边缘位置夹杂物的元素分布图

a，b—形貌照片；c—O 的分布；d—Fe 的分布；e—Al 的分布；f—Mn 的分布；g—Si 的分布；h—Ti 的分布

常压下，碳钢表面渗碳体中的 C 元素会与空气中的 O 元素发生如下反应：

$$2Fe_3C(s) + O_2(g) === 6Fe(s) + 2CO(g) \tag{3-6}$$

$$Fe_3C(s) + O_2(g) === 3Fe(s) + CO_2(g) \tag{3-7}$$

$$Fe_3C(s) + CO_2(g) === 3Fe(s) + 2CO(g) \tag{3-8}$$

$$Fe_3C(s) + H_2O(g) === 3Fe(s) + CO(g) + H_2(g) \tag{3-9}$$

当碳钢表面 C 元素被消耗后，基体内的 C 会不断向界面扩散，持续发生反应，在界面附近形成脱碳层[10]。

在加热过程中，常压下的界面受到严重氧化。钢中的大量硅、锰等合金元素使界面氧化行为十分复杂。Suzuki 等人[11,12]研究了低碳钢再结晶退火过程的表面氧化行为，发现表面形成三种氧化层，最外侧的 I 层为外氧化层，主要为氧化铁，钢表面与氧化铁间的 II 层为 Si-Mn-O 外选择性氧化层，III 层为 Fe-Si-Mn-O 内选择性氧化层（见图 3-53）。Hashimoto 等人[13]对氧化层内夹杂物种类进行了热力学计算，研究表明，最外侧氧化层主要组成为 Fe-O 化合物，包括 Fe_2O_3、Fe_3O_4、FeO 等；II 层外选择性氧化层组成随硅、锰含量变化而不同，本实验钢种在常压条件下加热，氧化产物为 MnO、$MnSiO_3$ 和 Mn_2SiO_4 混合氧化物；对于 III 层内选择性氧化层，扩散至钢基体的氧会优先生成 SiO_2，SiO_2 继而与钢中的铁、锰反应生成（Mn，Fe）SiO_3、（Mn，Fe）$_2SiO_4$ 等化合物，因此 III 层氧化层主要为

SiO_2、$(Mn,Fe)SiO_3$ 和 $(Mn,Fe)_2SiO_4$ 混合物。由于钢基体表面较高的氧含量，Ⅱ层表面选择性氧化物的生成尺寸相对较大，而氧向基体内扩散量明显小于表面，所以Ⅲ层氧化物尺寸相对较小。图 3-51 和图 3-52 测出界面氧化物成分与加热后钢表面氧化物分布一致。

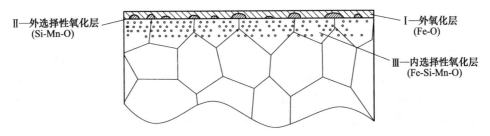

图 3-53　含 Si、Mn 钢大气压下氧化情况示意图

轧制复合后，界面氧化层会发生破裂，各种氧化物依然存在于界面，在轧制作用下破碎、迁移，最终依然存在于基体内。如前所述，铁的氧化物稳定性低于硅、锰氧化物，Ⅰ层部分氧化铁在轧制和冷却的高温阶段会被硅、锰合金还原，最终在界面中心形成粗大的 Fe-Si-Mn-O 氧化物。同时氧化过程基体表面Ⅱ层的 Si-Mn-O 化合物也会位于此处。从图 3-51 中 Fe 元素在夹杂物中的分布可看出，点 1、点 3 处含 Fe 的 Fe-Si-Mn-O 大颗粒化合物由氧化铁演变而来，而点 2、点 4 处不含铁的 Si-Mn-O 化合物则由Ⅱ层氧化物演变而来，因此复合界面处粗大的夹杂物来自于这两种氧化物。Ⅲ层中的小颗粒内氧化产物在轧制后形成了复合界面中的小颗粒夹杂物带，因此复合界面处的小颗粒夹杂物为 Fe-Si-Mn-O 化合物。由于铝、钛在钢基体中含量极低，与高真空下界面的氧化不同，在高氧含量条件下，铝、钛很快会被消耗掉，而基体内铝、钛向外的扩散速度低于氧向钢中的扩散速度，因此铝、钛多形成内氧化物。特别是在氧扩散的末端，如图 3-52 所示的脱碳层与未脱碳层的交界处，由于此处氧浓度较低，铝的氧化便足以消耗掉此处的氧，因此生成的氧化物主要为铝的氧化物。

与高真空复合界面相比，常压复合界面受到了严重氧化，界面不仅出现了数量众多、种类复杂、大小不一的夹杂物，而且出现了明显的脱碳层，这必然会严重影响复合界面的复合效果。

3.4.2.3　真空度对复合界面结合性能的影响

对低真空和常压热轧复合钢板的 Z 向拉伸性能进行测试，结果见表 3-11。与高真空条件相比，低真空下的 Z 向抗拉强度与高真空相当，但伸长率和断面收缩率有明显下降。常压热轧复合钢板的 Z 向抗拉强度、伸长率和断面收缩率均处于较低水平。

表 3-11　不同界面真空度下组坯轧制的特厚复合钢板的 Z 向力学性能

真空度/Pa	抗拉强度/MPa	断面收缩率/%	伸长率/%
10^{-2}	549	37	49
1	545	31	44
10^5	502	21	29

图 3-54 为低真空和常压复合钢板 Z 向拉伸试样的断口宏观与微观照片。低真空下 Z 向拉伸试样本已在基体处出现了颈缩，最终断裂在界面，断口较平齐，断口表面处为细小的韧窝，在部分韧窝内存在箭头所示的夹杂物，经检测为 Al-Si-Mn-Ti-O 化合物。而常压下复合钢板的 Z 向拉伸试样，在拉伸过程中试样尚未出现明显颈缩，即在弹性变形阶段拉伸试样就已经发生断裂，断口平齐，断口呈现典型的河流花样特征，为脆性断裂模式。

图 3-54　不同真空度下特厚复合钢板 Z 向拉伸试样断裂后的宏观形貌及断口微观形貌图

a，c—低真空；b，d—常压

金属基体中夹杂物的尺寸和数量是影响材料塑性的重要因素。拉伸过程中，如果界面夹杂物尺寸较大，位错易在此处塞积，成为应力集中点，最终发展为裂纹源，导致整个界面的脆性断裂。而当界面处夹杂物尺寸足够小时，位错在迁移过程中可以成功绕过夹杂物，在其周围形成位错环[14]。在随后的变形过程中，此处的细小夹杂物会破碎或脱离基体而形成微孔并最终发展成韧窝，韧窝的大小和数量取决于材料断裂时微孔成核的数量和材料塑性变形的能力，材料的塑性越大，韧窝就会越大越深。因此，界面处的夹杂物数量及尺寸会直接影响到复合界面的塑性及断裂方式。高真空下，复合钢板的Z向拉伸试样断裂在基体处，未受界面夹杂物影响，韧窝较大较深，塑性良好。低真空下，Z向拉伸试样断裂发生在界面处，界面数量相对较多的夹杂物为微孔的形成提供了更多的形核条件，因此界面处的韧窝较多较浅，塑性随之变差。常压下，复合界面处存在较大尺寸的夹杂物，在拉伸过程中，位错会在夹杂物处塞积成为应力集中点，并最终发展成为裂纹源，裂纹快速扩展，导致界面脆性断裂。

上述结果表明，真空度会影响热轧复合钢板的复合性能，真空度越高，塑性随之增加，界面结合性能越好。因此，为了提高复合界面的复合性能，在实际生产中，应尽量在高真空度下焊接，必须杜绝组坯过程焊缝的开裂或漏焊。

3.4.3 压下率对特厚复合钢板界面组织性能及夹杂物的影响

压下率是轧制复合过程中的关键参数，大量文献认为压下率会影响钢板内部裂纹愈合程度及内部夹杂物的形态和尺寸，从而影响轧后钢板的性能[15,16]。坯料加热过程中，界面存在一定数量的夹杂物和未愈合区域。经过轧制复合后，界面实现愈合，夹杂物尺寸变小。为阐明压下率对热轧复合钢板界面夹杂物、组织和性能的影响，本节对不同压下率复合钢板进行研究，研究过程中的表面处理及加热参数均与前小节中复合钢板的工艺相同，组坯时真空度为 10^{-2}Pa。8 组钢板的总压下率分别为 10%、20%、30%、40%、50%、60%、70% 和 80%，其中首道次压下率均为 10%，各道次压下率不低于 10%。

3.4.3.1 压下率对界面组织形貌及界面夹杂物的影响

图 3-55 为不同压下率下热轧复合特厚钢板的界面组织形貌。当总压下率为 10% 时，复合界面同时存在尺寸粗大的粒状和条状缺陷，条状缺陷长度达 100μm。为了验证界面缺陷是否为未愈合的裂纹，对 10% 压下率的界面缺陷进行原位轧制观察。图 3-56a 为 10% 压下率界面一条状缺陷，利用维氏硬度计刻痕对缺陷位置予以标记，然后对所取试样进行冷轧后重新找到此位置进行原位观察，分析缺陷形态变化，以判断该缺陷内是否存在孔隙。图 3-56c、d 为对 10% 压下率复合板进行 27% 和 45% 压下率冷轧后的缺陷变化，由图中可看出，条状缺陷在

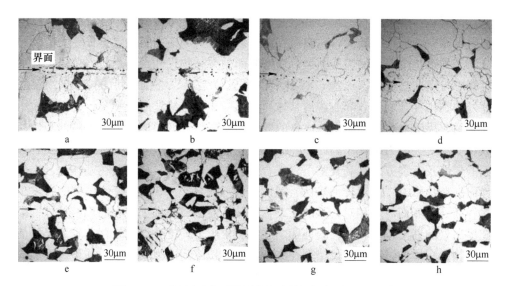

图 3-55　不同压下率下轧制的复合特厚钢板的界面形貌

a—压下率 10%；b—压下率 20%；c—压下率 30%；d—压下率 40%；e—压下率 50%；

f—压下率 60%；g—压下率 70%；h—压下率 80%

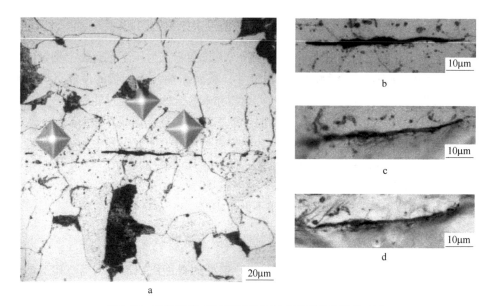

图 3-56　原位观察 10%压下率的复合界面处的缺陷变化

a，b— 10%压下率的界面；c—图 a 的样品经 27%冷轧压下后的界面形貌；

d—图 a 样品经 45%冷轧压下后的界面形貌

冷轧后有闭合趋势，这说明 10%压下率的界面条状缺陷为未愈合裂纹。由于热轧复合钢板的界面处于中心位置，较小的轧制变形很难渗透到心部位置，因此当压下率为10%时，复合界面处并未发生充分的变形，致使大量裂纹未愈合而存留在界面。

当轧制压下率为20%时，界面条状缺陷已几乎消失，界面处仅残留粒状缺陷。与10%压下率界面不同，20%压下率界面的条状缺陷多位于晶内，尺寸为5~10μm。对条状缺陷进行成分分析发现（见图3-57），条状缺陷为Al-Si-Mn-Ti-O化合物，这与加热后界面生成的夹杂物种类相同。显然，经轧制后，复合界面处的裂纹已经愈合，在加热过程中生成的氧化物被挤压并聚集在一起成为了长条状的缺陷被包裹进复合界面处的钢基体内。

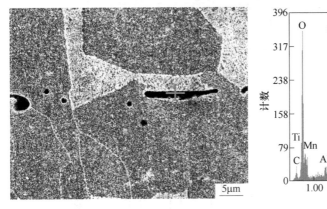
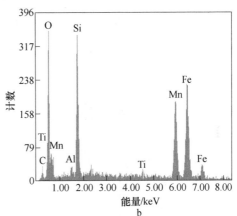

图 3-57 20%压下率复合钢板界面长条状夹杂物的 EDS 检测结果
a—界面形貌；b—EDS 图谱

随压下率继续增大，界面的条状缺陷逐渐消失，如图 3-55c 和 d 所示，30%和40%压下率界面仅存在粒状夹杂物。在相同面积内，30%压下率界面存在的夹杂物数量要多于40%界面，且夹杂物的平均尺寸也较大。当压下率增大到50%后，复合界面处的夹杂物几乎消失，在光学显微镜下几乎找不到界面夹杂物。

图 3-58 为放大至 10000 倍后的 80%压下率界面的扫描电镜照片。复合界面处只能找到极细小、弥散分布的粒状夹杂物。显然，增大压下率对界面夹杂物有明显细化作用。由于界面夹杂物为混合氧化物，这些氧化物硬且脆，在巨大的轧制压力及摩擦剪切力的作用下夹杂物逐渐破碎为尺寸较小的颗粒，并弥散分布。因此，随着压下率的增大，相同视野内的夹杂物数量随之减少，尺寸也不断减小。

3.4.3.2 压下率对热轧复合钢板界面复合性能的影响

对10%~70%压下率的复合钢板进行 Z 向拉伸性能测试，结果如图 3-59 所示。图 3-60 为不同压下率拉伸试样断裂的宏观形貌及断口表面微观形貌。10%压

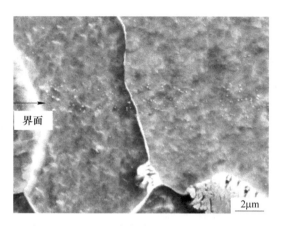

图 3-58   80%压下率复合钢板界面的微观形貌

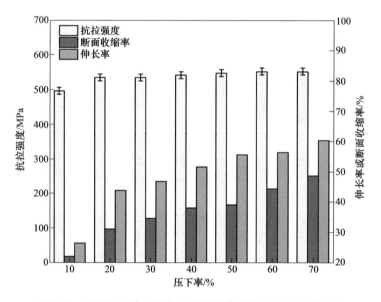

图 3-59   不同压下率下轧制的特厚复合钢板的 Z 向力学性能

下率试样的抗拉强度相对较低，伸长率和断口收缩率也较小。拉伸试样断裂发生在界面处，断口存在明显的裂纹源，断口形貌为河流花样形貌，为典型的解理脆性断裂。前文证实 10%压下率复合界面依然存在微裂纹，在拉伸过程中这些微裂纹会迅速扩展，复合界面处尺寸较大的夹杂物也会形成位错塞积而成为裂纹源，导致拉伸试样在界面脆性断裂，因此界面强度较低、塑性较差。随着压下率不断增大及界面夹杂物尺寸不断缩小，复合界面的强度和塑性都有明显提升。从压下率增大到 30%后可以看出，拉伸试样在界面处出现颈缩，并最终断裂在界面上；断口相对平齐，断口形貌为密集分布的较小较浅的韧窝。与 10%压下率界面相比，30%压下率界面夹杂物尺寸明显减小。由于夹杂物数量仍较多，为韧窝的形成提供了较多的形核中心，因此拉伸过程中，界面处首先发生颈缩并最终断裂在此处，复合界面也呈现出数量较多、尺寸较小较浅的韧窝形貌，较多的夹杂物削弱了界面的结合强度。

当压下率为50%时，拉伸试样均未断裂在界面位置，而断裂在基体。抗拉强度达到了与基体原始强度相当的水平。图3-60g、h分别为50%和70%压下率时拉伸断口表面微观形貌，呈现出较大较深的韧窝形貌，说明塑性良好。从图3-55复合界面的微观组织可以看出，压下率增大到50%后，复合界面的夹杂物尺寸微小，已经不再直接影响界面的结合性能。在拉伸过程中，颈缩和断裂位置均出现在基体上，说明复合界面处的强度已经达到或超过了基体水平。

综上所述，随压下率增大，复合界面抗拉强度增大，塑性变好。压下率达到50%以上时，复合界面结合强度达到基体水平，塑性良好，性能优良。

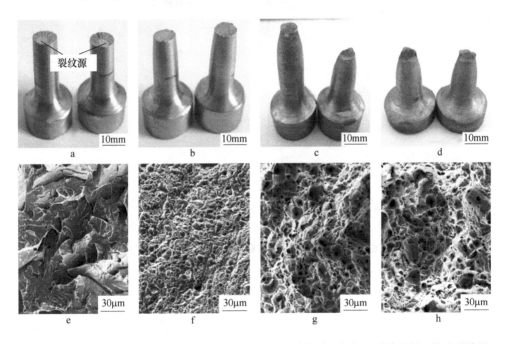

图3-60 不同压下率下的特厚复合钢板的Z向拉伸试样断裂后的宏观形貌及断口微观形貌图
a，e—压下率10%；b，f—压下率30%；c，g—压下率50%；d，h—压下率70%

3.4.4 特厚板界面复合机理

目前，学者对于固相复合机理及界面产物控制研究多集中于扩散结合[17~19]，对热轧复合机理的研究较少。复合机理的不明确使轧制复合工艺的制定缺少理论依据，从而造成复合工艺制定困难。与扩散复合相比，热轧复合工艺流程更长，主要包括表面处理、封装组坯、加热、轧制和热处理。同时，由于热轧复合的强塑性变形特点，使界面复合机理及夹杂物演变机制与扩散复合存在巨大差异。

3.4.4.1 组坯过程中的界面特征

组坯焊接前，钢板需进行表面处理去除氧化层、油渍等污染物，露出新鲜金属，并使金属表面平整。图 3-61 为金属经机加工后的表面形貌示意图，通常金属表面由外向内存在吸附层、氧化层和加工硬化层。机加工金属表面直接与大气接触，在金属表面形成一个复杂的吸附体系，最外层为 $0.2 \sim 0.3nm$ 厚的气体吸附层，主要成分为水蒸气、O_2 和 CO_2[20]，吸附层下为与基体直接接触的极薄氧化膜，其厚度与金属在空气中放置时间有关，因此表面处理后应尽快组坯焊接，避免待复合表面生成过厚的氧化层而阻碍结合。

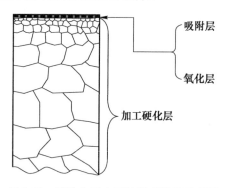

图 3-61 固体金属表面的微观结构示意图

图 3-62 为组坯后界面微观示意图。组坯焊接后，部分界面区域在夹具的约束下已完全贴合，但微观下大部分位置界面并未接触，存在大量间隙。焊接密封后，个别缝隙会形成闭合区域，使内部残留空气难以抽出，导致该处氧化夹杂物较为集中。

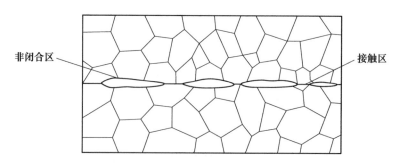

图 3-62 组坯焊接后复合界面的微观结构示意图

3.4.4.2 加热过程中夹杂物的生成及界面的演变

组坯过程中，界面间隙内的真空度与真空室的真空度相同。在本研究中，最高焊接真空度为 $1×10^{-2}\,Pa$，界面间隙内的氧分压约为 $2.1×10^{-3}\,Pa$，高于大多数合金元素的平衡氧分压。另外，存在于复合表面吸附层内的气体在加热过程中也会逸出，从而提高界面的氧分压。因此，即使在较高的真空度下，界面处存在的合金元素也会与氧发生一系列的反应而生成氧化夹杂物。根据基体的不同，界面的结合及夹杂物生成也有很大差异，其中由于不同材料对氧有不同的溶解度，加热过程中界面的氧化也完全不同。

图 3-63 为真空热轧复合碳钢在加热过程中界面演变示意图。加热过程中，复合界面会发生选择性氧化，碳钢中氧亲和力较高的元素会向外扩散并与氧结合形成混合氧化物，由于晶界处扩散速度较快，因此晶界处的氧化夹杂物数量较多。另外，由于氧向钢基体内的扩散还会在基体内部生成少量细小弥散的内氧化物。

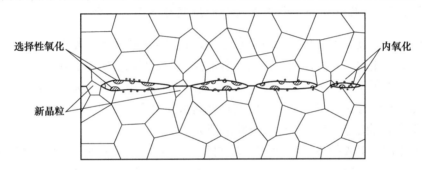

图 3-63　加热过程中特厚复合碳钢界面氧化示意图

组坯时，复合坯在约束条件下界面承受一定压力，复合界面处的一部分凸起尖端在压力作用下首先屈服和变形，从而实现界面两侧部分区域的物理接触。加热过程中，界面的受力特征与扩散焊接类似，焊接组坯后的坯料在加热过程中，界面形成了初始实际接触点，开始发生扩散并形成初始结合点。然而，由于热轧复合界面的面积大且平整度差，使得加热过程的界面结合率通常低于扩散复合。

对于同种材料的热轧复合加热过程，由于复合界面两侧金属的晶格类型、原子半径、弹性模数、互溶性等物理化学特性完全相同，因此在一定温度下，复合界面只要达到物理接触，表面原子便很容易被激活而建立起冶金结合。前文研究证明，同种碳钢组坯后在加热过程中界面形成了大量的初始结合点。图 3-64为同种碳钢组坯焊接后，在加热过程的界面断面及表面的微观形貌。仅经过加热过程，复合界面必须在外力作用下才能分离，以及表面存在的大量条状分布的韧窝带，进一步证明加热过程已经实现界面初步扩散结合，复合界面的实际接触点位置已经生成了大量完整的晶粒。

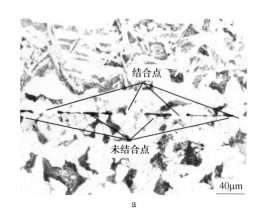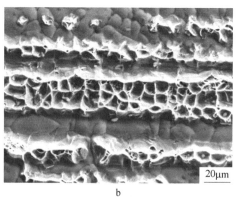

图 3-64　真空热轧复合特厚钢板加热后复合界面的微观形貌

a—横截面；b—表面

3.4.4.3　轧制复合过程中夹杂物的演变与界面的结合

　　热轧复合过程中，在巨大的正应力和界面切应力作用下，复合界面金属发生塑性变形和流动，界面存在的孔隙逐渐闭合，界面两侧金属的实际接触面积不断增大。前文所述压下率对复合界面影响的结果表明，当压下率为 10% 时，复合界面的孔隙并没有完全闭合，界面依然存在着大尺寸裂纹；当压下率增大至 20%，界面孔隙全部闭合，复合界面裂纹缺陷消失。

　　加热过程生成的界面氧化物随轧制复合的进行不断演变。如图 3-65 所示，在轧制过程中，加热时复合界面孔隙内生成的氧化物随孔隙闭合首先被压实聚集在界面处，成为尺寸较大的界面夹杂物。由于界面处生成的氧化物硬度高、塑性差，因此在轧制过程中很难变形。另外，由于界面的夹杂物多为混合氧化物，使得夹杂物与基体间结合强度不高。因此，随着轧制变形的增大，在轧制压力和界面剪切力的共同作用下，界面处聚集的大尺寸氧化物发生破裂、粉碎，尺寸不断

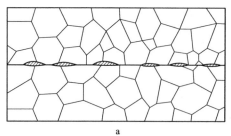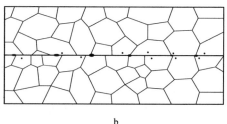

图 3-65　热轧复合过程中的界面间隙及夹杂物的演变示意图

a—轧制开始阶段；b—轧制结束

变小。轧制复合的过程中,复合界面的面积不断增大,界面氧化物随着界面的扩展而迁移,并逐渐弥散分布,从而使单位面积内的夹杂物数量不断减少。综上所述,在轧制复合过程中,复合界面处生成的氧化夹杂物的演变过程为:压实聚集→粉碎变小→弥散分布。

除了使孔隙闭合和对界面氧化物的粉碎作用外,轧制过程另一个重要作用是激活接触表面的原子。固相材料复合时,首先必须使连接母材表面接近到原子间引力作用范围。图 3-66 为原子间作用力与原子间距的关系示意图[21]。从图 3-66 中可以看出,两个原子充分远离时其相互间的作用引力近乎为零,而随着原子间距离的不断靠近,相互引力不断增大。当原子间距约为金属晶体原子点阵平均原子间距的 1.5 倍时,引力达到最大。如果原子进一步靠近,则引力和斥力的大小相等,原子间相互作用力为零,此时的能量状态最稳定,这时原子表面的自由电子成为共有,与晶格点阵的金属离子相互作用形成金属键,从而使材料间形成冶金结合[20]。轧制过程中,复合界面两侧金属在轧制力的作用下紧密接触,使界面两侧原子间距达到引力作用范围。同时,由于轧制变形引起的晶格畸变、位错、空位等缺陷在界面区大量堆积,界面区的能量显著增大,从而使得界面处原子处于高度激活状态。在原子引力及界面的高度原子激活能的双重作用下,界面两侧原子间很快建立起金属键连接。

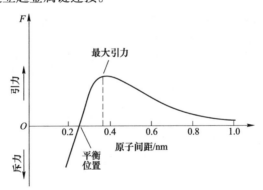

图 3-66 原子间作用力与原子间距的关系

如前所述,轧制变形程度是直接关系界面贴合状态及界面夹杂物尺寸的关键因素,因此压下率便成为了轧制复合过程中最重要的参数。从压下率对热轧复合特厚钢板界面复合影响的研究结果中可以看出,必须达到足够的压下率,界面处的孔隙才能够完全闭合,且压下率越大,界面处的氧化物的粉碎程度越大、尺寸越小、分布越弥散,对界面强度的影响也就越小。通常,只要达到一定的压下率之后,夹杂物的形态对界面的影响就会变得不再严重。实验研究结果表明,轧制压下率大于50%以后,真空热轧复合特厚钢板的界面结合强度便达到了基体金属的水平,界面夹杂物的影响变得不明显。

3.4.4.4 界面的扩散与再结晶

如前所述，初始接触点在焊缝约束作用下发生了塑性变形，因此加热过程中，接触点位置也会发生再结晶行为。图 3-64 显示，加热过程中，同种碳钢的复合界面通过再结晶在初始结合点位置形成了完整晶粒。

轧制过程开始后，复合界面发生了强烈的塑性变形，而且界面两侧的金属紧密接触，这时整个复合界面扩散与再结晶充分进行。再结晶建立在界面区组织的塑性变形和界面原子实现金属键合的基础上，在再结晶过程中，由于晶界的迁移在连接区内形成了共有的晶粒，从而使原始界面消失。晶界能否顺利迁移则与界面处存在的孔隙和夹杂物尺寸大小有关。残留在界面的大尺寸孔隙和氧化夹杂物往往会阻碍晶界的迁移；夹杂物的尺寸较小时，晶界则可顺利绕过夹杂物进行迁移。图 3-67 为常压下焊接组坯的热轧碳钢复合板界面形貌。界面处尺寸较大的夹杂物都出现在晶界的位置，说明这些晶界迁移到此处时受到了这些大夹杂物的阻碍；小尺寸夹杂物则多位于晶粒内部，说明晶界可以绕过小夹杂物而顺利迁移。因此，当界面处的夹杂物足够小时并不会对再结晶过程造成太大影响，如图 3-68 所示，晶界顺利迁移，原始界面消失，夹杂物被包容进晶粒内部，界面处生成完整的共有晶粒，从而建立起牢固的冶金结合。

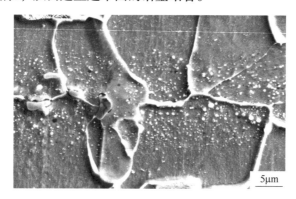

5μm

图 3-67 常压下组坯碳钢复合板界面的组织形貌

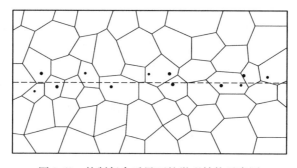

图 3-68 轧制复合后界面的微观结构示意图

3.5　特厚复合钢板的工业制备及应用

3.5.1　低合金结构钢 Q345 特厚复合钢板工业制备

3.5.1.1　特厚复合钢板制备过程

东北大学在国内首次将高功率真空电子束焊接（EBW）技术引入特厚钢板制造领域，形成了具有自主知识产权的大单重特厚钢板制备新工艺，填补了国内空白，如图 3-69 所示为特厚复合钢板工业制备流程示意图。其中的关键技术为坯料的表面清理、真空电子束焊接和低速大压下轧制。由于制备特厚钢板的连铸坯单重超过 30t，因此特厚复合板产线在原有的加热炉和特厚板轧机的基础上需增加大型的铣-镗床和真空电子束焊机。

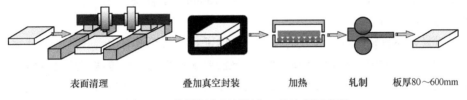

表面清理　　　　叠加真空封装　　　加热　　　轧制　　　板厚80~600mm

图 3-69　特厚复合钢板制备工艺流程示意图

目前，该制备工艺现已推广到国内多家钢铁企业。如图 3-70 所示为钢铁企业现场生产 Q345 特厚复合板的过程。

图 3-70　特厚复合钢板生产现场照片

a—表面清理；b—组坯；c—真空电子束焊接封装；d—复合坯加热；e—复合坯热轧；f—特厚复合板

通过设计专用数显定梁龙门铣镗床，实现了对连铸坯表面和前后端面的同时铣削操作，可以快速完成铣削加工，在 50min 内即可全部完成；同时能够保证在铣削加工过程及加工完成后，加工件表面不存在油污等其他任何污染物，保证了表面的洁净度。与其他铸坯表面处理方式相比，本工艺采用的铣削与新型清洗剂相配合的表面清理技术，可以完全清除复合面的氧化铁皮和污物，不影响轧后复合钢板的力学性能。

开发设计的连铸坯翻转组合系统，实现了连铸坯的准确快速叠合；设计的钢坯对正及位置校正、夹紧系统，保证了连铸坯四边的准确定位，为电子束真空焊接创造了基本条件。

大型真空电子束焊机具有三维动枪控制精度高、焊接质量好的特点，允许连铸坯焊接最大缝隙 3mm，焊缝深度可达 100mm；焊接时具有非常高的重复定位精度、高加速电压稳定性、高束流稳定度、高聚焦电流稳定度。焊接时真空室真空度达到 1×10^{-2}Pa 以上，抽真空时间小于 15min，全程操作小于 30min，保证了较高的生产效率。

对复合坯料轧制进行有效的控制，提出了"高温低速小压下+高温低速大压下"相结合的大单重复合坯料轧制法。该法要求在粗轧开始道次采用高温低速小压下轧制，主要改善大厚度坯料的咬入，并减少大厚度坯料咬入过程中轧辊对坯料的冲击，防止坯料边部复合焊缝开裂。粗轧中间道次采用高温低速大压下轧制，可增大应力应变向钢板内部的渗透率，使得钢板内部的缺陷更容易焊合；同时大压下轧制可使奥氏体晶粒不断发生再结晶，可以充分细化晶粒，且通过多次再结晶过程使界面间产生牢固的冶金结合。

3.5.1.2 特厚复合钢板性能评价

为分析特厚复合钢板界面的复合效果和连铸坯中心质量，从微观层面对轧后钢板进行了全厚度金相组织分析，通过光学显微镜来观察不同厚度复合钢板的微观组织特点，如图 3-71 所示。从微观组织上来看，近表面处组织较细，1/2 厚度

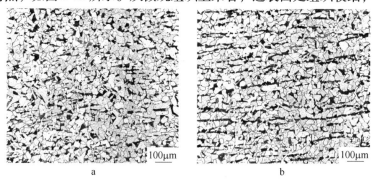

图 3-71   300mm 特厚复合钢板不同厚度位置金相组织

a—1/4 板厚处；b—1/2 界面处

处即结合界面处的金相组织与 1/4 板厚的金相组织全部为铁素体和珠光体组织，钢板 1/2 厚度处形成了与基体组织均匀一致的晶粒组织，无明显的界面痕迹。

拉伸性能检验结果显示，钢板沿厚度方向不同位置的拉伸性能变化不大，中心轧制结合界面与其他位置的拉伸性能接近，各位置的冲击韧性试验结果均高于标准要求，结果见表 3-12。Z 向拉伸试验结果如图 3-72 所示，图中黑线标示位置为轧制原始复合界面处，所示断裂位置远离界面，说明界面结合状态优良。

表 3-12 钢板拉伸和冲击性能结果

钢板号	取样位置	横向拉伸			Z 向拉伸	冲击功（V 型
		屈服强度/MPa	抗拉强度/MPa	伸长率/%	断面收缩率/%	缺口，20℃）/J
复合钢板	1/4 厚度	365	545	31.5	61	210、192、216
	1/2 厚度	356	532	35.5	59.1	153、188、156
标准要求	1/4 厚度	≥345	490~675	≥22	≥35	≥34

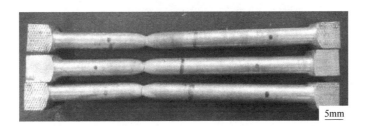

图 3-72 Z 向拉伸宏观照片

分别从特厚复合钢板板宽方向的 1/4 和 1/2 位置取全厚度弯曲样，然后分别沿轧制方向（纵向）和垂直轧制方向（横向）做弯曲试验，结果如图 3-73 所示。从图 3-73 中可以看到，无论是任何部位的横纵向弯曲试验，结果都非常良好，复合位置处具备良好的抗弯曲变形能力。

图 3-73 钢板界面位置弯曲试验结果

3.5.1.3　特厚复合钢板品种开发及应用

近十年来，国内多家钢铁企业引进该技术，并利用该技术开发了二十多个品种系列产品，生产钢板最大厚度已由原来 80mm 扩展到 400mm，产品最大单重也由 15t 扩展到 100t，所有产品实现保探伤、保性能交货，一次合格率 98% 以上，最小压缩比 1.67，各类性能指标优异；产品主要供货中国一重、中铁山桥、上海重机、济南二机床等国内知名企业，出口美国、德国、日本、科威特、澳大利亚、比利时、荷兰等多个国家，广泛用于重型机械、水电设备、桥梁结构、海洋风电等重大技术装备行业。如图 3-74 所示为国内某钢铁企业生产的 220mm S355NL 特厚复合钢板，用于加工挪威重点工程桥塔钢锚板用结构件。

图 3-74　挪威重点工程桥塔钢锚板用结构件

3.5.2　45 钢特厚复合钢板工业制备

3.5.2.1　难焊特厚复合钢板制备工艺流程及关键技术

通过对高碳当量难焊接钢板真空电子束焊接的实验研究，在进行真空电子束焊接制坯时也可采用焊前预热，焊后缓冷的方式解决高碳当量钢板焊缝质量问题。基于此研究结果，优化了真空轧制复合法制备特厚钢板的工艺路线，确立了如图 3-75 所示的难焊接特厚复合钢板制备工艺流程。该工艺流程具体包括连铸坯表面清理、坯料对齐组合、预热、真空电子束焊接封装、焊后缓冷、加热、轧制复合等步骤。

难焊接特厚复合钢板制备工艺的关键在于避免待复合界面在轧制复合前氧化夹杂物的产生，其中，坯料准备、组合坯预热、真空焊接封装、焊后缓冷及加热是控制特厚板界面夹杂物的关键技术。

（1）坯料准备技术。选用高质量的连铸坯是制备高性能的特厚板的前提，连铸坯选择时应保证内部无缺陷、表面无裂纹，同时为减少表面及边部的加工

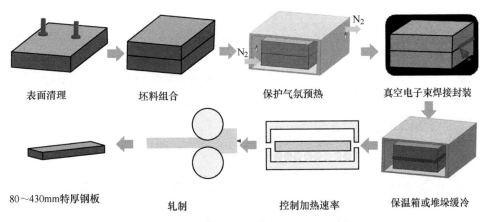

表面清理　　坯料组合　　保护气氛预热　　真空电子束焊接封装

80～430mm特厚钢板　　轧制　　控制加热速率　　保温箱或堆垛缓冷

图 3-75　难焊接特厚复合钢板制备工艺流程示意图

量，应保持坯料尺寸一致。为避免表面清理时发生二次氧化，坯料表面加工采用无切削液铣削至完全裸露出新鲜金属。

（2）复合坯预热技术。由于难焊接钢板需预热才能焊接，为防止待复合表面在预热时产生氧化，必须在预热炉中持续通入氮气，预热至坯料整体达到预设温度。

（3）真空焊接封装技术。特厚板组合坯料尺寸巨大，且具有一定的预热温度，为保证真空电子束焊机的焊接状态，真空室内设置隔热系统和循环冷却系统；同时为防止坯料散热过快，影响焊缝质量，在真空室内设置补热系统，保证焊接前坯料温度。

（4）焊后缓冷及加热技术。焊缝因冷却和加热速度过快产生裂纹的问题可通过堆垛缓冷和分段加热的方式解决，以保证复合界面在高温过程中保持高真空状态。

3.5.2.2　难焊接特厚复合钢板生产装备

东北大学基于难焊接特厚复合钢板的制备工艺为河北某钢厂设计了难焊接特厚板生产线，其核心技术真空室内预热缓冷和双电子枪焊接技术具有完全自主知识产权。该产线的主体装备主要包括高速龙门铣床、翻钢对齐装置和大型双枪真空电子束焊机等。

A　高速龙门铣床及翻钢对齐装置

图 3-76a 为高速龙门铣床，可实现双刀头、无切削液快速铣削，既能保证表面处理的加工效率，又具有防止表面金属氧化的功能，满足了坯料准备的工艺要求，为特厚板界面良好结合提供了前提条件；铣床具有多个工位，可以对三块坯料连续铣削，提高了加工效率。铣削后的坯料表面有光泽（见图 3-76b），无氧化物和油污残留。

a　　　　　　　　　　　　　　　　　　　b

图 3-76　高速龙门铣床(a)和清理后的坯料(b)

图 3-77 所示的翻钢对齐装置可通过调整对齐垫块实现不同厚度的坯料对齐，最大可实现 100t 坯料对齐，对齐精度不大于 1mm，同时也避免了其他翻转方式对待结合界面的污染。

图 3-77　翻钢对齐装置实物照片

B　保护气氛预热炉及坯料缓冲装置

为保证组合坯料在预热过程中不发生界面氧化，产线设有通入保护气氛的预热炉，最高预热温度可达 600℃，可实现待复合界面无氧状态下长时间加热；组合坯料通过吊装进入预热炉和真空室时，为防止巨大冲击力对设备造成损害，增加了坯料缓冲装置，通过缓冲装置承接组合坯料，可降低组合坯料对旋转台的冲击，避免了设备损坏。

C　大型双枪真空电子束焊机

该生产线的核心技术装备为具有补热功能的大型双枪真空电子束焊机，主要由真空系统和双枪焊接系统等组成。

a 真空系统

真空系统如图3-78所示。真空系统是保障焊接时复合界面高真空状态的前提，由真空箱体、4套真空抽气泵和2台冷却循环水机组成。真空室内可实现三层标准连铸坯（总尺寸为4.2m×2.5m×1.2m）360°旋转焊接；每套真空抽气泵由机械泵、罗茨泵和扩散泵组成，可在45min内使焊室真空度小于$5×10^{-2}$Pa；由于复合坯料需焊前预热，其在真空室中辐射大量的热量会导致真空室变形，影响密封性，同时巨大的热辐射也会影响焊接系统的工作状态，因此整个焊室周围通入冷却循环水，以保证真空室和焊接系统的工作状态。

图3-78 真空系统照片

b 双枪焊接系统

双枪焊接系统（见图3-79）是实现复合界面高真空状态的关键，其主要功能是实现复合坯料四周界面焊接封装。双电子束焊枪可在真空室内实现三轴联动，并通过控制台内的数控编程进行操控，实现自动连续焊接。双电子束焊枪既可实现双枪同时焊接，提高焊接效率；又可实现前枪散焦预热，后枪焊接的方式，以避免出现焊接裂纹。难焊接特厚板坯料预热温度最高可达600℃，因此为避免高温辐射影响电子束焊枪元件的正常工作，电子枪前安装隔热系统，并可随焊枪同时移动。

采用以上装备及工艺方法可降低高碳当量钢板在真空电子束焊接封装过程中的冷裂纹和延迟裂纹等焊接缺陷，消除接头的高硬马氏体等脆性组织，从而在焊接接头中得到具有高强度、高韧性的组织结构，最终制备出具有优异冶金界面结合的高品质高碳当量特厚复合板，如图3-80所示。

通过融入新技术的特厚钢板生产装备，为难焊接特厚板制备工艺的实施提供可靠的保障。目前，该难焊接特厚板产线已经进入全面投产阶段，特厚板的月产

图 3-79　双电子束焊枪照片

 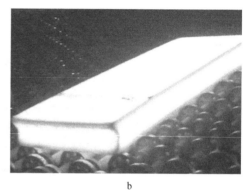

a　　　　　　　　　　　　　　　　　　　　b

c

图 3-80　难焊接特厚钢板生产照片

a—加热后的焊接坯料；b—复合板轧制；c—切边处理

量可超过一千吨。同时，企业利用该产线完成了多个难焊接特厚钢板品种开发，
包括 45 钢、50 钢等中高碳钢和 42CrMo、P20 等合金模具钢特厚板，产品均达到

Ⅰ级探伤标准，各项力学性能指标优异。如图 3-81 所示为单重超过 50t 的 45 钢特厚复合板不同厚度微观组织，沿厚度方向特厚板组织均匀，复合界面实现了良好的冶金结合，Z 向拉伸满足 Z35 要求，断面收缩率超过 45%。目前，该特厚板已经在用户的流化床中稳定运行。

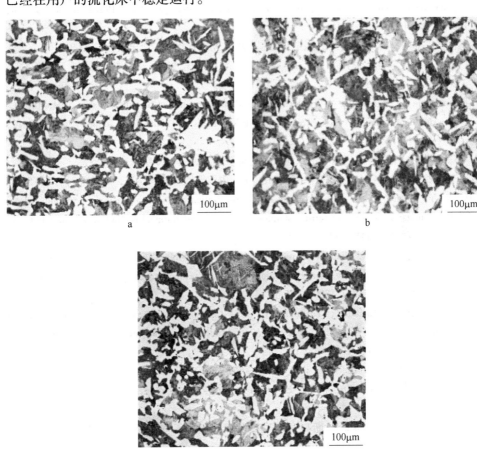

图 3-81 45 钢特厚复合板不同厚度位置微观组织
a—表面；b—1/4 厚度处；c—1/2 界面处

参 考 文 献

［1］王光磊. 真空热轧复合界面夹杂物的生成演变机理与工艺控制研究［D］. 沈阳：东北大学，2013.

［2］骆宗安，谢广明，胡兆辉，等. 特厚钢板复合轧制工艺的实验研究［J］. 塑性工程学报，

2009, 16（4）: 125~128.

[3] 陈静. 奥氏体化温度与过冷度对高强度贝氏体钢相变的影响研究 [D]. 武汉: 武汉科技大学, 2014.

[4] Thomser C, Uthaisangsuk V, Bleck W. Influence of martensite distribution on the mechanical properties of dual phase steels: experiments and simulation [J]. Steel Research International, 2010, 80（8）: 582~587.

[5] 徐光. 金属材料 CCT 曲线的测定及绘制 [M]. 北京: 化学工业出版社, 2009.

[6] 刘宗昌, 王海燕, 林学强, 等. Fe-15Ni-0.6C 合金马氏体浮凸及相变新机制 [J]. 热处理, 2010, 25（6）: 15~21.

[7] Zumsande K, Weddeling A, Hryha E, et al. Characterization of the surface of Fe-19Mn-18Cr-C-N during heat treatment in a high vacuum——An XPS study [J]. Materials Characterization, 2012, 71（9）: 66~76.

[8] 陈惠芬. 金属学与热处理 [M]. 北京: 冶金工业出版社, 2009.

[9] 李铁藩. 金属晶界在高温氧化中的作用 [J]. 中国腐蚀与防护学报, 2002（3）: 53~56.

[10] Xu Y, Chen Z, Ge Z. Kinetic model of decarburization and denitrogenation in vacuum oxygen decarburization process for ferritic stainless steel [J]. Metallurgical & Materials Transactions B, 2009, 40（3）: 345~352.

[11] Suzuki Y, Kyono K. Effect of internal oxidation of the hot-rolled sheet steel, on the suppression of the Si and Mn selective surface oxidation in recrystallization annealing, after cold rolling [J]. Jitsumu Hyomen Gijutsu, 2003, 55（1）: 48~55.

[12] Yoshitsugu S, Takako Y, Yoshiharu S, et al. Thermodynamic analysis of selective oxidation behavior of Si and Mn-added steel during recrystallization annealing [J]. ISIJ International, 2010, 96（1）: 11~20.

[13] Hashimoto I, Saito K, Nomura M, et al. Effects of partial pressure of water vapor in annealing atmosphere on wettability of Mn, Si containing steel with molten zinc [J]. Tetsu-to-Hagane, 2003, 89（1）: 31~37.

[14] 钟群鹏, 赵子华, 张峥. 断口学的发展及微观断裂机理研究 [J]. 机械强度, 2005, 27（3）: 358~370.

[15] Ma J, Zhang B, Xu D, et al. Effects of inclusion and loading direction on the fatigue behavior of hot rolled low carbon steel [J]. International Journal of Fatigue, 2010, 32（7）: 1116~1125.

[16] Yu H L, Bi H Y, Liu X H, et al. Behavior of inclusions with weak adhesion to strip matrix during rolling using FEM [J]. Journal of Materials Processing Technology, 2009, 209（9）: 4274~4280.

[17] Orhan N, Aksoy M, Eroglu M. A new model for diffusion bonding and its application to duplex alloys [J]. Materials Science and Engineering: A, 1999, 271（1~2）: 458~468.

[18] 杨舜, 于卫新, 李宏, 等. 表面粗糙度对钛合金压力连接界面微观组织与性能的影响 [J]. 精密成形工程, 2017（4）: 31~36.

[19] Zhang C, Li M Q, Li H. Diffusion behavior at void tip and its contributions to void shrinkage

during solid-state bonding ［J］. Journal of Materials Science & Technology，2018，34 （8）：1449~1454.

［20］ 邹家生. 材料连接原理与工艺 ［M］. 哈尔滨：哈尔滨工业大学出版社，2005.

［21］ Khristenko S V，Shevelko V P，Maslov A I. Interatomic Potentials ［M］. Springer Berlin Heidelberg，1998：3~16.

4 真空轧制奥氏体耐蚀合金复合钢板

异质金属复合板种类繁多,应用领域广泛,市场需求巨大,其中奥氏体耐蚀合金/低合金复合板是目前应用最广的异质金属复合板。在复合板制造过程中,复合界面是复合板的关键,对材料内载荷的传递、微区应力和应变增强机制、材料塑性、耐蚀性以及导热等物理和力学性能都有重要作用[1]。因此,本章重点针对不锈钢复合板、镍基合金复合板和超级奥氏体不锈钢等耐蚀合金复合板,详细地介绍了其采用 VRC 技术的制备工艺,具体涉及表面处理、焊接封装、加热和轧制工艺以及热处理的相关工艺技术研究,并针对复合界面夹杂物特征、元素扩散、脆性相对界面性能的影响,以及加热与轧制过程中界面夹杂物和脆性相的生成与演变机理进行了深入的研究分析,揭示了复合工艺对复合界面的微观组织和力学性能的影响规律。同时,详细介绍了典型奥氏体耐蚀合金复合板试制和生产情况。

4.1 真空轧制不锈钢/碳钢复合板制备工艺研究

真空热轧复合法制备的不锈钢复合板界面性能优良,是目前最常用的高性能、宽幅不锈钢复合板生产方法。与真空热轧复合特厚钢板不同,不锈钢与碳钢复合界面更为复杂。本节利用真空热轧复合法制备不锈钢复合板,针对复合界面夹杂物特征、界面扩散、夹杂物对界面性能的影响以及加热和轧制过程中界面夹杂物的生成与演变机理进行探讨,另外对真空度、压下率对界面夹杂物及界面复合性能的影响规律也将进行详细介绍[2~4]。

4.1.1 不锈钢/碳钢复合板界面扩散及夹杂物生成机理

为分析复合界面的组织形貌及夹杂物的种类和生成机理,将针对不锈钢/碳钢复合界面进行研究。研究中用到的不锈钢/碳钢复合板在真空度为 10^{-2}Pa 下组坯,在 1200℃ 下保温 2h 后轧制,轧制总压下率为 80%,道次压下率不低于 20%。

4.1.1.1 不锈钢/碳钢复合板组织及界面夹杂物

图 4-1a 为复合界面的金相组织,可以看出界面结合良好,无未复合区或裂

纹。与爆炸复合比，界面相对平直，形貌不同于爆炸界面的波浪啮合型界面[5]。图 4-1b、c 显示，复合界面可分为 4 个区域。Ⅰ区为奥氏体不锈钢基体，Ⅱ区为扩散复合区。由于采用了硝酸酒精侵蚀剂，使得不锈钢组织未被显示。Ⅳ区为铁素体和珠光体组织，为碳钢基体区。近界面的Ⅲ区宽度约 60μm。与碳钢基体比，Ⅲ区内多为铁素体，珠光体含量较少，该区存在一定程度脱碳。脱碳是由碳迁移造成的，碳钢侧碳浓度（0.2%）高于不锈钢侧碳浓度（0.06%），两者间存在较大的碳浓度梯度（均为质量分数）。同时铬也能提高碳的化学势，因此碳钢侧碳元素向不锈钢侧扩散。该现象在不锈钢/碳钢复合板中普遍存在。后续将对热轧不锈钢复合界面碳的扩散机理详细分析。

图 4-1c、d 为复合界面的Ⅱ区附近的扫描电子显微镜照片，在放大后的组织形貌中可以看出界面呈现微小起伏。在轧制复合过程中，由于经过了大压下的轧制，界面变得不再平直，呈现出微波浪状形貌。然而，扩散焊接的复合界面由于没有经过大的形变而非常平直。另外，Ⅰ区和Ⅱ区交界处存在少量颗粒状夹杂物，尺寸小于 0.5μm。在Ⅱ区内还存在少量弥散分布的细小颗粒夹杂，这些夹杂

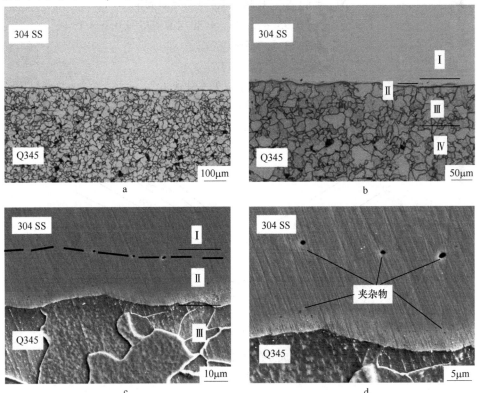

图 4-1 不锈钢/碳钢复合板界面的微观组织形貌

a，b—不同倍数下的金相照片；c，d—不同倍数下的扫描照片

物尺寸小于 0.1μm。Ⅱ区厚度约 12μm，虽然为碳钢组织，但在轧制复合后的碳
钢侵蚀过程中，此区域未显示出组织。经 WDS 检测，Ⅱ区含有铬（4.51%～
11.21%）、镍（0.93%～4.56%）、碳（0.06%～0.09%）、硅（0.23%～0.36%）、
锰（1.32%～1.47%），以上均为质量分数。由成分组成可确定，因扩散Ⅱ区富
集了大量铬元素，使耐蚀性大为增强。由于扩散导致Ⅱ区元素呈梯度分布，靠近
不锈钢侧的铬、镍含量较高，远离界面处的铬、镍含量较低，这个区域为非常复
杂的扩散过渡区。由于此区域元素成分介于碳钢与不锈钢之间，采用碳钢腐蚀
剂，此区域组织无法显示出来，而利用不锈钢对应的侵蚀剂进行侵蚀时，此区域
因过度腐蚀变黑，因此难以通过组织观察确定此区域的相组成。Li 等人在研究扩
散焊接不锈钢/碳钢接头时推测此区可能为马氏体组织[6]。

　　图 4-2 为常用于分析不锈钢焊缝组织的舍夫勒图，通过镍当量和铬当量可推
测不锈钢焊缝组织的相组成。在不锈钢/碳钢复合板轧制复合过程中，扩散复合
区也经历了元素扩散和再结晶，可通过测定元素含量和舍夫勒图推测相组成。因
此，Ⅱ区中镍当量和铬当量的计算结果如下：

$$
\begin{aligned}
Ni_{eq} &= w(Ni) + 30w(C) + 0.5w(Mn) \\
&= (0.93 \sim 5.06) + 30 \times 0.075 + 0.5 \times 1.4 \\
&= 3.73 \sim 7.86
\end{aligned}
\tag{4-1}
$$

$$
\begin{aligned}
Cr_{eq} &= w(Cr) + 1.5w(Si) \\
&= (4.51 \sim 11.21) + 1.5 \times 0.3 \\
&= 4.95 \sim 11.66
\end{aligned}
\tag{4-2}
$$

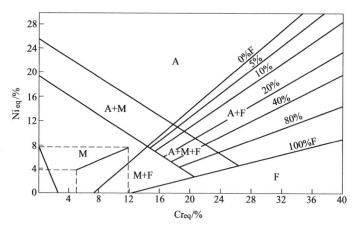

图 4-2　扩散区成分在舍夫勒组织图中的区域范围

($Cr_{eq} = w(Cr) + w(Mo) + 1.5w(Si) + 0.5w(Nb)$)

　　将铬、镍当量在舍夫勒图中标出，该区域成分范围几乎全部位于马氏体区
内，因此可推测此区组织为马氏体。对界面组织进行 EBSD 分析，结果如图 4-3

所示。可以看出，Ⅱ区内含有细小板条状结构，这与之前学者所研究的马氏体的EBSD 结果有类似特征[7]。Ⅱ区和Ⅲ区均为体心立方（bcc）结构，Ⅰ区不锈钢基体为面心立方（fcc）结构。另外，分析界面各区硬度，不锈钢侧硬度很低，平均硬度仅176HV，碳钢侧Ⅲ区硬度为147HV，Ⅱ区硬度远高于其他区，平均硬度达437HV，符合马氏体硬度范围。因此，综合上述分析可断定Ⅱ区组织为马氏体。

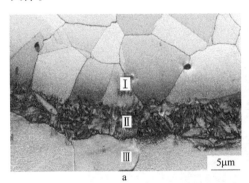
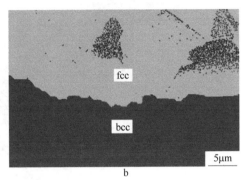

图 4-3　真空热轧不锈钢/碳钢复合板界面的 EBSD 分析

a—EBSD 图像质量图；b—EBSD 相分布图

复合界面处 TEM 照片如图 4-4a 所示，界面附近分布大量板条马氏体组织。图 4-4b 为衍射斑点，呈 bcc 结构，证明了马氏体相的存在。将界面附近 TEM 照片连续拍摄，最后拼接在一起，如图 4-5 所示。白色区域和灰色区域间的锯齿线为铁素体和马氏体相界。界面左侧白色区域组织主要为铁素体，属碳钢一侧；界面右侧为马氏体组织，属界面复合区。

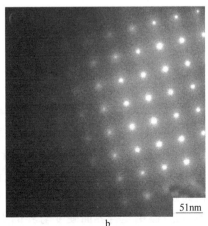

图 4-4　复合界面处马氏体形貌和衍射斑点

a—TEM 组织；b—衍射光斑

$2\mu m$

图 4-5　真空热轧不锈钢/碳钢复合板界面 TEM 形貌

对不锈钢/碳钢复合板界面各区进行硬度检测，如图 4-6 所示。在界面附近，两种复合材料的显微硬度变化梯度较大，在界面复合区内硬度出现峰值。在碳钢一侧，随着与界面距离减小，硬度先保持不变，在界面附近急剧增大，到界面处达最高点。而在不锈钢一侧，从界面到不锈钢基体，硬度先上升后下降并处于稳定的趋势，在距离界面 $0\sim5\mu m$ 之间达到峰值，为 392HV。不锈钢侧 I 区平均硬度为 174HV，碳钢侧的脱碳Ⅲ区硬度最低，仅 147HV，Ⅱ区硬度远远高于其他部分，最高硬度达 392HV，说明界面处有马氏体相。

不锈钢/碳钢复合界面硬度与界面组织密切相关。从相组成角度看，高硬度区位于界面复合区（Ⅱ）。由以上分析可知，复合区内分布大量马氏体，且距界面越近马氏体越多，导致硬度升高，随着马氏体相减少，硬度值逐渐降低。碳钢

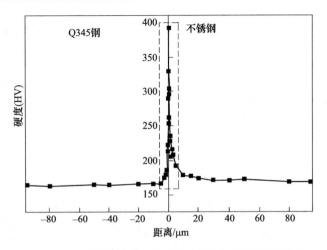

图 4-6 真空热轧不锈钢/碳钢复合板界面的硬度值分布

侧脱碳区（Ⅲ）硬度最低，这是因为脱碳珠光体大量减少，更多的铁素体使硬度降低。从扩散角度分析，界面两侧硬度变化表明碳迁移过程产生了过渡区，即脱碳层和增碳层存在。在对应状态的复合区硬度分布曲线上脱碳区的硬度较低而增碳层硬度较高。不锈钢一侧硬度峰值位于碳元素的扩散和合金元素的扩散形成一个交叉点，在该点处各元素含量配比更有利于碳化物的生成，从而使硬度较高。

图 4-1d 显示界面处存在两类夹杂物，一类位于界面，尺寸 0.5~1μm；另一类弥散分布于Ⅱ区，尺寸细小，约 0.1μm。利用 EPMA 分析界面夹杂物成分，如图 4-7 所示。结果显示，位于界面处夹杂物含有大量硅、锰、铝、氧元素，而弥散分布在Ⅱ区的细小夹杂物仅含铝、氧元素。分别对图 4-7a 和 b 中标出的点 1 和点 2 夹杂物进行 WDS 分析，结果列于表 4-1。结果显示，界面存在的大颗粒夹杂物可确定为 Si-Mn-Al-O 混合氧化物，而根据铝与氧原子比，Ⅱ区内弥散分布的细小夹杂物可确定为 Al_2O_3。

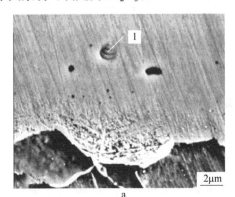

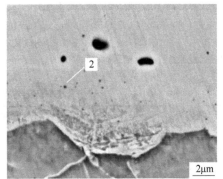

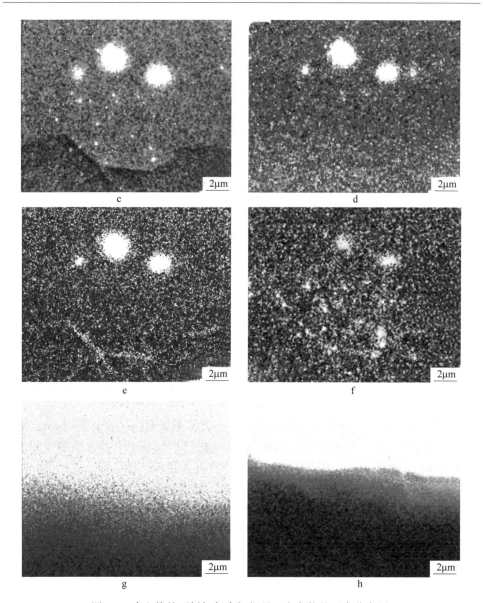

图 4-7 真空热轧不锈钢复合钢板界面夹杂物的元素分布图

a，b—形貌照片；c—O 的分布；d—Mn 的分布；e—Si 的分布；f—Al 的分布；g—Cr 的分布；h—Ni 的分布

表 4-1 各类界面夹杂物的成分

位置	元素含量（原子分数)/%						
	Mn	Si	Cr	Ni	Al	O	Fe
1	8.24	9.53	7.31	3.23	0.63	32.17	余量
2	1.19	0.57	6.21	0.69	16.92	28.00	余量

4.1.1.2 复合板坯加热过程的界面夹杂物

从上述分析得知，不锈钢/碳钢复合界面区域存在两种夹杂物，分别为 Si-Mn-Al 复合型氧化物和 Al_2O_3。为揭示氧化物生成机理，对基覆材表面进行加热工艺研究。将表面处理完成的不锈钢与碳钢板组合，在 0.01Pa 真空度下进行电子束焊接封装，然后置于加热炉中加热至 1200℃ 保温 2h，随即将试样空冷至室温。在不污染界面情况下，将加热后复合坯分离，分析基覆材表面的微观组织。

图 4-8 为加热后碳钢和不锈钢的原始表面形貌。加热后碳钢与不锈钢可轻易分离，两者间未出现连接痕迹。在不锈钢表面聚集了大量圆形夹杂物，这些夹杂物生长在基体内部，最大的夹杂物直径约为 3μm。这类夹杂物仅在不锈钢凹陷的位置被发现，而不锈钢表面较平坦的位置，未发现此类夹杂物的存在。与不锈钢不同，碳钢表面相对洁净，在图 4-8a 所示的二次电子照片下很难发现夹杂物，而只在背散射照片下才发现箭头所示非常微小的夹杂物，这些夹杂物的尺寸均小

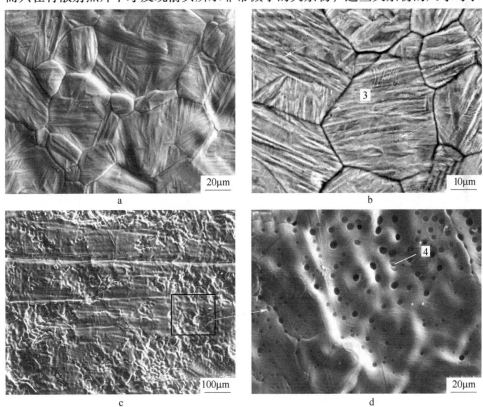

图 4-8 加热后碳钢与不锈钢表面的微观形貌

a，b—碳钢表面；c，d—不锈钢表面（d 为 c 中方框处的放大形貌图）

于 0.5μm，且数量较少，这与特厚复合钢板加热未轧制状态的界面表面形貌完全不同。综上所述，不锈钢/碳钢复合板在加热后表面氧化现象多集中于不锈钢表面，而碳钢表面几乎未被氧化。

图 4-9a~c 为碳钢侧横断面组织形貌。虽然未经轧制复合，但是碳钢侧已出现了一条未被侵蚀的光亮条带。利用 EPMA 对此区域进行 WDS 成分检测发现此处除碳钢原有元素外还含有铬（质量分数，4.5%~8.7%）和镍（质量分数，0.4%~1.0%），虽然铬、镍含量略低于轧制复合后的扩散Ⅱ区，但表明加热过程中，铬、镍元素已经开始向碳钢侧扩散。在加热后，不锈钢与碳钢表面未发现初始连接点，也就表明不锈钢与碳钢之间并未达到原子相互作用范围内，铬、镍元素并不可能通过固态扩散的形式扩散至碳钢侧的，而极可能是通过高温下元素挥发的途径扩散至碳钢侧，铬、镍元素的扩散问题在后续章节中进行了详细分析。从图 4-9c 所示的碳钢横断面的背散射图像中可以看出，碳钢侧靠近表面区域与轧制复合后的复合区类似，弥散分布着少量非常细小的夹杂物。图 4-9d 为不锈钢加热后界面附近的横断面组织形貌，不锈钢横断面非常洁净，未发现任何夹杂物的存在。

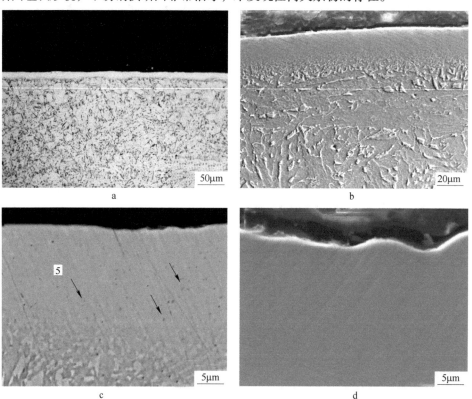

图 4-9　加热后碳钢与不锈钢横截面的微观形貌

a~c—碳钢横断面；d—不锈钢横断面

对上述生成于基体表面和基体内侧的夹杂物分别进行 WDS 检测，其中在图 4-8b、c 和图 4-9c 中标出的几个有代表性的点的成分检测结果列于表 4-2 中。结果显示，碳钢表面的氧化物夹杂（点 3）为 Si-Mn-Al-O 夹杂物，其中铝元素含量占绝大部分，而锰、硅的含量较少；生成于碳钢界面内部的细小夹杂物（点 5）均为 Al_2O_3，与图 4-7b 中点 2 所示的轧制复合后复合区的弥散夹杂物的成分是相同的；而生成于不锈钢表面的夹杂物（点 4）为 Si-Mn-Al-O 夹杂物，与图 4-7a 中点 1 所示的生成于轧制复合界面处的氧化夹杂物为同一类夹杂物。上述分析表明，加热过程中生成于不锈钢与碳钢表面的氧化夹杂物与轧制复合后位于界面处的氧化夹杂物相同，碳钢内侧生成的弥散细小氧化夹杂物与轧制复合后位于扩散过渡区Ⅱ区内的氧化夹杂物相同。因此，轧制复合后的界面夹杂物均生成于加热过程中。

表 4-2　各类界面夹杂物的成分

位置	元素含量（原子分数）/%						
	Mn	Si	Cr	Ni	Al	O	Fe
3	2.20	0.58	5.43	0.58	17.31	29.84	余量
4	11.33	14.19	4.92	0.33	1.17	53.64	余量
5	1.00	0.56	3.21	0.53	11.94	18.48	余量

4.1.1.3　界面氧化夹杂物的生成机理

在 0.01Pa 真空度下焊接组坯后，不锈钢与碳钢之间的真空度虽然为高真空，但此时氧分压为 2.1×10^{-3} Pa，这在高温氧化研究中属于较高的氧分压。从图 3-46 所示的 1200℃下金属氧化物的平衡氧分压中，2.1×10^{-3} Pa 已经远远超过了不锈钢和碳钢内的所有合金元素平衡氧分压，也就是说，不锈钢和碳钢的所有元素在此温度和氧分压的综合作用下都有可能发生氧化。因此，这为界面处氧化物的生成提供了氧的来源。特别是组坯后的不锈钢与碳钢表面凹陷位置未紧密贴合而留有一定的空间，这些地方聚集的残余空气较多，因此如图 4-8d 所示，氧化夹杂物多生成于表面凹陷的位置。

组合坯在高温下加热时，304 不锈钢与碳钢之间构成了一个复杂的氧化系统，在高温氧化过程中，不锈钢和碳钢中含有的铝、硅、锰、铬、铁、镍等金属元素都参与进来。这些金属元素对应的氧化物的吉布斯生成自由能（$\Delta G^{\ominus}$）各不相同，通过热力学计算或如图 3-47 所示的艾琳厄姆图都可以看出，上述合金元素在 1200℃下生成对应的氧化物的吉布斯自由能排序为：

$$\Delta G_{Al_2O_3} < \Delta G_{SiO_2} < \Delta G_{MnO} < \Delta G_{Cr_2O_3} < \Delta G_{FeO} < \Delta G_{Fe_3O_4} < \Delta G_{Fe_2O_3} < \Delta G_{NiO}$$

因此，在温度为 1200℃时，铝、硅、锰、铬、铁、镍与氧的亲和力依次降低，氧化物的稳定性也相应的依次降低。与特厚复合板界面相同，不锈钢/碳钢复合板在加热过程中也会出现选择性氧化现象。铝会被优先选择性氧化，其次是硅、锰、铬，最后是铁、镍。若在相同含量的条件下，在铬氧化之前，不锈钢表面的铝、硅、锰首先与氧发生反应：

$$4Al(s) + 3O_2(g) = 2Al_2O_3(s) \tag{4-3}$$

$$Si(s) + O_2(g) = SiO_2(s) \tag{4-4}$$

$$2Mn(s) + O_2(g) = 2MnO(s) \tag{4-5}$$

然而，对于 304 不锈钢来说，虽然铝、硅、锰与氧的亲和力要高于铬，但不锈钢中铬的含量非常高，具有更高的热力学活度。在加热过程中，不锈钢表面的铝、硅、锰很快被消耗掉，而此时基体内的合金元素需要足够的时间才能扩散至界面继续与氧发生反应，在这个过程中氧即已开始与铬发生氧化反应：

$$4Cr(s) + 3O_2(g) = 2Cr_2O_3(s) \tag{4-6}$$

不锈钢中充足的铬元素为上述反应的进行提供了源源不断的铬元素来源。而由于不锈钢与碳钢之间是一个封闭的空间，其中的氧含量是有限的，随着上述各个反应的不断进行，氧含量越来越少，氧分压越来越低，反应越来越微弱，直至不再发生。由于铁、镍元素相对较低的氧亲和力，在此氧化系统中并未出现铁和镍的氧化。氧化结束后，复合界面的氧化物为较多的 Cr_2O_3，少量的 SiO_2 和 MnO，由于 Al 的含量非常微量，因此 Al_2O_3 的含量也是微量的。

但是如图 4-8 和图 4-9 所示，不锈钢表面并没有发现 Cr_2O_3 的存在，这是因为在氧化反应结束后，整个系统的反应并未终止。从吉布斯自由能变的排序可以看出，铝、硅、锰的氧化物都要比 Cr_2O_3 稳定，在高温下，铝、硅和锰与 Cr_2O_3 发生了置换反应[8]：

$$2Al(s) + Cr_2O_3(s) = Al_2O_3(s) + 2Cr(s) \tag{4-7}$$

$$3Si(s) + 2Cr_2O_3(s) = 3SiO_2(s) + 4Cr(s) \tag{4-8}$$

$$3Mn(s) + Cr_2O_3(s) = 3MnO(s) + 2Cr(s) \tag{4-9}$$

组合坯随炉加热并在 1200℃ 保温 2h，上述反应得以充分进行；反应过后，Cr_2O_3 全部被置换为单质 Cr，而最终的氧化物为 Al_2O_3、SiO_2 和 MnO。因为这些反应都在 Cr_2O_3 周围发生，因此这些氧化物大多混合在一起，成为了图 4-8 中看到的不锈钢表面的 Si-Mn-Al-O 混合氧化物。而置换出的单质 Cr 则保留在了氧化物中，所以从图 4-7 所示的 Si-Mn-Al-O 混合物中元素分布可以看出，混合夹杂物中仍然存在大量的铬，相反，铁、镍在其中的含量则相对较少。

在氧化反应阶段，反应式（4-6）迅速进行并消耗掉了绝大多数的氧。在碳钢表面，仅有表面附近的铝、硅、锰得以氧化，而碳钢内部的这些元素还未获得足够的时间向外扩散，氧即被铬的氧化反应耗尽。因此在碳钢表面仅形成了图 4-8b 中箭头所示的尺寸非常细小、数量非常少的 Al-Mn-Si-O 化合物，这也是碳钢侧氧化程度比不锈钢侧轻的主要原因。碳钢本身对氧有一定的溶解度，坯料在组坯及加热过程中，一部分氧原子溶解到了碳钢内部，并向碳钢内侧扩散了一定的距离。在加热过程中与碳钢内部氧亲和力最高的元素铝率先发生反应（4-3），即发生了合金元素的内氧化现象。碳钢对氧的溶解度是很小的，铝的氧化反应即可把所溶解的氧全部耗尽，因此只生成了细小弥散的 Al_2O_3 颗粒。而在不锈钢内部，由于表面上发生的反应（4-6）充分进行，氧原子根本无法扩散至内部即被基体内铬的氧化反应而消耗掉，因此不锈钢内部非常洁净，未发生内氧化。

由上述分析可知，轧后复合界面存在的两种夹杂物均在加热过程中已经形成。其中，集中于复合界面的 Si-Mn-Al-O 化合物主要来自于不锈钢表面的氧化产物，而碳钢基体内的 Al_2O_3 则来自于碳钢基体的内氧化。轧制及冷却过程中，这些氧化物的种类和成分并未发生本质改变，而只是在较大的轧制力作用下，硬脆的氧化物逐渐被碾碎，并随着钢板面积的增大弥散分布开来，因此在轧后复合界面处，看到的氧化物尺寸较小、数量较少。

4.1.1.4 不锈钢/碳钢复合界面的扩散机理

从图 4-1 和图 4-9 都可以看出，在只加热未轧制状态和热轧复合状态下，碳钢一侧都出现了铬、镍元素的扩散区。但只加热未轧制状态，碳钢侧扩散区铬、镍含量略低于轧制过后的扩散区，以镍含量为例，加热过后碳钢表面的镍的最高含量（质量分数）仅有 0.8% 左右，而轧制复合后靠近界面的碳钢侧的镍含量（质量分数）达到了 4.6%。这说明不锈钢侧的铬、镍元素是通过两阶段扩散至碳钢侧的：第一阶段是加热阶段，第二阶段是轧制复合及后续冷却阶段。

在加热过程中，不锈钢与碳钢复合界面并没有实现大面积的有效连接，因此加热过程中多数的铬、镍并不是完全通过直接接触的途径扩散至碳钢侧的。为了研究不锈钢侧元素在加热过程中扩散至碳钢侧的途径，进行了真空下隔离加热的实验。如图 4-10 所示，在不锈钢与碳钢之间垫入 0.5mm 厚的薄钢板将不锈钢与碳钢隔离开来，这时不锈钢与碳钢之间保持 0.5mm 的间距，复合界面无接触。然后在高真空下焊接密封，加热结束后冷却至室温，然后打开坯料，研究复合界面的扩散现象。图 4-11 为隔离加热后的碳钢侧界面附近的微观形貌图像，碳钢侧同样出现了一条明亮的未侵蚀带，WDS 检测结果显示，该处铬、镍的含量分别为 4.2%~8.3% 和 0.3%~0.8%，以上均为质量分数。与不隔离加热后的碳钢侧

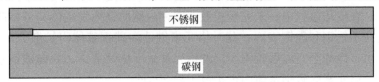

图 4-10 隔离加热试样的组坯示意图

的铬、镍成分含量进行对比可以发现，铬、镍元素在隔离与不隔离两种情况下向碳钢侧的扩散程度几乎是一致的。这说明，真空下不锈钢侧的铬、镍元素在与碳钢不接触的情况下，也可以扩散至碳钢侧，此时的铬、镍元素则很可能是通过挥发扩散的形式由不锈钢侧扩散至碳钢侧的。

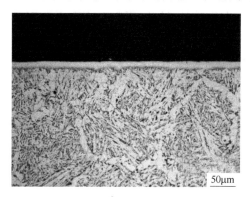 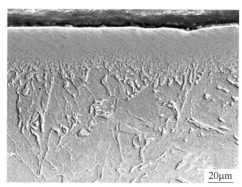

图 4-11　隔离加热后碳钢侧的组织形貌
a—金相照片；b—扫描形貌照片

根据相平衡理论，在不同温度下，金属蒸气作用于金属表面上的蒸汽压是不同的，随着温度的升高，蒸汽压也相应升高。当外界压力即真空度小于该温度下金属元素的蒸汽压时，金属元素就会蒸发。304 不锈钢中铬元素的含量很高，铬在 1200℃ 时的蒸汽压为 1.33Pa。在本实验条件下，不锈钢与碳钢之间的真空度为 10^{-2}Pa，远远低于 1200℃ 时铬的蒸汽压。而在 10^{-2}Pa 的真空压力下，只要温度高于 993℃，铬元素就会发生升华反应，以气体的形式挥发出来[9]：

$$Cr(s) \Longrightarrow Cr(g) \tag{4-10}$$

随着加热过程中不锈钢表面的铬元素的大量挥发，不锈钢界面附近铬的浓度含量开始降低，从而形成了浓度梯度，不锈钢基体内的铬元素在浓度梯度驱动力的作用下向表面发生扩散，随着上述反应的不断进行，不锈钢靠近界面的表层出现了铬的贫化层，如图 4-12a 所示，在不锈钢表层铬元素浓度的分布曲线中，铬贫化层的浓度从基体向表面以抛物线形式不断降低。从图中可以测量出，铬元素的逸损贫化层达到了 35μm。蒸发出来的铬元素以气体形态充满整个不锈钢与碳钢的缝隙中，从而造成了碳钢基体与表面的铬元素浓度梯度，铬元素开始向碳钢内部扩散。在冷却过程中，未完全扩散至碳钢内侧的铬挥发气体又开始凝华，并最终吸附在不锈钢和碳钢表面，此时铬元素继续向碳钢基体内扩散。从图 4-12b 中可以看出，冷却至室温后碳钢表层的铬元素浓度依然最高，并向碳钢基体内部逐渐降低。铬元素向碳钢基体内也扩散了约 30μm。

在铬元素挥发的同时，镍元素也同样出现了挥发现象。在本实验真空度下，镍元素在温度高于1157℃时即开始挥发，与铬元素相同，镍的挥发造成了不锈钢表层出现了贫镍层，并在碳钢表面吸附、扩散，并最终形成富镍层。但从图4-12中，镍元素在不锈钢表面的贫化层厚度，以及向碳钢内侧的扩散距离都要小于铬元素。这是因为与铬相比，镍本身的蒸汽压就相对较低，镍元素挥发较困难，加之不锈钢基体内镍元素的含量要比铬元素少很多，因此挥发出来的镍相对较少。在碳钢表面达到最高浓度的镍含量（质量分数）也仅有0.8%。

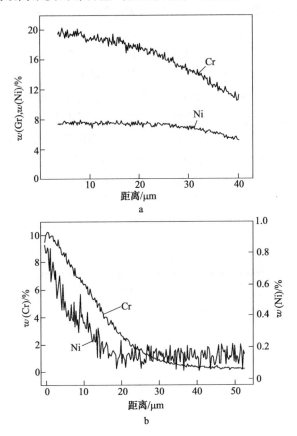

图4-12　加热后不锈钢界面与碳钢界面铬、镍元素的浓度梯度
a—不锈钢侧；b—碳钢侧

　　在加热结束后，复合坯进入轧制复合阶段。在轧制力作用下，不锈钢与碳钢紧密结合，两者之间逐渐建立起有效的冶金结合。在轧制过程以及随后的空冷过程中，由于界面两侧存在浓度梯度，铬、镍开始向碳钢侧进行扩散。图4-13为轧制复合后垂直于复合界面的铬、镍和碳元素的浓度分布曲线。经过50%压下率的轧制变形后，在加热过程中形成的不锈钢侧的贫铬、镍区以及碳钢侧形成的富铬、镍区均受到了压缩变形而变薄。随着轧后的继续扩散，上述区域厚度又开始

逐渐增长。但由于轧制复合作用时间较短，冷却过程中随着温度的快速降低，扩散速度也慢慢降低，因此轧后铬、镍元素在碳钢侧扩散距离要低于加热后的扩散距离。加热后碳钢表面的铬含量（质量分数）已达到了 10% 左右，而不锈钢表面由于铬元素的挥发贫化，其含量约为 12%，两者之间的浓度差距在加热过后就变得不大，通过轧制和冷却过程中的扩散，界面附近铬浓度几乎达到平衡。因此，铬元素在界面附近的扩散曲线比较平滑。而与铬元素不同，镍元素在加热过程中的扩散是非常有限的。加热后在碳钢表面镍元素含量仅有约 0.8%，而不锈钢侧的浓度仍然维持在较高的水平，约为 6%。在轧制复合后，镍在复合界面两侧形成了较大的浓度梯度，镍元素开始迅速扩散。如图 4-13 所示，靠近界面的碳钢侧最终富集了约 3% 的镍元素，因此不锈钢侧的镍元素大部分是在轧后才扩散而来的。但如前文所述，轧制和冷却过程中的扩散是有限的，靠近复合界面两侧的镍浓度并未达到平衡，镍元素含量在复合界面处骤然下降，出现了较大的浓度差异。由于加热过程中铬的扩散距离远大于镍的扩散距离，在轧制后铬、镍向碳钢侧的扩散距离仍保持相同的趋势，从复合界面的元素面分布图 4-7 和线分布图 4-13 中都可以看出铬的扩散距离要大于镍的扩散距离。铬的扩散区域已经超出了扩散过渡区 II 区，扩散到了碳钢基体 III 区内的部分区域，而镍的扩散区域则没有充满整个 II 区。

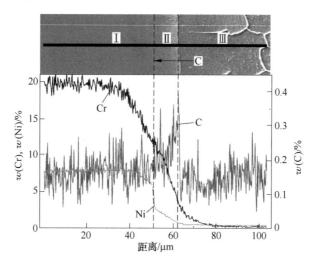

图 4-13　热轧复合后不锈钢/碳钢复合板界面附近的 Cr、Ni 和 C 元素的分布曲线

图 4-13 是铬、镍和碳在复合界面两侧的扩散图。在 4.1.1.1 节中介绍到，碳钢侧靠近扩散区的 III 区出现明显的脱碳现象，珠光体数量明显减少。而在图 4-13 中所示的碳扩散曲线中发现，碳元素在扩散区中，靠近脱碳区的位置出现了碳的富集，这是由于铬、镍向碳钢侧的扩散造成的。铬、镍对碳在钢中的扩散作用是

完全不同的，铬可以与碳形成稳定的碳化物，其降低了碳的活度，而镍不与碳形成碳化物，其能提高碳的活度[10]。碳的活度与碳的化学位具有以下关系：

$$\mu_C = \mu_C^{\ominus} + RT\ln\alpha_C \qquad (4\text{-}11)$$

式中　μ_C——碳的化学位；

　　　$\mu_C^{\ominus}$——标准状态下碳的化学位；

　　　R——气体常数；

　　　T——温度；

　　　α_C——碳的活度。

从式（4-11）可以看出，碳的化学位与碳的活度为单调增函数关系，即碳的活度降低，则碳的化学位下降，而碳的活度升高，则其化学位也相应升高。因此，铬降低了碳的化学位，而镍则提高了碳的化学位。同时两者的含量越高，其对化学位的降低和提升作用也相应升高。若只考虑铬的作用，碳钢侧铬的含量在界面处达到最高值，则碳的化学位必然在界面处达到最低点，但必须考虑到镍对碳化学位的影响。由于铬、镍对碳化学位完全相反的作用和两者向碳钢基体内相同的扩散趋势使得界定扩散区的碳化学位高低变得非常复杂。Suehiro M 等人[11]曾对不锈钢/碳钢复合板热处理界面的碳元素扩散进行了细致的计算研究，研究表明，复合界面处碳的化学位在不锈钢基体处达到最低。因此，界面处碳扩散的扩散方向如图 4-13 中箭头所示，是一直向不锈钢基体侧扩散的。但是由于Ⅱ区在加热过程中已经固溶了大量的铬元素，降低了碳的活度，当碳扩散至Ⅱ区后，扩散速度变得非常缓慢。但在化学位驱动力的作用下，Ⅲ区碳钢基体的碳元素依然会源源不断地向化学位较低不锈钢基体侧方向扩散，因此便发生了"上坡扩散"现象，碳元素在Ⅱ区与Ⅲ区交界处不断聚集，出现了碳的富集区。而由于碳钢基体大量的碳扩散到了此处，导致Ⅲ区出现了脱碳现象。在铬、镍和碳扩散的综合作用下，Ⅱ区的相也发生了变化，并与Ⅲ区形成了明显的相界，成为了独立的相区。但注意到：Ⅱ区扩散区与Ⅲ区脱碳区的分界线并非元素扩散的分界线，铬元素穿过了Ⅱ区并在Ⅲ区内也扩散了相当长的距离。

4.1.1.5　不锈钢/碳钢复合板复合界面的性能

图 4-14 为不锈钢/碳钢热轧复合板 180°内弯和外弯试验后弯曲试样的宏观形貌。如图 4-14 所示，复合界面在内弯和外弯的作用下都没有出现任何裂纹，复合界面抗弯性能良好。外弯时不锈钢的顶端和内弯时碳钢的顶端都没有出现开裂，这说明真空热轧不锈钢/碳钢复合板具有非常优良的抗变形能力。对不锈钢/碳钢复合板界面进行剪切强度测试，得到复合界面的剪切强度为 484MPa。图 4-15 为剪切断口的微观形貌，剪切断面布满了被拉长成抛物线状的韧窝，属于典型的剪切韧窝，说明复合界面的断裂方式为韧性断裂，复合界面韧性较好。

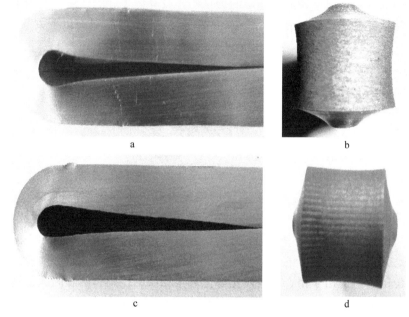

图 4-14　不锈钢复合板弯曲试样的宏观形貌

a，b—外弯；c，d—内弯

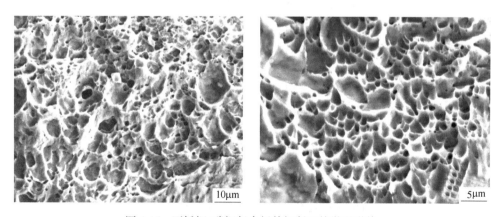

图 4-15　不锈钢/碳钢复合板剪切断口的微观形貌

　　GB 8165—2008、JIS 3601—2012 等常用不锈钢/碳钢复合板标准均要求 I 类不锈钢/碳钢复合板界面剪切强度应大于 210MPa，本研究条件下获得的不锈钢/碳钢复合板的界面强度远远高于标准要求。前人在研究爆炸复合不锈钢/碳钢复合板时，获得的界面剪切强度均为 380MPa 左右；国内报道的热轧 25Cr5MoA/Q235 复合板界面剪切强度为 133MPa；祖国胤等人[12]报道的感应加热和氩气保护热轧 304 不锈钢/Q235 复合板的剪切强度为 316MPa。本研究获得不锈钢/碳钢复合板的强度均高于上述研究结果。与本实验条件相比，上述工艺均非在真空下进行，界面氧化生成的夹杂物数量较多。显然，不锈钢/碳钢复合板的界面剪切强度与界面的夹杂物状态密切相关。真空轧制法较好地抑制了复合界面的氧化，减少了夹杂物的含量及尺寸，因此大大地提升了不锈钢/碳钢复合板界面的结合性能。

4.1.2 真空度对复合界面及夹杂物生成的影响规律

从上文中可知，界面的夹杂物主要为不锈钢与碳钢中的合金元素氧化生成的氧化物，复合界面的氧化物又是影响不锈钢/碳钢复合板复合性能的主要因素，而界面的氧化物数量与组坯时的真空度息息相关。另外，在生产中，真空电子束焊机的抽真空时间是影响生产效率的重要因素之一，在保证达到预定复合效果的前提下应尽量降低真空度，减少抽真空的时间。因此，复合界面的真空度便成为热轧复合法制备不锈钢/碳钢复合板工艺中的重要参数。在高真空（10^{-2}Pa）下焊接组坯及热轧复合研究结果的基础上，本小节在常压（10^5Pa，部分焊缝位置未完全密封）、低真空（1Pa，焊接密封）下组坯焊接，采用相同的加热和轧制工艺进行复合，详细研究了不同真空度下加热过程及轧后复合界面夹杂物的种类、生成机理及其对不锈钢/碳钢复合性能造成的影响。

4.1.2.1 真空度对复合界面组织的影响

利用金相电镜和扫描电镜观察常压及低真空下组坯制备的不锈钢/碳钢复合板复合界面的形貌组织，如图 4-16 所示。

图 4-16a、c 为常压下组坯的复合界面的 OM 及 SEM 二次电子形貌，常压下组坯的复合界面呈现出与高真空组坯界面完全不同的形貌。低倍光学电镜下，碳钢与不锈钢之间存在一条明显黑色的夹杂物带，这条夹杂物带将碳钢与不锈钢完全隔离开，常压复合界面由于夹杂物带的阻挡并未形成完全的冶金结合。与高真空焊接下的微观形貌（见图 4-1）不同，复合界面处并未出现未侵蚀出组织的碳钢侧扩散区Ⅱ区，但碳钢侧的脱碳区依然存在。在扫描电镜下观察复合界面的高倍组织，如图 4-16c 所示，夹杂物已经布满了不锈钢与碳钢之间的间隙，厚度超过了 5μm。部分位置的夹杂物已经在金相试样制备过程中就发生了脱落，说明夹杂物非常疏松，且与基体结合并不紧密。另外，在不锈钢与碳钢的基体内部都有不同程度的内氧化现象，内氧化物以颗粒状形态弥散分布于复合界面附近的不锈钢与碳钢基体内。不锈钢侧的内氧化物以较大尺寸的颗粒为主，而碳钢侧紧挨界面处分布黑色大颗粒夹杂物，远离界面处则密布大量白色的小颗粒夹杂物（见图4-16d）。

图 4-17 为常压复合界面的元素分布图。针对图 4-17a 箭头所示的分布于不同

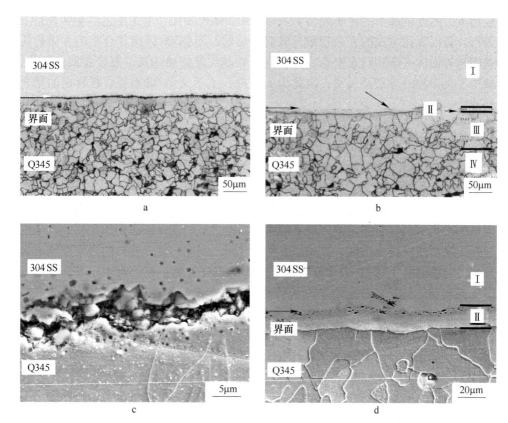

图 4-16　常压及低真空下组坯制备的不锈钢/碳钢复合板的界面组织形貌
a，c—常压制坯；b，d—低真空制坯

位置的夹杂物，利用电子探针进行 WDS 成分检测，结果列于表 4-3 中。对于常压复合界面，位于不锈钢与碳钢之间的夹杂物主要为 Mn-Cr-O 化合物，从 WDS 成分检测结果可以断定这些夹杂物主要为 $MnCr_2O_4$，从元素分布图中也可以看出，在这些 $MnCr_2O_4$ 中还弥散分布着一些硅的氧化物。位于不锈钢侧的内氧化物为 Si-Mn-O 化合物，铝的含量非常少。在碳钢外侧靠近夹杂物带的位置，分布着

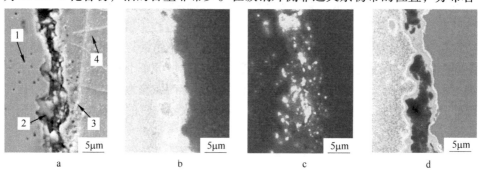

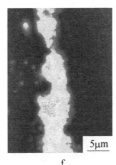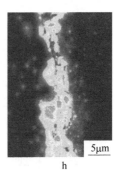

图 4-17 常压复合界面处夹杂物的元素分布图

a—形貌照片；b—Cr 的分布；c—Si 的分布；d—Fe 的分布；
e—Al 的分布；f—Mn 的分布；g—Ni 的分布；h—O 的分布

很薄的一层铁氧化物，而靠近界面的碳钢侧内氧化物主要为 Al-Si-O 化合物，锰的含量相对较少。远离碳钢侧的白色微小颗粒主要为铝氧化物，通过成分检测可以断定为 Al_2O_3。

表 4-3 各类界面夹杂物的成分

位置	元素含量（原子分数）/%						
	Mn	Si	Cr	Ni	Al	O	Fe
1	2.31	10.32	15.22	4.93	0.29	25.94	余量
2	12.62	—	23.95	—	—	61.52	余量
3	6.49	7.04	0.15	—	8.60	40.35	余量
4	1.64	0.32	—	—	17.31	29.84	余量
5	9.24	10.23	6.32	2.14	0.63	37.21	余量

图 4-16b、d 分别为在低真空下组坯制备的不锈钢/碳钢复合板界面的 OM 和 SEM 形貌。低真空复合界面的形貌与高真空复合界面非常类似。复合界面附近也分为 I 区不锈钢基体区、II 区扩散区、III 区脱碳区和 IV 区碳钢基体区 4 个区域。复合界面处分布着大尺寸的夹杂物，扩散区内弥散分布小颗粒的夹杂物。与高真空界面不同的是，低真空界面的夹杂物数量多、尺寸大，且形态各异。复合界面处既有图 4-16b 箭头所示的尺寸超过 $10\mu m$ 的长条状夹杂物，也有如图 4-16d 箭头所示的大小不一、密集分布的颗粒状夹杂物。低真空复合界面扩散区厚度约为 $8\mu m$，厚度小于相同加热轧制复合工艺下高真空复合界面扩散区的厚度。图 4-18 为低真空复合界面处夹杂物的元素分布图。如图 4-18 所示，虽然复合界面以及扩散区内氧化物比高真空下都有所增加，但其成分与高真空复合界面夹杂物并无本质区别。位于复合界面的夹杂物主要为 Si-Mn-Al-O 化合物，而弥散分布于扩散区的氧化物主要为 Al_2O_3。

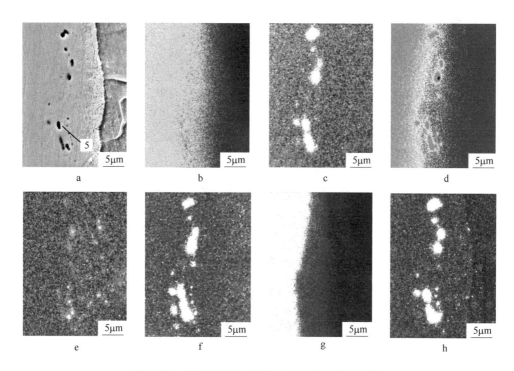

图 4-18　低真空复合界面处夹杂物的元素分布图

a—形貌照片；b—Cr 的分布；c—Si 的分布；d—Fe 的分布；

e—Al 的分布；f—Mn 的分布；g—Ni 的分布；h—O 的分布

4.1.2.2　不同真空度下复合界面夹杂物的生成机理

为了弄清不同真空度下复合界面夹杂物的生成机理，同样进行了加热未轧制实验。分别在常压和低真空下进行焊接组坯，然后置于加热炉内随炉加热至 1200℃，保温 2h。加热结束后取出组合坯空冷至室温，切取试样分别观察不锈钢与碳钢的内表面与横截面的夹杂物生成情况。

A　常压复合界面夹杂物的生成机理

图 4-19 为常压下加热的不锈钢及碳钢表面与横截面的 SEM 形貌。如图 4-19a 所示，在不锈钢表面分布着大量颗粒状夹杂物，这些夹杂物覆盖住了整个不锈钢表面。图 4-20 为不锈钢表面的 XRD 物相分析结果。结果显示，复合表面的夹杂物几乎全部为 $MnCr_2O_4$。与高真空焊接组坯不同，由于常压组坯，复合界面与外界大气接通，在加热过程中不锈钢被严重氧化。

由上一小节分析可知，由于不锈钢中富含铬元素，在选择性氧化作用下，复合界面首先生成了大量的 Cr_2O_3，由于有足够的氧，Cr_2O_3 不断生成并连接成膜

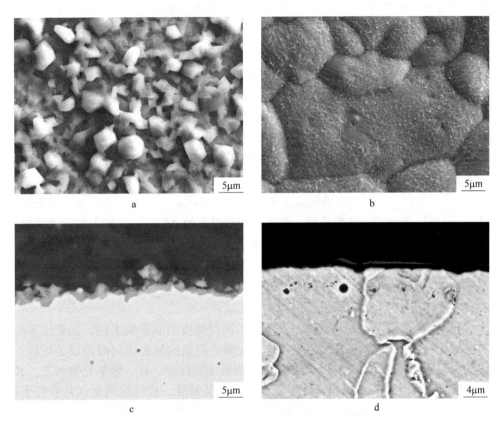

图 4-19 加热未轧制状态下常压复合表面及界面区域的微观形貌

a—不锈钢表面；b—碳钢表面；c—不锈钢近界面区域；d—碳钢近界面区域

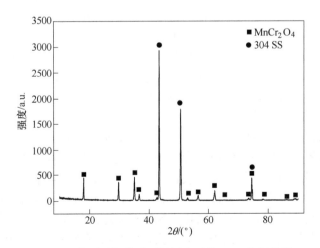

图 4-20 常压下加热后不锈钢表面的 XRD 物相分析

覆盖于整个不锈钢表面。Cr_2O_3 膜形成之后将不锈钢基体与大气隔离开来，铬元素若继续在复合表面氧化就必须穿过 Cr_2O_3 层扩散至表面与氧结合。然而，大量文献表明，Mn^{2+} 在 Cr_2O_3 中的扩散比 Cr^{3+} 要快两个数量级，且比不锈钢中的硅、铁、镍等元素在 Cr_2O_3 中的扩散速度都要快[13, 14]。因此，不锈钢基体中的锰优于其他元素，率先扩散至 Cr_2O_3 表面并与氧结合生成了锰的氧化物 MnO。当不锈钢表面同时存在 Cr_2O_3 和 MnO 时，下列反应就会很快发生[15]：

$$Cr_2O_3 + MnO \Longrightarrow MnCr_2O_4 \tag{4-12}$$

因此，由以上反应可以得到，三种化合物的标准吉布斯自由能变之间存在以下关系：

$$\Delta G_{MnCr_2O_4}^{\ominus} = \Delta G_{Cr_2O_3}^{\ominus} + \Delta G_{MnO}^{\ominus} \tag{4-13}$$

其中，$\Delta G_{Cr_2O_3}^{\ominus}$ 和 $\Delta G_{MnO}^{\ominus}$ 均为负值，两者相加后得到的 $\Delta G_{MnCr_2O_4}^{\ominus}$ 要比上述两者更负。因此，$MnCr_2O_4$ 比 Cr_2O_3 和 MnO 都要稳定，这为 $MnCr_2O_4$ 的生成提供了热力学条件。$MnCr_2O_4$ 是一种尖晶石结构的氧化物，其为两种金属离子 Mn^{2+} 和 Cr^{3+} 占据氧离子中立方密排堆积的四面体和八面体孔隙的立方结构，在热力学上非常稳定，一旦生成便很难消除[16, 17]。

如图 4-19c 所示，与高真空下洁净的不锈钢侧横断面形貌不同，在常压下的高温氧化过程中，304 奥氏体不锈钢内氧化前沿很高的氧分压同时造成了比较严重的内氧化。对内氧化物进行成分检测发现其主要以硅、锰、铬氧化物为主，其中硅的含量尤其高。不锈钢基体对氧有一定的溶解度，在高温高氧压的条件下，氧离子开始穿过外氧化层向不锈钢基体内扩散，并与不锈钢内合金元素发生氧化。由前文分析得知，由于选择性氧化，不锈钢内的铝、硅、锰、铬、铁、镍会依次被氧化。但在 304 不锈钢中，由于铝的含量微量，内氧化发生时，铝很快就会耗尽，因此内氧化物的成分检测结果也只发现微量的铝存在。内氧化前沿的铝消耗完后，剩余的氧开始与硅、锰、铬等反应形成相应的氧化物，并以颗粒状内氧化物的形态存留在靠近表面的不锈钢基体内。

如图 4-19b 所示，常压下碳钢侧表面同样被严重氧化，碳钢侧表面覆盖了一层氧化铁皮，且存在 Si-Mn-O 类选择性氧化物。在碳钢内侧形成了两种不同的内氧化物，一种是靠近碳钢表面的大颗粒氧化物，成分检测显示这类氧化物主要为 Fe-Si-Mn-Al-O 氧化物；另一种位于较远离碳钢表面位置，其尺寸较小，弥散分布，成分检测显示为 Al_2O_3。其中内氧化的生成机理与不锈钢侧的内氧化也是相同的。高温高氧压条件下，氧离子会穿过外氧化层向碳钢基体内扩散，沿扩散方向氧浓度呈梯度分布，即靠近表面氧含量高，远离表面氧含量低。因此在选择性氧化作用下，靠近界面处的铝被消耗完后，氧会继续与硅、锰等反应，从而在靠近表面的碳钢基体内形成了混合氧化物颗粒；而远离界面的位置，铝的氧化就完全消耗掉了所有的氧，硅、锰等未被氧化，因此仅有 Al_2O_3 存在于远离表面的碳钢基体内。

轧制后，常压复合界面的夹杂物种类并未发生变化，上述在加热过程中生成的各类夹杂物可以与轧制后的复合界面处发现的各类夹杂物一一对应。因此，常压复合界面的夹杂物均是在加热过程中生成的。常压下的加热过程中，不锈钢与碳钢均氧化严重，复合界面生成了复杂繁多的氧化物，这必然会严重影响复合界面的结合性能。

B 低真空复合界面夹杂物的生成机理

图 4-21 为低真空下不锈钢与碳钢表面及横断面的微观形貌。低真空复合界面表面（见图 4-21a）与高真空复合界面表面（见图 4-8d）的形貌非常类似，在不锈钢表面存在尺寸较大的颗粒状夹杂物，成分分析显示为 Si-Mn-Al-O 化合物，但这些夹杂物的尺寸要大于高真空复合界面处生成的夹杂物。低真空碳钢界面表面与高真空时相同，并未出现大面积的氧化，仅存在少量颗粒状的氧化物，经检测为 Si-Mn-Al-O 化合物。不锈钢内部非常洁净，没有夹杂物存在。碳钢内部存在少量弥散分布的 Al_2O_3 夹杂物。从成分上看，低真空复合界面发现的夹杂物的种

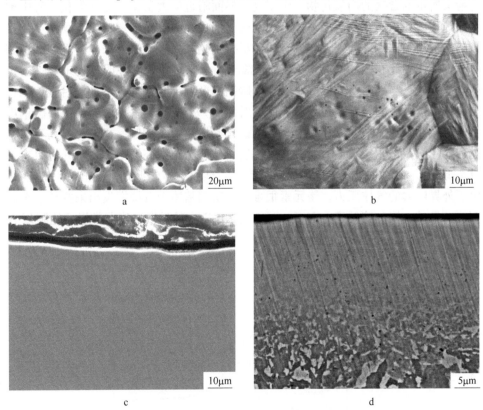

图 4-21 加热未轧制状态下低真空复合界面表面及横断面的微观形貌

a—不锈钢接触界面；b—碳钢接触界面；c—不锈钢近界面区域；d—碳钢近界面区域

类及成分与高真空下并没有本质的区别，而与高真空下不同的是夹杂物的数量均有增多、尺寸有所增大，不锈钢表面尤其严重。在低真空下焊接时，由于界面是在密封状态，虽然低真空状态比高真空下氧含量高，初始氧分压也要高，但复合界面的氧总含量依然是有限的，随着氧化反应的不断进行，氧被逐渐消耗直至氧分压降低至不能氧化任何金属元素。因此，低真空下，复合界面并未发生如常压下的灾难性的严重氧化，而是发生了与高真空下反应相同、氧化程度略重的氧化反应，造成的结果只是氧化物的生成量比高真空下有所增加。在轧制后复合界面生成的数量较多的氧化物依然存在于界面处。因此，相同的轧制工艺下，低真空复合界面的氧化物要多于高真空复合界面。

4.1.2.3　真空度对复合界面扩散的影响

图 4-22 为垂直于常压复合界面的铬、镍、锰元素扩散曲线。图 4-22 中，复合界面处有铬、锰的显著凸起峰值，此处为界面处的 $MnCr_2O_4$，在不锈钢基体侧有箭头所示的含锰的内氧化物。由于复合界面附近的大量铬、锰在氧化过程中被消耗掉，因此在不锈钢界面内侧出现了明显的贫锰和贫铬区域。仅有少量铬元素扩散到了碳钢一侧，而镍元素没有扩散至碳钢侧。微量的铬并未显著提高碳钢侧的耐蚀性，因此在图 4-16a 中可以看到常压复合界面并未出现明显的未侵蚀的扩散区。另外，与高真空和低真空下加热碳钢侧形貌不同，常压下加热后碳钢侧并未出现未侵蚀区的铬、镍扩散 II 区。对图 4-19d 中加热后靠近界面侧的碳钢进行成分检测发现，加热后几乎没有铬、镍元素扩散至碳钢侧。显然，与高真空状态加热不同，铬、镍并没有通过气体挥发而扩散至碳钢侧。由前文可知，只有真空度低于 1.33Pa 时，在 1200℃ 下铬元素才可能以气体的形式挥发出来。常压下，由于外界巨大的气体压力，铬元素很难从不锈钢基体中直接挥发出来并扩散至碳钢侧。另外，铬、镍元素在 $MnCr_2O_4$ 和氧化铁皮中的扩散速度非常慢，轧制复合

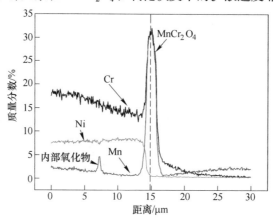

图 4-22　常压下组坯制备不锈钢/碳钢复合板垂直界面的元素浓度分布曲线

后，在界面处较厚的氧化夹杂物条带的阻碍之下，铬、镍也很难穿越阻碍扩散至碳钢侧。

与高真空和低真空条件下相同，常压下碳钢侧也同样发现了脱碳层。高真空下的脱碳层是因为铬、镍向碳钢侧扩散导致碳元素的"上坡扩散"而形成的。但常压下铬、镍并未大量扩散至碳钢侧，因此脱碳层的形成机理与高真空时完全不同。由于常压组坯不锈钢/碳钢复合板在加热过程中，界面与大气是相通的，在大气气氛下加热，碳钢表面的 Fe_3C 与空气中的 O_2、CO_2 和 H_2O 发生反应而被消耗掉。碳钢表面的碳被消耗掉后，基体内的碳在浓度梯度的驱动力作用下继续向界面扩散并与大气发生上述反应。随着上述过程的不断进行，碳钢侧形成了脱碳层。

图 4-23 为低真空下复合界面的铬、镍、碳的扩散曲线。低真空复合界面各元素的扩散趋势与高真空下相同，铬元素扩散较充分，曲线平缓，镍在复合界面两侧浓度差别较大，碳在扩散过渡区 II 区发生"上坡扩散"，在碳钢侧扩散区与基体区位置出现峰值。但注意到，低真空下铬、镍元素在碳钢侧的扩散距离明显要短于高真空复合界面。高真空时，铬在碳钢侧的扩散距离约为 $30\mu m$，镍的扩散距离为 $15\mu m$。而低真空条件下，如图 4-23 所示，上述距离分别为 $25\mu m$ 和 $8\mu m$。铬、镍元素在碳钢侧的扩散距离较短，且浓度也相对较低。由于两种真空度实验的轧制和冷却工艺是相同的，铬、镍元素在轧制和冷却过程中的扩散并不会受到真空度的影响。因此铬、镍的扩散差异出现在加热过程中。

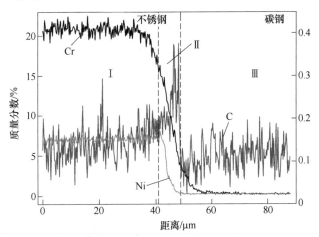

图 4-23　低真空下组坯制备不锈钢/碳钢复合板垂直界面的元素浓度曲线

图 4-24 为低真空加热后不锈钢侧和碳钢侧的铬、镍扩散曲线，与高真空（图 4-12）相比，加热后铬、镍元素在碳钢侧的扩散距离明显减小。如前所述，加热过程中，铬、镍元素向碳钢侧的扩散是通过元素的挥发形式实现的，而

元素挥发的条件是真空度小于该温度下金属元素的蒸汽压。根据相平衡理论，在满足上述条件下，元素的挥发速度与真空度大小也有很大关系，真空度越高，元素挥发越快，真空度越低，元素挥发越慢[18, 19]。低真空下铬、镍的挥发速度相对较慢，挥发出的铬、镍较少，从而扩散至碳钢侧的元素浓度较低，且扩散距离短，因此最终导致轧后复合界面铬、镍的扩散距离相对较短。

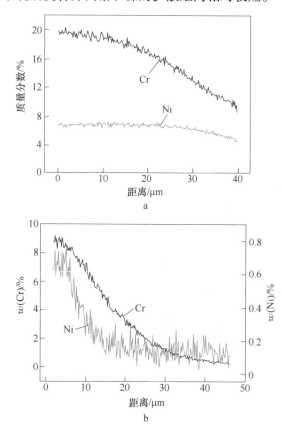

图 4-24　低真空组坯加热未轧制状态下不锈钢与碳钢界面附近横断面处的元素浓度曲线
a—不锈钢侧；b—碳钢侧

4.1.2.4　真空度对复合界面结合性能的影响

图 4-25 为不同真空度下组坯制备的不锈钢/碳钢复合板界面的剪切强度-位移曲线图。如图 4-25 所示，随着真空度的降低，复合界面的强度越来越低，高真空、低真空及常压下组坯焊接的不锈钢/碳钢复合板界面剪切强度分别为 484MPa、397MPa 和 55MPa。另外，随着真空度的降低，剪切实验中试样的变形位移越来越小，说明复合界面的抗变形能力随着真空度的降低也随之变差。显然，复合界面的夹杂物是影响复合界面强度和韧性的关键因素。在剪切变形过程

中，位错易在大尺寸的夹杂物处塞积，从而形成应力集中点，并最终发展成为初始裂纹源导致断裂。而夹杂物的尺寸较小时，位错在迁移过程中可以成功地绕过小尺寸的夹杂物继续向前迁移，从而避免裂纹源的过早出现。与高真空相比，低真空焊接组坯试样由于复合界面存在数量较多、尺寸较大的氧化夹杂物，导致在变形过程中位错易在大夹杂物处形成应力集中点而过早的出现裂纹并最终导致断裂。因此，低真空复合界面强度相对较低，韧性也相对较差。而常压下组坯的不锈钢/碳钢复合板由于复合界面被严重的氧化形成了较厚的氧化夹杂物层，导致不锈钢与碳钢并未紧密贴合，从而阻碍了不锈钢与碳钢之间的扩散，不锈钢与碳钢之间并未形成牢固的冶金结合。另外，存在于复合界面的较厚的氧化层比较疏松，抗变形强度很低，因此在剪切实验中氧化层承受很小的剪切力即可发生破裂，并导致复合界面发生开裂，最终导致常压下组坯制备的不锈钢/碳钢复合板的复合性能极差。

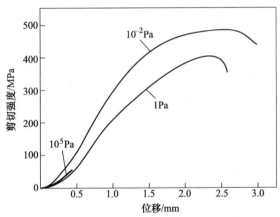

图 4-25　不同真空度下组坯制备的不锈钢/碳钢复合板界面的剪切强度-位移曲线

如前所述，目前常用不锈钢/碳钢复合板标准要求 I 类不锈钢/碳钢复合板的界面剪切强度应高于 210MPa。根据上述研究结果，低真空复合界面的剪切强度虽然比高真空低，但仍然远高于国标要求，因此在高真空和低真空下焊接组坯制备的不锈钢/碳钢复合板均能达到工程应用的要求；而常压复合界面的性能极差，不能满足标准要求。通过上述实验及分析可知，在实际生产中，为了获得较好的复合性能，应尽量提高组坯真空度；必须保证组坯时焊接密封性良好，杜绝漏焊及焊缝开裂等问题发生。

4.1.3　轧制工艺对不锈钢/碳钢复合板界面的影响

在压下率对真空热轧复合特厚钢板的界面夹杂物影响的研究中，可以发现轧制压下率是影响夹杂物在复合界面最终形态的关键因素，对于不锈钢/碳钢复合板也是如此。为了研究轧制压下率对不锈钢/碳钢复合板复合界面夹杂物以及复合性能的影响，分别采用了 20%、40%、60% 和 80% 四个不同的轧制压下率对不锈钢/碳钢复合板进行轧制，采用统一的加热制度，随炉加热到 1200℃、保温 2h 后进行轧制。下文对压下率对复合界面夹杂物、扩散以及复合性能的影响分别进行研究。

4.1.3.1　压下率对复合界面组织形貌及夹杂物的影响

图 4-26 为不同轧制压下率下复合制备的不锈钢/碳钢复合板复合界面的光学金相组织和 SEM 形貌。如图 4-26 所示，4 种压下率下复合界面均实现了有效的冶金结合，所有复合界面均未发现未结合或微裂纹等缺陷。当压下率为 20% 时，复合界面存在大量长条状、颗粒状夹杂物，尺寸不一，最大的夹杂物尺寸可达到 15μm，夹杂物较集中且连续分布。当压下率增大至 40% 后，复合界面的长条状夹杂物消失，存留在界面处的为大颗粒状的夹杂物，尺寸小于 5μm，相同面积视野内夹杂物的数量比 20% 压下率时明显减少。当压下率达到 60% 时，复合界面仅存在小颗粒状的夹杂物，夹杂物尺寸均小于 1μm，且数量继续减少。当压下率增大至 80% 后，在低倍形貌上已经找不到夹杂物的存在。如复合界面 4000 倍下的 SEM 形貌（图 4-1d）所示，此时存在于复合界面的夹杂物非常细小，尺寸均小于 0.5μm，且数量稀少。

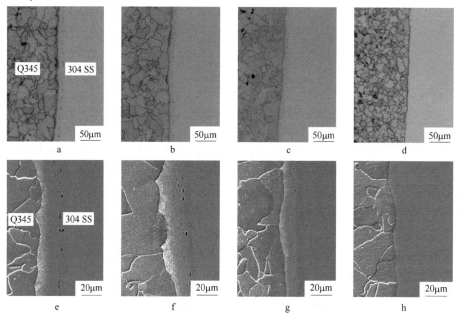

图 4-26　不同压下率下轧制的复合钢板的界面形貌

a, e—压下率 20%；b, f—压下率 40%；c, g—压下率 60%；d, h—压下率 80%

随着压下率的变化，复合界面的夹杂物成分并未发生明显改变。图 4-27 为采用 20% 压下率轧制制备的不锈钢/碳钢复合板复合界面夹杂物的元素面分布图。如图 4-27 所示，复合界面处的夹杂物依然多为 Si-Mn-Al-O 化合物，扩散区的氧化物为 Al_2O_3。这与加热后不锈钢表面的夹杂物（见图 4-8）以及 80% 压下率（见图 4-7）时复合界面的夹杂物元素组成是相同的。因此随着压下率的变化，复合界面夹杂物的尺寸及分布也发生改变，但成分组成并没有发生本质改变，依然为加热过程中生成的夹杂物。

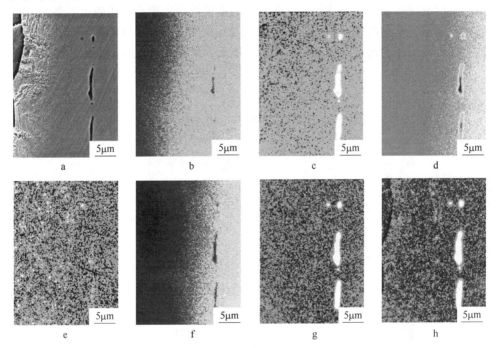

图 4-27　20% 压下率下轧制的不锈钢/碳钢复合钢板界面夹杂物的元素分布图
a—形貌照片；b—Cr 的分布；c—Si 的分布；d—Fe 的分布；
e—Al 的分布；f—Ni 的分布；g—Mn 的分布；h—O 的分布

不锈钢/碳钢复合板在轧制复合过程中，随着压下率增大，复合界面在加热过程中生成的氧化物，在巨大轧制力和界面剪切力的作用下首先被包裹进基体，然后逐渐被碾碎，并随着轧制过程的进行，复合界面的面积逐渐增大，夹杂物也随着弥散分布开来。因此随着压下率的增大，复合界面上的夹杂物的尺寸越来越小，单位面积内夹杂物的数量也越来越少。

4.1.3.2　压下率对复合界面元素扩散的影响

图 4-28 为不同压下率下轧制复合的不锈钢/碳钢复合板界面的铬、镍扩散曲

线。压下率并未对复合界面处元素的含量水平造成太大影响，4 种不同压下率复合界面处的铬、镍浓度是非常接近的。但随着压下率增大，铬、镍元素在复合界面处的扩散距离变短。相应的，图 4-1 中显示的复合界面处碳钢侧未被侵蚀的扩散区 II 区的宽度随着压下率的增大也逐渐减小。由前文分析可知，复合界面大部分的元素扩散来自于加热过程中。在加热过程中，铬元素已经在碳钢中扩散了约 30μm。随着轧制过程的进行，复合板的厚度不断被压缩，原始扩散层也随着轧制的进行被压缩而减薄。轧制及冷却过程中，复合界面的扩散虽然会使轧后的扩散层厚度有所增加，但仍比加热后的原始元素扩散距离要小。比如压下率为 20% 时，轧后铬元素在碳钢侧总的扩散距离为 25μm，仍小于加热后 30μm 的扩散距离。随着压下率的增大，复合界面的变形增大，扩散层被压缩至更薄，所以检测

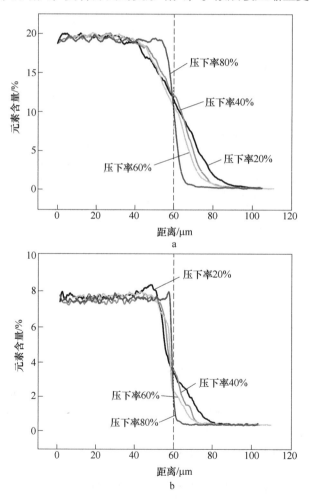

图 4-28　不同压下率下轧制的不锈钢/碳钢复合板垂直界面的元素浓度分布曲线

a—Cr 元素；b—Ni 元素

到的扩散距离也相应的变短。因此，铬、镍元素在复合界面处的扩散距离随着压下率增大而减小主要是因为轧制复合过程使加热后的原始扩散层厚度减薄造成的。

4.1.3.3　压下率对复合界面复合性能的影响

对不同压下率的不锈钢/碳钢复合板剪切试验的强度–位移曲线如图 4-29 所示。压下率为 20%、40%、60% 和 80% 不锈钢/碳钢复合板复合界面的剪切强度分别为 363MPa、398MPa、433MPa 和 484MPa。随着压下率的增大，界面的剪切强度有了明显的增加。另外，压下率影响到了复合界面的韧性，随着压下率的增大，界面剪切变形位移逐渐增加，这说明复合界面的韧性随着压下率的增大而变好。压下率较小时，复合界面存在大量长条状和大尺寸颗粒状夹杂物，在剪切试验过程中，长条状夹杂物附近易发生位错塞积，从而成为应力集中点。又因为夹杂物本身很脆，且不易变形，大尺寸夹杂物在变形过程中容易在剪切力的作用下与基体脱离或发生开裂。因此，大尺寸夹杂物处首先成为裂纹源并迅速扩展，最终导致整个界面在剪切变形过程中突然断裂，剪切强度较低，韧性较差。随着压下率的增大，复合界面的夹杂物尺寸越来越小，变形过程中的位错就越容易绕过细小夹杂物继续向前迁移而不成为裂纹源，因此剪切强度不断提高。当轧制压下率达到 80% 时，复合界面的夹杂物尺寸微小，对剪切强度的影响也较小，因此剪切试样经历了完整的剪切断裂过程，韧性较好，界面强度达到最高值 484MPa。

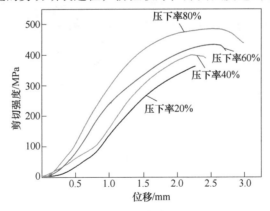

图 4-29　复合板界面的剪切强度–位移曲线

高真空组坯条件下，所有压下率的不锈钢/碳钢复合板界面剪切强度均超过了 210MPa 的标准要求。这说明，在 20% 压下率下，虽然界面强度受到大尺寸夹杂物的影响而较低，但仍能满足工程应用要求，并高于爆炸复合不锈钢板的强度，这体现了真空热轧复合法的独特优势。由于坯料在真空下组坯，虽然复合界面仍生成了夹杂物，但多数界面仍然洁净。由于复合界面并无完整氧化膜阻碍的影响，轧制过程中，复合界面只要完全贴合即开始发生扩散并产生冶金结合。因此，在较小的压下率下，热轧复合不锈钢复合板也达到了相对较高的复合强度。但若需获得界面洁净度高、性能卓越的复合板仍需尽量增大轧制压下率。

4.1.4　金属夹层对不锈钢/碳钢复合板界面的影响

4.1.4.1　铁箔中间层对复合板界面组织性能的影响

A　添加铁中间层的界面组织

图 4-30 为加入铁中间层后的复合板界面微观组织，铁箔与碳钢基层、奥氏体不锈钢覆层已实现完全结合。从图 4-30b 中可以看出，由于元素的扩散导致复合板界面分为 5 个区域，Ⅰ区为不锈钢基体区、Ⅱ区为扩散复合区、Ⅲ区为铁箔中间层、Ⅳ区为脱碳区和Ⅴ区为碳钢基体区。扩散区是由不锈钢中合金元素的扩散向铁扩散形成，宽度约为 5μm。脱碳区的宽度约为 5μm，与铁箔生成共有的单相铁素体组织，晶粒内部存在弥散分布着细小的夹杂物。与碳钢基体区相比，脱碳区内粒状贝氏体组织含量大量减少。脱碳区是由于碳元素迁移形成的，碳钢与铁箔存在碳元素的浓度梯度差异，碳钢中碳元素向铁箔发生了扩散。

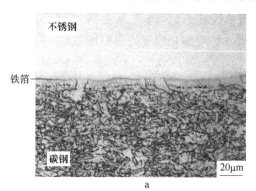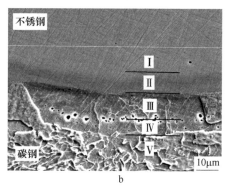

图 4-30　添加铁中间层后界面微观组织
a—金相照片；b—SEM 照片

B　添加铁中间层的界面力学性能

图 4-31 为添加铁中间层后界面的剪切强度-位移曲线。如图 4-31 所示，添加铁中间层后，不锈钢/碳钢复合板的界面剪切强度略有下降，无夹层复合界面剪切强度达到 418MPa，铁中间层复合界面剪切强度为 395MPa。剪切断口形貌照片如图 4-32 所示，断口分布较多韧窝，韧性较高。

C　添加铁中间层对晶间腐蚀的影响

图 4-33 为添加铁中间层后界面微观组织。从图 4-33 中可以看出，靠近界面

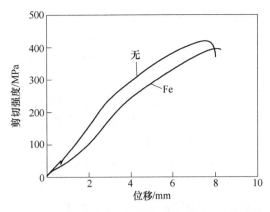

图 4-31　添加铁中间层后界面剪切强度-位移曲线

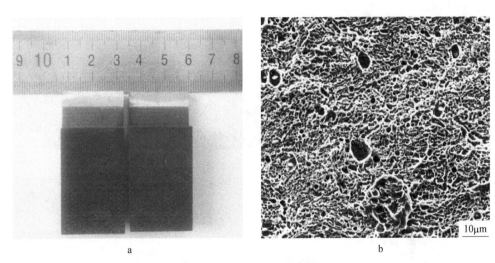

图 4-32　添加铁中间层后界面剪切断口形貌

a—宏观形貌照片；b—SEM 形貌照片

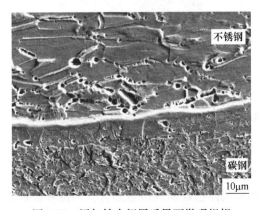

图 4-33　添加铁中间层后界面微观组织

处不锈钢侧出现晶间腐蚀，在靠近界面 20μm 范围内出现了沟状组织，随着距离界面越远，不锈钢侧晶间腐蚀减轻。由于铁箔的加入，增大了界面处元素间的化学位梯度，促进更多的铬、镍元素向铁箔与碳钢基体侧扩散，降低不锈钢侧的耐腐蚀性能，添加铁中间层后不锈钢侧的晶间腐蚀加重。

从图 4-34 可以看出，铁中间层的添加并没能抑制元素的扩散，碳、铬、镍和铁元素出现了扩散现象，夹杂物依然是晶间腐蚀的最初引起点。由于夹杂物处耐腐蚀性低，在腐蚀环境中最先被腐蚀，使钝化膜被破坏后基体显露，促进了不锈钢的晶间腐蚀。同时，由于晶界对磷、硅元素的吸附作用，降低晶界耐腐蚀性，出现碳、硅、磷、镍、铁含量的下降。由此可得，不锈钢侧的晶间腐蚀依然是元素扩散、碳化铬析出和晶界吸附共同作用的结果。

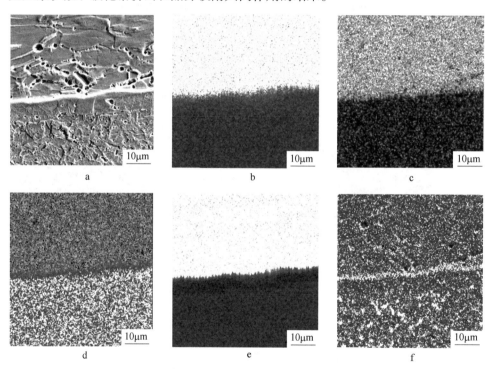

图 4-34　添加铁中间层后的界面元素分布
a—形貌照片；b—Cr 的分布；c—Mo 的分布；d—Fe 的分布；e—Ni 的分布；f—C 的分布

4.1.4.2　镍箔中间层对复合板界面组织性能的影响

A　添加镍中间层的界面组织

图 4-35 为添加镍中间层后界面微观组织。从图 4-35 中可以清楚地看出，镍箔、碳钢基体和不锈钢基体已经实现冶金结合，两侧界面处零星分布着颗粒状夹

杂物。如图4-35所示，复合界面处可分为5个区域，Ⅰ区为不锈钢基体区、Ⅱ区为扩散1区、Ⅲ区为镍箔区、Ⅳ区为扩散2区和Ⅴ区为碳钢基体区。由于镍箔中镍元素含量远高于碳钢基体与不锈钢基体，导致镍元素向两侧进行扩散，形成了富镍的扩散1区和扩散2区。

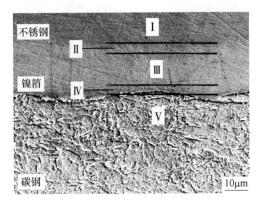

图4-35　添加镍中间层后界面微观组织

B　添加镍中间层的界面力学性能

图4-36为添加镍中间层后界面剪切强度-位移曲线。如图4-36所示，添加镍中间层后，通过轧制力使界面产生塑性变形，不锈钢/碳钢复合板的界面剪切强度在一定程度上得到提高。无夹层复合界面剪切强度为418MPa，添加镍中间层的复合板断裂位置出现在不锈钢基体上，说明添加镍中间层后不锈钢/碳钢复合板的界面结合强度高于曲线呈现出的454MPa。根据拉伸力与不锈钢基体的横截面积，计算得出316L不锈钢的抗拉强度为679MPa，高于国家标准中对316L不锈钢抗拉强度485MPa的要求。图4-37为添加镍中间层不锈钢/碳钢复层拉伸断口形貌，断口上布满韧窝，断裂方式为韧性断裂，具有较好的韧性。

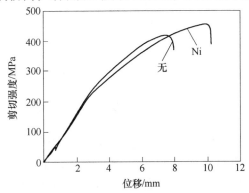

图4-36　添加镍中间层后界面剪切强度-位移曲线

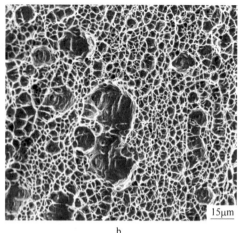

a　　　　　　　　　　　　　　　b

图 4-37　添加镍中间层后界面剪切断口形貌
a—宏观形貌照片；b—SEM 形貌照片

C　添加镍中间层对晶间腐蚀的影响

从图 4-38 可以看出，添加镍中间层后，316L 不锈钢侧的晶间腐蚀明显减轻，只在靠近镍箔处出现零星的点蚀，而且出现了一条浅浅的腐蚀沟，其他位置均为阶梯状组织。由于镍是 316L 不锈钢的组成元素，在不添加外来元素的情况下，添加镍箔能够抑制不锈钢侧的晶间腐蚀。

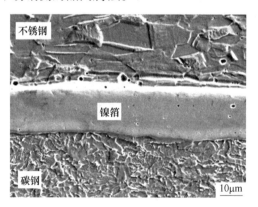

图 4-38　添加镍中间层后界面微观组织

图 4-39 为添加镍中间层后界面元素分布，从图中可以清楚地看出，镍箔中镍元素向碳钢基层与不锈钢覆层进行了扩散。镍元素是奥氏体形成元素，铬元素为铁素体形成元素。由于镍箔中镍元素的扩散使不锈钢侧的镍含量有所提高，同时不锈钢侧的铬向镍箔扩散使其含量下降，因此提高了界面处奥氏体组织的稳定

性。添加镍中间层可以减弱碳元素的扩散，减轻了因碳化铬析出造成的不锈钢的晶间腐蚀。

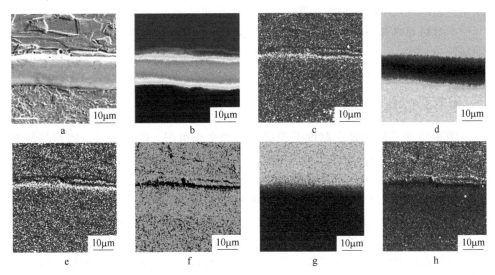

图4-39 添加镍中间层后复合界面元素分布

a—形貌照片；b—Ni 的分布；c—C 的分布；d—Fe 的分布；

e—O 的分布；f—P 的分布；g—Cr 的分布；h—Si 的分布

由于添加镍中间层后，界面处孪晶的比例增大，使奥氏体中更多的磷元素固溶在孪晶内部，减少界面附近磷元素的偏聚现象。同时，晶界吸附磷元素导致不锈钢奥氏体晶粒内部磷含量低于碳钢含量。添加镍中间层可以阻止磷元素在基层与覆层的扩散，减少界面附近磷元素的偏聚现象。磷元素偏聚的减少改变了晶界处的化学位，降低了晶界处腐蚀的速率。

4.1.5 热处理工艺对不锈钢/碳钢复合板界面组织性能的影响

不锈钢/碳钢复合板的热处理是为了改善其工艺性能、力学性能，减小加工过程中产生的残余应力，以便得到不锈钢/碳钢复合板的最佳性能。不锈钢/碳钢复合板中的不锈钢铬镍含量较高，铬镍元素在钢中难以扩散，一般加热温度较高，加热时间较长。本实验中，60%压下率下的不锈钢/碳钢复合板不锈钢表面出现了晶间腐蚀现象，所以在制定热处理制度时，还需要考虑消除晶间腐蚀的影响。

目前，防止晶间腐蚀的方法，大体上可分为两大类：一类是改变钢的化学成分，属于这一类的有降低钢中的含碳量，添加稳定碳化物元素，平衡钢的化学成分，使钢的组织成为奥氏体+铁素体的复相组织等；另一类是从工艺上采取措施，如热处理，预先冷加工硬化，延长敏化时间等。为了消除经过冷加工后对应力腐蚀的敏感性及消除焊接件的内应力，热处理制度应该在较高的温度下进行，一般要在 800℃以上。对于不含稳定碳化物元素的 18-8 不锈钢，加热后应快速冷却，以便迅速通过析出碳化铬的温度区间，防止晶间腐蚀。

本节对 60%压下率下的不锈钢/碳钢复合板进行热处理实验，热处理温度分别制定为 850℃、950℃、1050℃，保温 120min 后空冷至室温。对热处理后的不锈钢/碳钢复合板进行组织性能分析。

4.1.5.1 微观组织分析

图 4-40 为不同热处理制度下碳钢一侧的金相组织。热处理后，碳钢晶粒略有长大，界面较为平直。对比图 4-40a、c、e 可以看到，随着热处理温度的升高，在界面附近数十微米范围内的碳钢中，珠光体含量逐渐增多，脱碳区宽度逐渐减小。热处理温度为 850℃时，碳钢存在明显的脱碳区，宽度大于 200μm，该区内珠光体大量减少，变成铁素体；热处理温度为 950℃时，脱碳区宽度缩小至 50μm 左右；当温度升高到 1050℃时，珠光体含量增多，脱碳现象不明显，脱碳区宽度远小于 50μm。这说明随着热处理温度的升高，碳元素由碳钢侧向不锈钢侧扩散的距离逐渐增大，使得脱碳区逐渐向不锈钢侧推进。当温度升高到 1050℃时，脱碳区已迁移界面附近很小的范围内，这是由于高温使元素发生强烈扩散导致的。温度是影响扩散速率的最主要因素，热处理温度越高，原子热激活能量越大，越易发生迁移，扩散距离越远。因此，随着热处理温度的升高，碳元素由碳钢侧扩散至不锈钢侧的距离不断增大。当温度升高到一定值时，碳元素越过界面扩散至不锈钢侧的较远处，在界面附近处产生了较大的浓度梯度，在浓度梯度的作用下，碳钢远处的碳元素源源不断地又扩散至碳钢脱碳区，使该区的碳元素增多，基体上又出现了少量的珠光体，使脱碳区的宽度缩小。

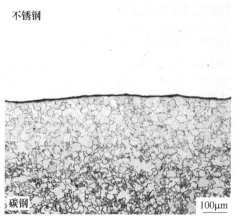

a

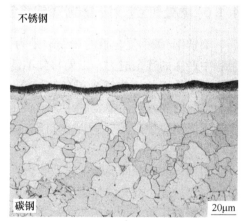

b

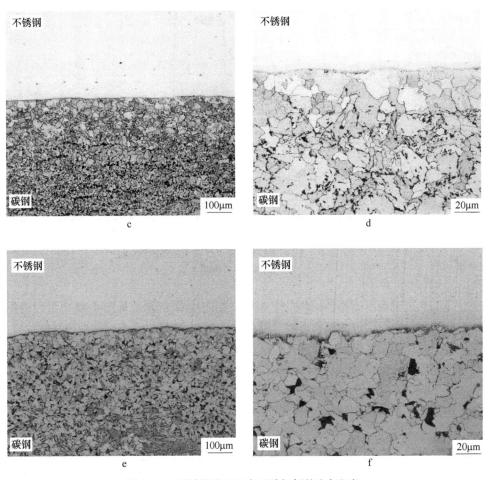

图 4-40 不同热处理温度下碳钢侧的金相组织

a，b—850℃；c，d—950℃；e，f—1050℃

从图 4-40b、d、f 中可以看到，界面附近的形貌不同。850℃热处理时界面的近碳钢侧出现了一层黑色扩散层，图 4-41a 为该扩散层 2000 倍的放大图，扩散层宽度约为 10μm，可以看到沿着界面分布着细小的黑色粒状聚集物，这是由于碳钢侧的碳元素由于高温发生剧烈的扩散，使得界面附近聚集大量的碳元素而形成的。950℃和 1050℃的热处理温度下，界面附近的黑色扩散层带基本消失，呈白亮的带状。图 4-41b 为 950℃下该区 2000 倍的放大图，更直观地说明了这一点。这是由于热处理温度继续升高，碳元素继续向前扩散，使界面附近的碳元素在复合区的富集度减小，界面的黑色聚集物消失，变得白亮。还可以看到，1050℃热处理温度时，界面沿着碳钢侧的晶界呈波纹状，推断是温度过高使碳钢界面发生轻微的熔合所致。

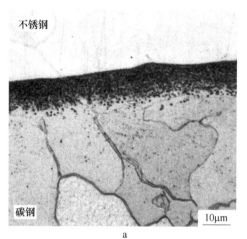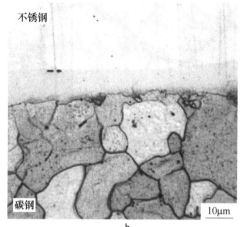

图 4-41　不同热处理温度下界面的金相组织

a—850℃；b—950℃

　　不同热处理温度下不锈钢侧的金相组织如图 4-42 所示。从图 4-42 中可以清晰地看到界面及界面附近的晶粒形貌。图 4-42a、c、e 中可以看到，热处理温度越高，奥氏体晶粒越大，这是因为温度升高导致晶粒长大。随着温度的升高，不锈钢的晶间腐蚀现象逐渐减轻。850℃时，界面处不锈钢侧大部分都有轻微的晶间腐蚀现象，到 1050℃时，不锈钢侧的晶间腐蚀范围缩至 200μm 内，腐蚀的程度较轻。这说明热处理减缓了不锈钢/碳钢复合板界面不锈钢一侧的晶间腐蚀现象。

　　从图 4-42b、d、f 可以看出，在不同的热处理温度下，界面复合区的宽度均为 10μm 左右，金相显微镜下呈现的复合带颜色有所差别。热处理温度为 850℃时，界面复合区为黑色带状；热处理温度为 950℃时，复合区的黑色带向不锈钢侧迁移，靠近界面的组织逐渐变得白亮；当温度升高到 1050℃时，复合区的黑色带基本消失，复合区呈白亮带状。这说明随着温度的升高，黑色聚集物带逐渐消失，而出现了白亮带。EDS 元素检测表明，界面附近的白亮带中的碳含量较多，形成了增碳层，当强碳化物形成元素铬元素扩散至此时，易与碳元素形成稳定的碳化物，形成一条白亮的碳化物带。在热处理过程中，温度越高碳元素的扩散速率越大，在 850℃时，碳元素在界面附近大量聚集使界面变黑。随着温度的升高，碳元素的加速扩散使界面附近元素分布均匀，所以黑色区逐渐消失。

　　不锈钢/碳钢复合板界面不锈钢一侧的扫描照片如图 4-43 所示。图 4-43a、c、e 与图 4-42 金相显微镜下的形貌一致，随着热处理温度的升高，界面处不锈钢侧出现晶间腐蚀的区域逐渐减小，晶间腐蚀的现象减弱。从图 4-43b、d、f 还可以看到，随着热处理温度的升高，界面处不锈钢侧的第二相析出物逐渐减少，到 1050℃时，界面附近已经很洁净。

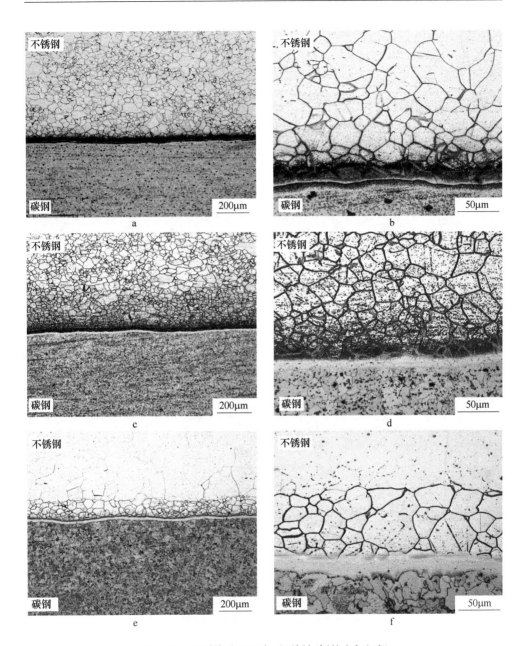

图 4-42　不同热处理温度下不锈钢侧的金相组织

a，b—850℃；c，d—950℃；e，f—1050℃

4.1.5.2　界面元素的扩散

不锈钢/碳钢复合板经过热处理后，不锈钢中铬、镍元素的扩散与碳钢中碳

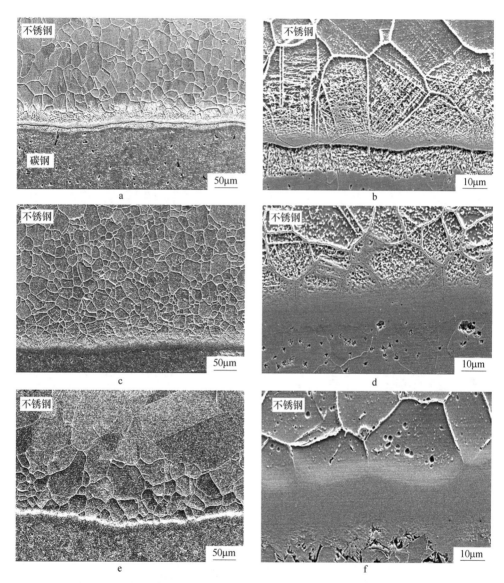

图 4-43　不同热处理温度下不锈钢侧的 SEM 组织

a, b—850℃；c, d—950℃；e, f—1050℃

元素的扩散相互作用，易在靠近界面附近形成一个合金元素含量偏高的区域，这样的区域对界面的微观组织和性能均有影响。下面分析界面的元素扩散现象。

　　图 4-44 为不同热处理温度下，不锈钢/碳钢复合板界面碳钢侧的扫描照片和对应的界面 EDS 面扫描结果。可以看到，在三种热处理温度下，铬、镍元素均发生一定程度的扩散，在界面附近形成扩散层。

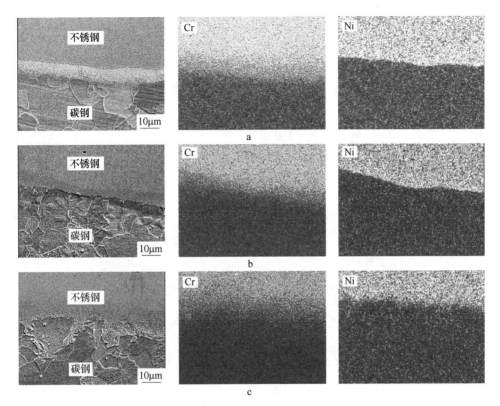

图 4-44　不同热处理温度下碳钢侧的扫描和元素分布情况

a—850℃；b—950℃；c—1050℃

不同的热处理温度下不锈钢/碳钢复合板界面的 EDS 线扫描如图 4-45 所示。从图 4-45 中可以发现，随着温度的升高，铬、镍元素的扩散梯度逐渐减小，浓度在界面两侧趋于均匀，使得界面附近的元素扩散趋于平衡。这是由于高温条件下，元素的扩散充分进行，更易趋于平衡状态。铬元素由不锈钢侧向碳钢侧的扩散距离逐渐变小，温度为 850℃时，由界面处向碳钢侧扩散的距离约为 10μm；热处理温度为 950℃时，界面处的扩散距离约为 8μm；温度为 1050℃时，扩散距离仅约 5μm。如图 4-45a、b 所示，热处理温度为 850℃和 950℃的保温并没有引起镍元素扩散距离的明显变化。图 4-45c 中，温度为 1050℃时，镍元素的浓度梯度变小导致扩散距离增大。

从图 4-45 中还可以看到，随着热处理温度的升高，碳元素均发生明显的上坡扩散现象，但碳元素上坡扩散的前沿向不锈钢侧逐渐推进，这与碳元素扩散规律一致。碳元素浓度的变化与铬元素浓度的变化呈现出一定的关系，浓度梯度方向相反。

热处理过程中，不锈钢/碳钢复合板中的元素扩散对界面的微观组织和性能

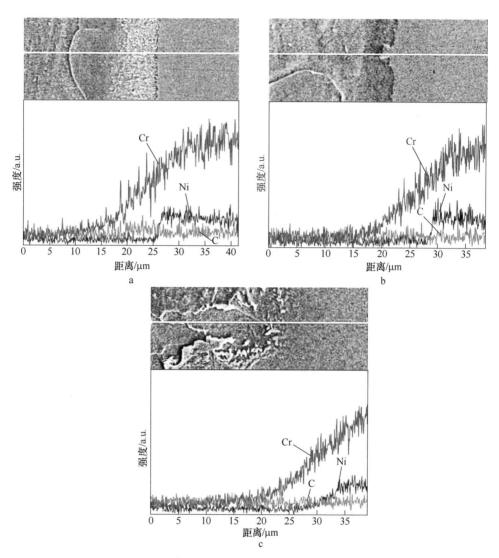

图 4-45 不同热处理温度下碳钢侧的扫描二次电子形貌

a—850℃；b—950℃；c—1050℃

均有影响。碳元素的上坡扩散主要发生在界面复合区，碳元素越过界面扩散至不锈钢一侧，形成一定宽度的增碳层，而铬元素由不锈钢侧不断向界面处扩散。由于铬原子与碳原子有很强的亲和力，因此在热处理过程中，碳原子向高铬区进行扩散使碳、铬元素在界面附近大量聚集，导致复合区硬度升高。增碳层中的碳含量较多，除了在基体中之外，剩余的碳原子由界面扩散迁移到复合区后会沿着激活能较低的晶粒边界扩散，铬是强碳化物形成元素，易与碳元素形成稳定的碳化物，最终以铬的碳化物形态析出第二相。

4.1.5.3　力学性能分析

热处理温度对不锈钢/碳钢复合板界面的剪切强度有一定影响，不同热处理温度的界面剪切曲线如图 4-46 所示。与热处理前相比，复合板在热处理后的剪切强度提高，塑性更好。随着热处理温度的升高，界面剪切强度逐渐增大。温度高于 950℃时，强度略有下降。这是由于温度过高，材料内部的原有位错数量急剧减少，并伴有晶粒长大的趋势，导致强度下降。

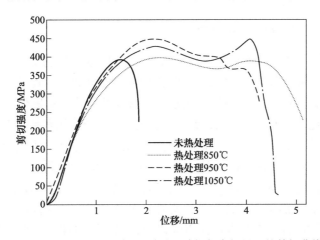

图 4-46　不同热处理温度下不锈钢/碳钢复合板界面的剪切曲线

图 4-46 中可以看出，热处理后界面的剪切-位移曲线出现两个峰值，这是由于剪切过程中复合板断裂的位置出现了滑动现象。不锈钢/碳钢复合板经过高温加热后，内应力降低，位错减少，表现为塑性增大，因此剪切时易发生滑移现象。图 4-47 为热处理温度为 950℃的剪切断口形貌。从形貌上看，断口中出现大面积的均匀分布的等轴韧窝形貌，为韧性断裂，说明其塑性较好。

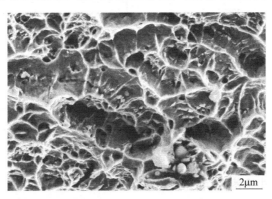

图 4-47　热处理温度为 950℃下的不锈钢/碳钢复合板界面剪切断口形貌

　　由此可知，相比于未经热处理的不锈钢/碳钢复合板，进行合适的热处理不仅加强了界面结合强度，还大大提高了塑性。即温度升高有利于扩散进行，提高结合强度，但温度过高会使复合板中间出现氧化和过烧现象，还会使复合界面附近基体出现晶粒长大的现象，直接影响复合效果，因此热处理温度须适当。

4.2　真空轧制镍基合金/管线钢复合板工艺研究

4.2.1　镍基耐蚀合金的介绍

4.2.1.1　纯镍及镍基合金的分类

　　纯镍能耐碱、盐、氟和许多有机物的腐蚀，如酚类、脂肪酸类、醇类等。镍能在所有的碱类溶液中都保持稳定，且其腐蚀速率远低于钢，这使其成为制造熔碱和碱液容器的优良材料[20]。但纯镍在耐还原性酸腐蚀性能、耐氧化性酸腐蚀性能和耐高温氧化性能等方面存在欠缺，铬、钼、钨、铜、硅等元素是具有良好耐腐蚀和抗氧化等特性的合金元素，且其在镍中的固溶度要远大于在铁中固溶度，因此在纯镍加入一种或多种铬、钼、钨、铜、硅等元素而得到的镍基耐蚀合金，可以在保留镍良好特性的同时，还具有铬、钼、钨、铜、硅等元素所带来的良好性能。

　　通常认为，不锈钢中镍含量的最高值为30%，镍基耐蚀合金中的镍含量超过50%，铁镍基耐蚀合金中镍含量在30%以上，镍与铁的含量总和在50%以上。在石油、化工等具有严苛腐蚀环境的领域，尤其对于含有 H_2S、CO_2、Cl^- 等腐蚀介质环境下，镍基合金表现出良好的耐蚀性能。根据镍基耐蚀合金的成分进行的分类见表4-4。

表4-4　镍基耐蚀合金系列种类

类　　别	系　　列
铁镍基 $w(Ni) \geqslant 30\%$ $w(Ni+Fe) \geqslant 50\%$	Ni-Fe-Cr
	Ni-Fe-Cr-Mo
	Ni-Fe-Cr-Mo-Cu
镍基 $w(Ni) \geqslant 30\%$	Ni-Cu
	Ni-Cr
	Ni-Mo
	Ni-Cr-Mo（-W）
	Ni-Cr-Mo-Cu

4.2.1.2　国外镍基合金的发展

　　国外最早生产与应用的镍基耐蚀合金以镍铜合金蒙耐尔（Monel）最为著名，

从 1906 年第一个工业化耐蚀合金 Monel 400 被成功开发以来，耐蚀合金的发展历史已超过 100 年。其中，1914 年，美国开始研制和生产了镍铬钼铜型镍基耐蚀合金并得到了良好的应用；1920 年，德国开始着手研究含铬（15%）、钼（7%）的镍基耐蚀合金；20 世纪 30 年代末，日本开始了镍基耐蚀合金的研究工作；20 世纪 40 年代初，苏联从事了 Ni-Mo 和 Ni-Cr-Mo 耐蚀合金的研究和仿制的工作[21]。根据镍基合金的发展历程，可以把镍基耐蚀合金分为第一代、第二代和新一代耐蚀合金[22]，见表 4-5。

表 4-5　镍基耐蚀合金的发展历程

编号	合金牌号	成　分	年份
第一代	Monel	Ni-Cu	1906
	Hastelloy Alloy B	Ni-26. 5Mo-5Fe	1921
	A-Nickel（Ni-200）	Ni	1924
	Hastelloy Alloy A	Ni-20Mo-20Fe	1929
	Hastelloy Alloy D	Ni-10. 5Si-2. 5Cu	1930
	Hastelloy Alloy C	Ni-16Cr-16Mo-4W-7Fe	1931
	Inconel Alloy 600	Ni-15Cr-8Fe	1931
	Incoloyl Alloy 800	Fe-32Ni-20Cr	1949
	Hastelloy Alloy F	Ni-22Cr-18Fe-6 Mo -2Nb	1950
	Incoloy Alloy 825	Ni-22Cr-32Fe-2Cu-2Mo	1952
	Hastelloy Alloy G	Ni-22Cr-18Fe-6. 5Mo-2Nb-2Cu	1952
	Inconel Alloy 625	Ni-21. 5Cr-9Mo-3. 6Nb	1964
第二代	Hastelloy Alloy C-276	Ni-16Cr-16Mo-4W-5Fe	1966
	Inconel Alloy 690	Ni-29Cr-8Fe	1967
	Hastelloy Alloy C-4	Ni-16Cr-16Mo	1973
	Hastelloy Alloy B-2	Ni-27Mo-1Fe-1Cr	1976
	Hastelloy Alloy G-3	Ni-22Cr-18Fe-7Mo-0. 5Nb-2Cu	1977
	Hastelloy Alloy G-30	Ni-30Cr-15Fe-5. 5Mo-0. 8Nb-2. 5W	1983
	Hastelloy Alloy C-22	Ni-22Cr-13Mo-3W	1985
	Allcorr	Ni-31Cr-10Mo2W-0. 4Nb	1985
新一代	VDM Alloy 59	Ni-23Cr-16Mo	1990
	Inconel Alloy 686	Ni-21Cr-16Mo-4W	1992
	Hastelloy Alloy B-3	Ni-28Mo-1. 5Fe-1. 5Cr	1993
	VDM Alloy B-4	Ni-28Mo-3Fe-1. 3Cr	1993
	MAT21	Ni-19Cr-19Mo-1. 8Ta	1995
	Hastelloy Alloy C-2000	Ni-23Cr-16Mo-1. 6Cu	2001
	Hastelloy Alloy G-35	Ni-31Cr-10Mo-0. 4Nb-2W	2004

4.2.1.3　镍基耐蚀合金复合板的研究进展

20 世纪 30 年代初，INCO 公司和 LUCKENS 公司制造了镍基耐蚀合金复合钢板，其后开发了不锈钢复合板。至今，国外对于镍基耐蚀合金复合板的研究已较为成熟，美国材料试验学会于 1943 年制订了镍及镍基合金复合板标准 ASTM-A265[23]。在 20 世纪 80 年代初，日本的 JFE 钢铁公司引入了在航空航天领域广泛应用的大规格真空电子束焊接设备（EBW），使得其在复合板的研究制备领域处于世界领先地位。到 20 世纪 90 年代末，日本的复合板制备技术已比较成熟。日本 JFE 钢铁公司通过真空电子束组坯+TMCP 技术制备出了高性能耐蚀合金 625/X65 管线钢复合板。日本新日铁公司通过轧制后的 TMCP 技术成功制备出了性能优良的 Incoloy 825/X65 管线钢耐蚀复合板。Tadaaki Taira 等人在发明的美国专利 US4464209 中，指出了一种由复合板制备高性能复合钢管的方法[24]。日本的 Shunichi Tachibana 应用 TMCP 方法轧制复合钢板，制造出了轧制状态下的高强度、高韧性的高镍合金复合钢板，其中包括 UNS N08825/X65 复合钢板[25]。Hiroshi Tamehiro 等人对 Incoloy 825 耐蚀复合钢板做了大量的研究，指出了合金元素、轧制温度、压缩比以及轧后冷却方式等因素对复合板性能的影响[26]。以上所述均为日本在镍基耐蚀复合板领域的研究现状。其他国家对镍基耐蚀复合板也进行了一些研究与应用[27]，英国 T. J. Glover 研究了铜镍合金复合板在船舶上的应用。Liane Smith[28]指出，各种方式生产的镍基耐蚀复合板的研究应用已经超过 50 多年，包括轧制法、爆炸法、爆炸+轧制法、堆焊法等，并列举了多个国家在海洋、油、气等领域对耐蚀复合板的应用。应当指出的是：在众多生产方法中，日本的真空复合+TMCP 生产技术在复合板领域处于世界领先地位。

由于我国镍基耐蚀合金发展以及复合板制备技术的起步较晚，使得镍基耐蚀合金复合板的研制比其他种类复合板相对落后，关于该方面的报道相对较少且以爆炸复合法制备为主。20 世纪 90 年代，郑远谋等人采用了爆炸复合法，开始研究制备镍/不锈钢复合板以及镍/钛爆炸复合板的工艺[29, 30]。近十年来，国内众多企业，如宝钛集团、西安天力金属复合材料有限公司、南京宝泰特种材料有限公司、黄山三邦金属复合材料有限公司、四川惊雷科技公司等，均采用爆炸复合的方式研究和制备了不同品种的镍基耐蚀合金复合板，并申请了相关专利[31~36]。

综上所述，我国在镍基耐蚀合金复合板方面主要采用的生产方法为爆炸复合法以及爆炸焊接+轧制复合法，与国外存在一定的差距，特别是在真空电子束焊接制坯的热轧复合技术方面涉及很少。

4.2.2　825 镍基合金/X65 管线钢复合板制备工艺特性

我们利用真空电子束焊机对组合坯进行电子束封装，封装完成之后得到复合坯，然后对复合坯进行轧制复合，需要解决的工艺有真空电子束焊接工艺、复合坯的加热工艺、轧制复合过程的控制工艺以及轧后冷却的控制工艺；要制定这些工艺，需要对 825 镍基合金和 X65 管线钢的力学性能和物理性能差异及热加工特性进行分析，通过综合考虑来制定上述工艺[37]。

4.2.2.1 825 合金和 X65 钢的焊接工艺

A 825 合金和 X65 钢的可焊接性分析

825 镍基合金供货状态通常为固溶处理，微观金相组织为单一的奥氏体相（见图 4-48），密度约为 8.14g/cm³，熔点为 1370~1400℃，具有良好的耐高温和耐蚀性能。X65 钢具有较高的冲击韧性、良好的可焊接性、较好的塑性以及耐蚀性，应用十分广泛。825 合金和 X65 钢的力学性能与物理性能见表 4-6。

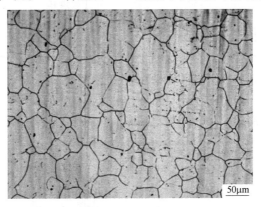

50μm

图 4-48　825 合金的原始金相组织形貌

表 4-6　825 合金和 X65 钢的力学性能与物理性能

材料	屈服强度/MPa	抗拉强度/MPa	断后伸长率/%	磁性	线膨胀系数/℃⁻¹	热导率/W·(m·K)⁻¹
825 合金	≥260	≥620	≥50	无	14.0×10^{-6}	10.9
X65 钢	≥448	≥530	≥18	有	11.8×10^{-6}	77.5

由表 4-6 可以看出，两种材料在力学性能和物理性能方面有很大的差异，这使得两者的焊接接头容易出现合金成分稀释、热裂纹、焊接残余应力等问题，从而影响两种材料的可焊接性能。

镍基合金的焊接常用方法主要包括手工电弧焊、气体保护焊等方式。在焊接 825 合金/X65 钢方面，与其他焊接方式相比，真空电子束焊接的热输入量小，可以在很大程度上降低焊接接头的过热现象，使组织较为均匀，焊缝熔池内的金属凝固速度较快，可避免由低熔点共晶熔化而出现的液化裂纹，大大降低了热裂纹产生的可能性。同时，整个焊接过程都是在高真空（10^{-2}Pa）环境中进行，可以避免硅和氧形成复杂的硅酸盐，降低了热裂纹产生的风险，同时可以避免 H_2 气孔、CO 气孔和 H$_2$O 气孔等缺陷；而且电子束能量密度集中，熔池内的金属在高温停留时间短，能有效防止晶粒过分的长大，焊接接头具有良好的组织性能，在一定程度上还能降低焊接残余应力的产生，改善焊接接头性能。

基于真空电子束焊接特点，本小节从焊接束流和焊接速度两个焊接参数分析电子束焊接工艺对焊缝质量的影响。

B　焊接束流对焊缝的影响

采用表 4-7 中的焊接工艺参数对 825 合金与 X65 钢进行焊接，焊缝表面成型质量良好，未发现有缺陷存在。

表 4-7　焊接工艺参数

工　艺	焊接束流/mA	聚焦方式/mA	焊接速度/mm·min^{-1}
（a）	50	上聚焦 10	400
（b）	60	上聚焦 10	400
（c）	70	上聚焦 10	400

焊接接头的微观形貌如图 4-49 所示，在选定的三个焊接工艺参数下，未发现有热裂纹、气孔等缺陷的存在。同时，对焊接接头的熔深、熔宽及热影响区的大小进行测量，分别用 h、I、g 来表示其大小，测量结果见表 4-8。

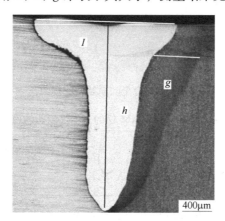

图 4-49　825 合金与 X65 钢焊缝的微观形貌

表 4-8　不同焊接束流下焊缝的熔深、熔宽及热影响区的宽度　　　（mm）

工　艺	熔深 h	熔宽 I	热影响区 g
（a）	9.1	6.4	2.3
（b）	9.7	7.4	2.7
（c）	12.6	8.4	3.3

从表 4-8 可以看出，随着焊接束流的逐渐增大，焊缝的熔深、熔宽和热影响区的宽度都逐渐地变大。根据经验，为了确保焊接接头的强度，一般选用的焊接

深度应大于 10mm，因此焊接束流为 70mA 比较合适，对三种焊接束流下的焊缝区硬度进行测试，如图 4-50 所示。

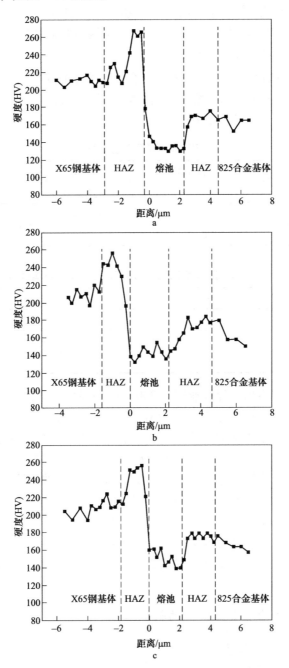

图 4-50　不同焊接束流下焊缝的硬度分布曲线
a—焊接束流 50mA；b—焊接束流 60mA；c—焊接束流 70mA

发现其变化趋势与以上组织演变的规律相符合，在粗晶区的硬度值最高，逐渐远离粗晶区，硬度值整体呈下降的趋势；随着焊接束流的逐渐增大，板条状贝氏体逐渐减少，粒状贝氏体逐渐增多，在粗晶区的硬度峰值也逐渐减小。熔池中的硬度值维持在 120~180HV 之间，这是由于熔池内的金属被稀释造成的。

C　焊接速度对焊缝的影响

采用表 4-9 中的焊接工艺参数对 825 合金与 X65 钢进行焊接，宏观形貌下未见缺陷。对焊接接头的熔深、熔宽及热影响区的大小进行测量，分别用 h、I、g 来表示其大小，测量结果见表 4-10。

表 4-9　焊接工艺参数

工　艺	焊接束流/mA	聚焦方式/mA	焊接速度/mm·min^{-1}
（a）	70	上聚焦 10	300
（b）	70	上聚焦 10	400
（c）	70	上聚焦 10	500

表 4-10　不同焊接速度下焊缝的熔深、熔宽及热影响区的大小　　　　（mm）

工　艺	熔深 h	熔宽 I	热影响区 g
（a）	11.8	9.3	>9
（b）	12.6	8.4	3.3
（c）	9.7	6.9	3.6

从表 4-10 可以看出，焊接速度为 300mm/min 时，热输入量过大，导致其热影响区的宽度超过 9mm，超出了焊接小钢条的边界。过大的热影响区会降低焊接接头的强度，因此不能采用 300mm/min 的焊接速度；焊接速度为 500mm/min 时，热输入量较小，致其熔池深度未超过 10mm，熔宽较小，也不宜采用；400mm/min 的焊接参数较为适宜。不同的焊接速度对应的热输入量不同，得到的组织也不同，对焊缝的硬度进行分析（见图 4-51），在粗晶区，硬度的峰值呈现逐渐下降的趋势，这是因为随着焊接速度的增加，粒状贝氏体逐渐减少，板条状贝氏体逐渐变多。其中焊接速度为 300mm/min 时，由于其热输入量过大，导致其 X65 钢侧都为 HAZ 区域，硬度值普遍高于其基体硬度值，但在细晶区其硬度值较低。

4.2.2.2　825 合金和 X65 钢的轧制工艺

A　825 合金轧制工艺特性

a　热变形行为研究

目前已有对 825 合金的热变形进行一定的研究[38]，认为该合金适宜的热加

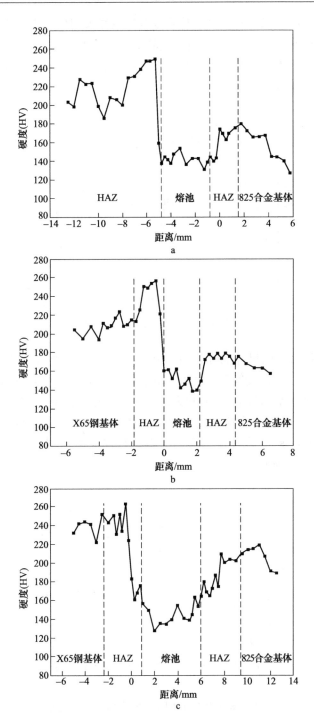

图 4-51 不同焊接速度下焊缝的硬度分布曲线

a—焊接速度 300mm/min；b—焊接速度 400mm/min；c—焊接速度 500mm/min

工温度区间为 1050~1240℃。真空热轧复合法往往采用低速大压下的方式，且本研究拟采用的轧制速度为 1m/s，换算成应变速率约为 5s⁻¹。为了研究 825 合金在高温时的热变形行为，对其进行了热模拟压缩试验，热模拟方案如图 4-52 所示。

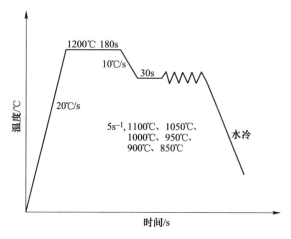

图 4-52　热模拟试验工艺曲线

试验用压缩试样的尺寸为 φ10mm×15mm，变形温度的范围为 1100~850℃，以每 50℃ 为一个变形温度间隔，研究 825 合金在不同终轧温度下的组织性能。在 N₂ 保护的气氛下，将 825 合金试样以 20℃/s 的速度加热到 1200℃，并保温 180s 后以 10℃/s 的冷却速度冷却到变形温度，在保温 30s 后开始变形，真应变 ε = 0.8、应变速率为 5s⁻¹，在变形结束后立刻进行淬火以保留其高温组织。其流变应力曲线如图 4-53 所示。

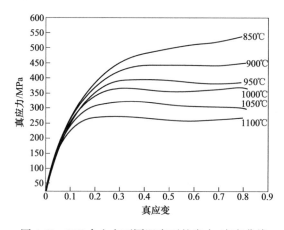

图 4-53　825 合金在不同温度下的应力-应变曲线

从图 4-53 中可以看出，变形温度为 850~900℃ 时，曲线为典型的加工硬化型曲线；变形温度为 950℃ 时，曲线为典型的动态回复型曲线；变形温度在 1000~1100℃时，曲线为典型的动态再结晶型曲线。图 4-54 所示为各个变形温度所对应的金相显微组织，可以看出其组织上的差异符合应力应变曲线所反映的规律，在相同的变形量和相同的应变速率下，其变形时间是一致的。温度在 850~900℃之间时，原奥氏体晶粒被压扁拉长，符合在该温度段下应力应变曲线上扬

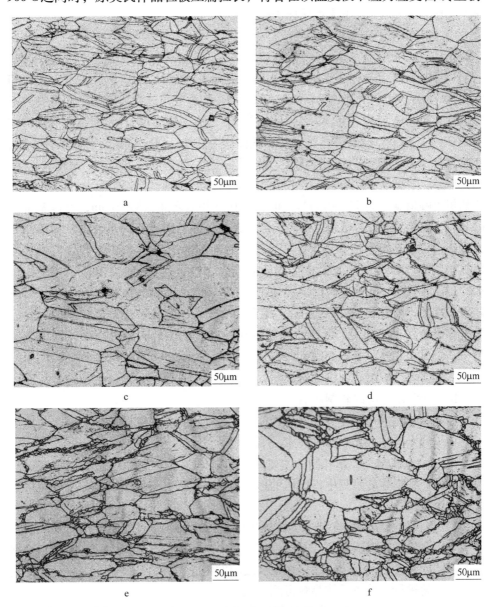

图 4-54　不同温度下的金相组织

a—850℃；b—900℃；c—950℃；d—1000℃；e—1050℃；f—1100℃

的趋势，温度在 1000~1100℃ 之间时，在原奥氏体晶界处有细小的等轴奥氏体晶粒形成，且随着温度的升高，细小的奥氏体晶粒越多，符合其所对的应力应变曲线往下走的趋势。温度在 950℃ 时，在原奥氏体晶界处未发现有等轴奥氏体的形成，符合在该温度下的应力应变曲线走势较平的趋势。

通过热模拟试验发现，825 合金的热变形抗力较大，在 950℃ 以上为奥氏体再结晶区，在 950℃ 之下为奥氏体未结晶区。

b　825 合金中相的析出特性

不锈钢的敏化温度区间为 450~850℃，825 合金的敏化温度区间为 650~870℃ 之间。825 合金中主要存在的平衡相有 γ 相、少量 Ti(N,C) 粒子、σ 相和 $M_{23}C_6$ 碳化物，其中少量的 Ti(N,C) 粒子是在冶炼凝固过程形成的，固溶温度不足以使之溶解从而保留下来[39]。佟梅等人[40]通过热力学计算和分析得到，在 500℃ 以上，825 合金以面心立方的 γ 奥氏体为基体，稳定存在的平衡相有 σ 相、$M_{23}C_6$ 相，500~821℃ 为 σ 相、$M_{23}C_6$ 相两相共存，随着温度的升高，σ 相、$M_{23}C_6$ 相先后消失，到 931℃ 时所有析出相溶解。825 合金进行时效处理时，发现 $M_{23}C_6$ 相的析出峰值温度为 750~800℃，但在 950~980℃ 之间保温 20min，可以基本消除该相。富铬的 $M_{23}C_6$ 相在晶界上析出，会导致晶界附近铬的贫化，从而使晶界及其附近发生晶间腐蚀。针对 825 合金的晶间腐蚀问题，杨俊峰等人[41]发现在晶界上析出 TiC 会降低 825 合金的耐晶间腐蚀性能，TiC 为高温析出相，约从 800℃ 开始形成、900℃ 左右形成最快、879~954℃ 大量细小的 TiC 开始分散沉淀；随着温度的不断升高，TiC 开始逐渐溶解，1150℃ 以上具有很高的溶解速度。

综上所述，针对 825 合金的轧制过程，需要在其奥氏体再结晶区间多次变形，以细化奥氏体晶粒，在冷却阶段需要控制 $M_{23}C_6$ 相和 TiC 的形成，以此来保证轧后 825 合金的耐腐蚀性能。

B　X65 管线钢的轧制特性

为了使管线钢得到良好的组织性能，在工业生产上，管线钢的生产工艺广泛地采用了控制轧制和控制冷却技术（TMCP）[42,43]。

（1）控制轧制。控制轧制的主要作用是细化铁素体晶粒，以提高钢的强度、改善韧性。根据热轧过程中奥氏体的再结晶状态不同，一般可以将控制轧制工艺分为三个阶段。

1）奥氏体再结晶区轧制。奥氏体再结晶区轧制就是在轧制变形时和轧制变形后可以自发进行奥氏体再结晶的温度区间内进行轧制（≥950℃），其特点是钢在变形的同时发生动态再结晶，在道次之间发生静态再结晶，变形与再结晶反复不断地交替进行，使奥氏体晶粒得到细化。

2）奥氏体未再结晶区轧制。在该温度区间（950℃ ~ A_{r3}）轧制时的特点为：奥氏体在轧制变形后不再发生再结晶；在轧制变形时，奥氏体晶粒会被压扁、拉长，形成变形带，该变形带是奥氏体向铁素体转变时优先形核的部分，变形量越大，变形带就越多，分布就越均匀，相变后的铁素体晶粒也将更细小。

3）奥氏体与铁素体两相区轧制。在奥氏体与铁素体共存的两相区（$A_{r3}\sim A_{r1}$）轧制，使已经相变的铁素体晶粒变形，产生大量位错和亚结构，使奥氏体继续被拉长，产生大量的变形带，进一步细化铁素体晶粒。

（2）控制冷却。控制冷却的目的是进一步细化晶粒，提高强度。对于管线钢而言，单靠控制轧制，只能获得 15μm 左右的铁素体晶粒，还达不到低温韧性所需要的 5μm 左右的晶粒，这就需要通过后续的控制冷却过程来实现。

东北大学的刘勤博、张红梅等人[44]研究了控制轧制对 X65 钢组织细化的影响，X65 钢在 1200℃保温 1h 之后，发现随着开轧温度（1074~1150℃）的升高，其屈服强度有所升高，但伸长率略有下降；随着终轧温度（880~806℃）的降低，X65 钢的屈服强度和伸长率都得到了提高。

赵明纯等人[45]将 X60 钢加热至 1200℃，采用两阶段控制轧制和轧后控制冷却的方式，开轧温度范围为 1066~1117℃，终轧温度范围为 850~904℃，终冷温度控制在 500℃左右。发现由该工艺得到的屈服强度和抗拉强度均超过了 X70 级别管线钢的要求，部分达到了 X80 级别，且开轧温度约为 1100℃，终轧温度约为 900℃，能得到最好的综合力学性能。

郭世宝等人[46]将 X65 钢加热至 1200~1230℃，保温 2.5~3.5h，在保证钢中的微量合金（如铌）充分固溶的同时，又不会使奥氏体晶粒过分长大；采用两阶段控制轧制和轧后加速冷却，进行全程晶粒细化控制，终冷温度控制在 500~600℃，得到了优良的综合性能。

通过上述分析可知，对于 X65 钢的轧制工艺，应采用两阶段轧制（奥氏体再结晶区+奥氏体未再结晶区），加热温度在 1200℃左右，开轧温度在 1100℃左右，终轧温度在 800~900℃之间，对轧后的 X65 钢进行控制加速冷却至 500~600℃，采取这种方式能使轧后 X65 钢具有优良的综合性能。

4.2.2.3　轧制复合过程的控制工艺

A　轧制温度区间

轧制温度区间的确定主要考虑的是 X65 钢的特性，要想得到具有良好组织性能的 X65 钢，需要采用两阶段轧制的方式，即在奥氏体再结晶区间（在 950℃以上）和奥氏体未再结晶区间轧制，以得到细小的铁素体晶粒。同时考虑到 825 合金的热加工特性，最终制定了两套方案。

方案一：考虑到两阶段轧制后 825 合金侧奥氏体组织的再结晶程度较低，会使得组织不均，进而影响轧后 825 合金的耐腐蚀性。因此，采用一阶段轧制，一阶段开轧温度为 1150℃。

方案二：采用两阶段轧制，第一阶段轧制开轧温度为1150℃，第二阶段轧制开轧温度为930℃。第二阶段开轧温度设为930℃，主要考虑的是 X65 钢的再结晶温度和825合金析出相的问题，X65 钢的再结晶温度在950℃以上，而在900℃或低于900℃时，825合金中会析出有害相（主要为 TiC、$M_{23}C_6$），因而第二阶段开轧温度选择为930℃。

B　轧制压下量

通过分析日本 JFE、新日铁等钢铁公司研究人员的研究成果，发现其采用的压缩比为5~12，通过较大的压缩比来保证825合金与低合金钢的充分冶金结合，使基材可以获得细小的晶粒组织。因此本研究采用的压下率为65%和80%，其中上述方案一与方案二的对比实验所用的压下率均为65%。

C　热轧复合后冷却工艺

轧后冷却控制主要考虑的是825合金的析出相问题，以及 X65 钢的晶粒细化问题。通过前文分析，在900℃时 TiC 的析出速度最快，650~870℃为825合金的敏化温度，会有 $M_{23}C_6$ 相的析出，因此对825合金的冷却，需要通过快速冷却的方式，使其快速通过650~900℃这个温度区间，以保证其耐蚀性能。X65 钢需要进行快速冷却至500~600℃之间，以保证 X65 钢的优良力学性能。在方案一中，第二阶段的开轧温度为930℃，其终轧温度在900~930℃；在方案二中，一阶段开轧温度为1150℃，其终轧温度较高，不能立刻进行快速冷却，否则会恶化管线钢的性能，故在终轧之后空冷至910℃。因此，综合考虑，轧后的冷却方式确定为轧后快速冷却（冷速大于10℃/s），冷却至500~600℃，随后空冷至室温。

4.2.3　825 镍基合金/X65 管线钢复合板界面组织性能研究

4.2.3.1　不同轧制温度下的复合板界面组织结构

通过前面分析，设定不同方案进行825耐蚀复合板制备，对比不同工艺方案对复合板的影响，以选择出最佳的工艺方案。

方案一：复合坯随炉加热至1150℃，保温2h，采用一阶段轧制方式，总压下率为65%，终轧后采取空冷的方式，冷却至900℃，随后采取快速冷却的方式冷却至500~600℃，随后空冷至室温；方案二：复合坯随炉加热至1150℃，保温2h，采用两阶段轧制方式，总压下率为65%，终轧后采取加速冷却的方式冷却至500~600℃，随后空冷至室温。

对分别由两套工艺方案得到的复合板按要求进行剪切试验分析，其结果见表4-11。剪切试验结果表明，方案一与方案二的界面结合强度差异不大，均满足标准要求。

表 4-11 不同方案下复合界面的剪切强度测试结果 （MPa）

编　号	剪切强度				平均剪切强度
方案一	348	359	398	345	363
方案二	383	343	391	340	362

　　对方案一和方案二所得的复合板进行界面微观组织分析，如图 4-55 所示。从图 4-55 中可以看出，方案一 825 合金侧的奥氏体组织比较均匀，在轧后空冷至 900℃这段时间内，奥氏体组织发生了充分的再结晶，为均匀的等轴组织；方案二 825 合金由于两阶段轧制后进行快速冷却，奥氏体未发生完全再结晶，保留了明显的变形组织。方案一 X65 钢侧的晶粒较为粗大，铁素体内部分布有许多 M-A 岛，组织主要为少量准多边形铁素体+贝氏体。方案二 X65 钢侧的晶粒尺寸较为细小，组织主要为少量针状铁素体+准多边形铁素体+贝氏体。方案一与方案二相比，方案二中的晶粒尺寸更细小，M-A 岛更少且细小，具有更多的针状铁素体和准多边形铁素体，准多边形铁素体具有较高的强度和优异的延伸性，使钢

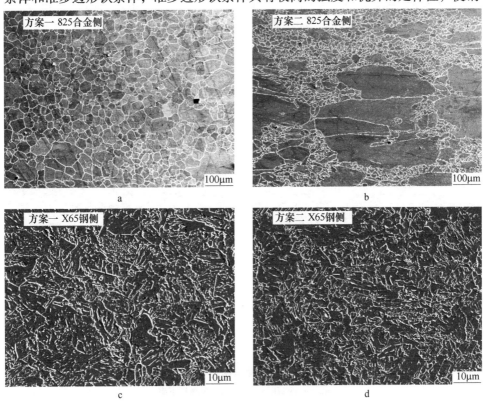

图 4-55 不同方案下复合板界面的微观组织
a，c—65%压下率；b，d—80%压下率

具有低的屈强比。相关研究表明，贝氏体中的 M-A 岛以数量少、尺寸小、分布均匀且形状趋于球形时，钢的冲击韧性较好。因此，通过轧后 X65 钢组织的对比，方案二得到的 X65 钢冲击钢韧性高于方案一。

4.2.3.2　不同压下率下复合界面的微观组织

不同压下率轧后复合板界面的微观形貌如图 4-56 所示。在 65% 和 80% 压下率下，复合板界面的冶金结合良好，未见未结合区。当压下率为 80% 时，X65 钢的铁素体组织比 65% 压下率下的铁素体组织更细小，80% 压下率下 825 合金侧的奥氏体再结晶程度更高，使其具有更多细小的等轴奥氏体组织，这主要是因为在奥氏体再结晶区轧制，大压下量形成了更多的变形带，使更多的奥氏体晶粒发生再结晶，在奥氏体未再结晶区轧制，变形所产生的变形带，使得在转变时可以形成更多的铁素体，使晶粒尺寸得到细化。

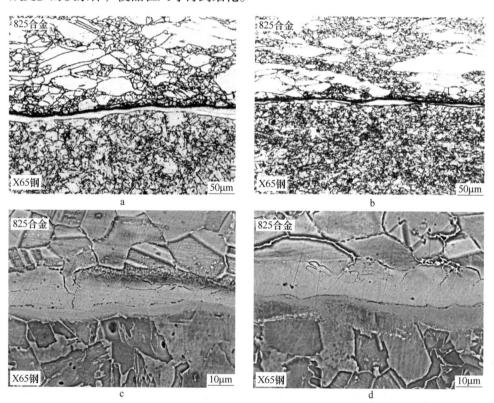

图 4-56　不同压下率下复合板复合界面的微观形貌
a，c—65% 压下率；b，d—80% 压下率

从图 4-56c、d 可以看出，在复合界面上存在孔洞，疑似有夹杂物生成，对图 4-57 所示 65% 压下率下不同位置的孔洞进行 EDS 能谱检测，结果见表 4-12。

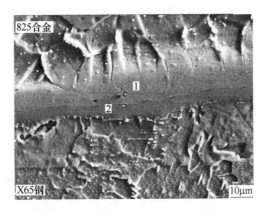

图 4-57 65%压下率下复合界面不同位置孔洞的 EDS 检测

表 4-12 不同位置界面夹杂物的成分

夹杂物	元素含量（质量分数）/%								
	O	Si	Mn	Al	Ti	Cr	Mo	Ni	Fe
1	13.11	—	1.09	13.92	1.92	12.62	1.81	21.33	余量
2	—	0.36	1.23	—	3.85	13.43	—	9.91	余量

65%压下率下复合界面呈点状分布的孔洞为含 Al-O 的夹杂物，呈线状连续分布的孔洞主要为含 Ti 的夹杂物。对 80%压下率下的复合界面进行面扫分析，如图 4-58 所示，发现在其复合界面呈点状分布的孔洞也是 Al-O 组成的夹杂物，呈线状连续分布的孔洞为含钛、碳等元素的夹杂物。由于碳元素含量很少，EDS 能谱分析并未检测到碳元素，但元素面扫可以定性并在一定程度定量地反映出碳元素的变化，故 65%压下率下的孔洞中也应含有碳元素。

通过以上分析可知，两种压下率下复合界面的夹杂物成分相同，即点状分布的夹杂物为 Al-O 化合物，线状连续分布的夹杂物为含钛、碳的化合物。

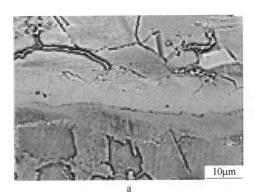

a   b

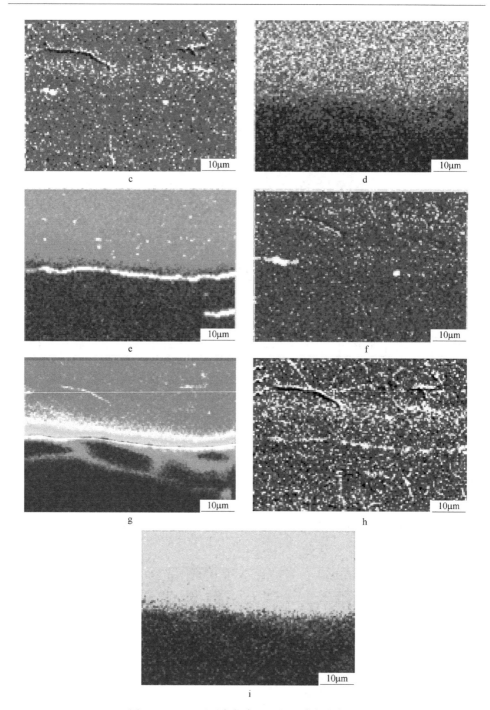

图 4-58　80%压下率复合界面的元素扫描结果

a—形貌照片；b—Fe 的分布；c—O 的分布；d—Mn 的分布；e—Ti 的分布；

f—Al 的分布；g—Ni 的分布；h—C 的分布；i—Cr 的分布

4.2.3.3 不同压下率下复合板界面剪切强度

对轧制后的复合板按要求取剪切试样进行剪切强度测试试验，其检测结果见表 4-13。

表 4-13 不同压下率下复合板界面的剪切强度测试结果

压下率/%	剪切强度/MPa	平均剪切强度/MPa
65	383　343　371　340	359
80	392　374　335　345	362

从表 4-13 可以看出，65%压下率和 80%压下率下的复合板界面，其剪切强度均满足大于等于 320MPa（压剪强度最低值）的要求，且两者的结合强度基本相等，说明当压下率超过 65%后，其对复合板结合强度无明显的影响。

图 4-59 所示为剪切断口（825 合金侧）微观形貌，断口形貌中有较多的韧窝，表明其断裂方式为韧性断裂。为了进一步确定复合界面的断裂位置，对图 4-60 所示 65%压下率和 80%压下率下的剪切断口进行了 EDS 能谱分析，检测结果见表 4-14。从表 4-14 中可以看出，在压下率为 65%和 80%的断口上，其最主要的夹杂物为含 Al、Ti 的化合物。对非夹杂物位置 3、6 处，发现在 65%和 80%压下率下的断口上，其 Fe 含量均远高于 825 合金基体 Fe 含量，且低于 X65 钢基体 Fe 含量，Ti 含量较高，均高于 X65 钢和 825 合金的基体含量，这说明断裂面处于结合界面扩散区域，且该处含有较高的 Ti 元素。

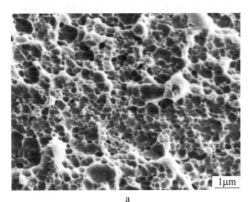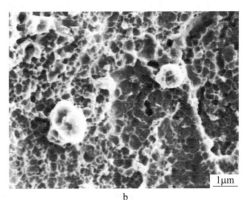

图 4-59 不同压下率下复合板界面的断口微观形貌

a—65%压下率；b—80%压下率

为进一步确定剪切断口上的相组成成分，对 65%压下率下的剪切断口进行了 XRD 检测分析，如图 4-61 所示。

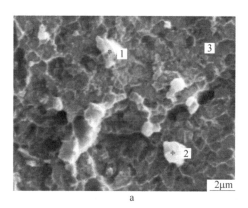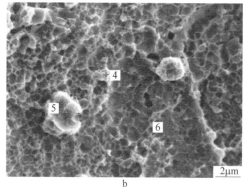

图 4-60　不同压下率下复合板界面的断口 EDS 检测

a—60%压下率；b—80%压下率

表 4-14　复合板界面夹杂物的成分含量

夹杂物	元素（质量分数）/%								
	O	Si	Mn	Al	Ti	Cr	Ca	Ni	Fe
1	5.61	—	1.3	0.84	8.3	13.73	—	16.74	余量
2	3.93	—	1.36	1.00	5.52	26.06	—	10.87	余量
3	—	—	1.10	—	3.42	12.59	—	11.04	余量
4	26.36	—	—	0.95	22.56	8.19	—	6.08	余量
5	36.13	—	—	36.84	0.47	5.50	—	8.56	余量
6	2.17	—	1.06	0.98	4.35	14.26	—	10.19	余量

对剪切断口的 XRD 检测结果进行分析可以发现，复合板剪切断口两侧主要存在的相为由铁、铬、镍等元素所组成，这与 825 合金侧基体相似。这些元素并未生成金属间化合物，而是以固溶态的形式存在，正是由于在复合界面这些固溶

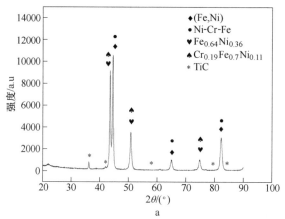

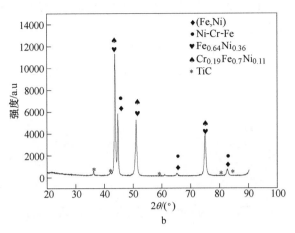

图 4-61 复合板剪切断口两侧的 XRD 物相分析

a—X65 钢侧；b—825 合金侧

态物质的存在，没有形成金属间化合物，使得复合界面的结合强度较高，在 825 合金侧和 X65 钢侧都发现了 TiC 的存在，且含量较少。这是因为 X65 钢中的碳元素含量要高于 825 合金侧，碳元素会自发地向 825 合金侧扩散。同理，825 合金侧的钛元素向 X65 钢侧扩散，未固溶的碳元素和未固溶的钛元素生成了 TiC。

综上所述，在复合界面处有少量的 Al-O 化合物呈点状分布，TiC 呈线状连续分布，但含量较少，TiC 属于脆性相，其呈线状连续分布处成为了复合界面结合的薄弱环节。因此，对复合板进行剪切试验，其剪切断面就位于此处。

4.2.3.4 覆材耐蚀性能

根据 825 镍基耐蚀复合板制备的技术要求，对轧后复合板覆材 825 合金进行腐蚀性能评价，包括以下几类：点蚀试验、晶间腐蚀试验（沸腾硫酸+硫酸铁）、晶间腐蚀试验（沸腾硝酸试验），具体指标要求见表 4-15。检测时需将覆层 825 合金单独剥离进行试验（即去除基层）。

表 4-15 耐蚀性能要求指标

试 验 类 型	要 求 指 标
点腐蚀试验 ASTM G48 方法 A	点腐蚀进行评级小于等于 2 级为合格
晶间腐蚀试验 ASTM G28 方法 A	腐蚀速率不得超过 0.5mm/a
晶间腐蚀试验 ASTM A262 方法 C	5 个周期腐蚀率的平均值低于 0.72mm/a

A 点蚀试验

根据 ASTM G48 方法 A 中规定的实验条件和步骤，将样品表面用砂纸打磨至 120 目，在（22±2）℃、质量分数 6% 的 $FeCl_3$ 溶液中，对样品进行 72h 的恒温浸泡实验。试验结束后样品表面形貌照片如图 4-62 所示，按照 GB/T 18590—2001 点蚀评定方法中规定的标准图标法进行点蚀统计分析。两种标准均采用低倍数放大进行点蚀统计分析。将样品的 6 个面均放大 20 倍后，未发现点蚀。采用精度为 0.001g 天平称重，未发生质量变化。因此，轧后覆材 825 合金的耐点蚀性能满足性能指标。

图 4-62　点蚀试验后样品表面形貌

B　晶间腐蚀试验（沸腾硫酸+硫酸铁）

根据 ASTM G28 方法 A 中规定的实验条件和步骤，将样品表面用砂纸打磨至 80 目，利用去离子水及分析纯的硫酸和硫酸铁配置复合要求的溶液，将溶液加热至沸腾后放入样品并连续进行 120h 浸泡实验。实验结束后清洗样品表面腐蚀产物，对实验前后样品的质量进行测量，样品的密度取 $8.10 \mathrm{g/cm^3}$。样品表面形貌照片如图 4-63 所示，根据标准中规定的方法计算样品的腐蚀速率，试验结果见表 4-16，轧后 825 合金覆材的耐晶间腐蚀（沸腾硫酸+硫酸铁）性能达标，满足腐蚀速率不得超过 0.5mm/a 使用要求。

图 4-63　晶间腐蚀试验后样品表面形貌

表 4-16　晶间腐蚀试验结果

样品编号	腐蚀速率/mm · a⁻¹
1 号	0.16
2 号	0.17
3 号	0.15

C　晶间腐蚀试验（沸腾硝酸试验）

根据 ASTM A262 方法 C 中规定的实验条件和步骤，将样品表面用砂纸打磨至 80 目，采用质量分数为 65%~68% 的分析纯硝酸溶液，将样品放入溶液中并加热至沸腾状态，之后进行 48h/周期×5 的浸泡实验，每周期结束后均在清洗完样品表面腐蚀产物下，对实验前后样品的质量进行称重，并更换新鲜溶液进行下一个周期实验，以此进行 5 个周期的腐蚀实验。根据标准中规定的方法计算样品的腐蚀速率，试验结果见表 4-17，其样品表面形貌照片如图 4-64 所示。轧后覆材 825 合金的耐晶间腐蚀（沸腾硝酸）性能达标，满足 5 个周期腐蚀率的平均值低于 0.72mm/a 使用要求。

表 4-17　晶间腐蚀试验结果　　　　　　　　　　（mm/a）

编号	第一个周期	第二个周期	第三个周期	第四个周期	第五个周期	五个周期平均腐蚀速率
1	0.086	0.109	0.199	0.258	0.357	0.205
2	0.074	0.138	0.169	0.275	0.263	0.184

图 4-64　晶间腐蚀试验后样品表面形貌

通过以上对不同工艺条件 825 合金的耐蚀性能研究，控轧控冷工艺下避免了 $M_{23}C_6$ 相和 TiC 的形成，使覆材具有优异的耐蚀性能，保证了复合板的综合性能。

4.3　真空轧制超级奥氏体不锈钢/容器钢复合板工艺研究

4.3.1　压力容器用复合板研究进展

压力容器是用于化学物质的分离、反应、传热传质以及储存运输等工艺过程并承受一定压力的密闭容器，在石油化工、海洋工业、冶金、造纸等领域中都有着十分广泛的应用（见图 4-65），是各行业生产运行过程中的重要设备[47]。随着现代工业及科学技术的不断发展，在实际应用过程中对压力容器的要求越来越严苛，需要压力容器长期在高温、高压及强腐蚀的恶劣条件下服役，环境中大量氯化物、氢离子及铵离子的存在会使压力容器产生十分严重的腐蚀从而导致材料失效，引起氯化物、硫化物、轻质油等危险品的大量泄漏，严重威胁人民的生命财产安全[48]。所以，这对压力容器用钢的性能提出了更高的要求。压力容器用钢除需要在常温下具备良好的力学性能之外，还需要具备良好的高温强度及高温塑性、优良的抗氧化和耐蚀性、良好的组织稳定性以及良好的加工性能及焊接性能等[49]。然而，传统材料钢材及其合金已经越来越难满足工业生产对压力容器材料的要求，因此复合材料压力容器得到了快速的发展和广泛的应用。与传统金属压力容器相比，复合材料压力容器具有质量轻、比强度高、可靠性高和负载工作寿命长等优点[50, 51]。

a　　　　　　　　　　　　　　　　　b

图 4-65　压力容器的应用
a—石化反应容器；b—煤化工容器

目前，主要的复合材料压力容器包括纤维缠绕压力容器、功能梯度材料压力容器以及复合钢板压力容器等。

纤维缠绕压力容器是采用连续纤维缠绕成型、具有金属内衬的层压薄壳结构压力容器，与金属压力容器相比，纤维材料属于典型的各向异性材料，通过改变缠绕方式和材料配比，其力学性能也会随之发生改变，因此纤维缠绕压力容器可以灵活地应用于不同的生产环境；但相对于金属材料，纤维材料更容易变形，在外力和载荷作用下，因其各向异性会向着四周发生变形，这会大大降低压力容器的稳定性和可靠性。所以，在压力容器设计时需要考虑外力、载荷等因素的影响，以满足容器工作强度的需要，这也提高了纤维材料压力容器的技术要求，限制了其进一步推广使用。

功能梯度材料是一种新型的复合材料，具有优良的耐热、耐腐蚀及力学性能。功能梯度材料压力容器是一种轴对称双层壳体结构的压力容器，容器中间中空层起到保温和抵抗腐蚀的作用，而容器外层根据受力情况的不同可选用不同材料，能有效降低生产成本，减轻容器质量。与传统钢制压力容器相比，功能梯度材料压力容器耐高温及抗腐蚀性能优良，力学性能得到极大改善。目前，我国功能梯度材料压力容器仍处于起步的阶段，主要被应用于航天工业、核工业、化学及生物工程等领域，应用还不够广泛。

复合钢板压力容器是以较薄的耐腐蚀层和较厚的高强度钢制备的复合钢板作为原材料的压力容器。压力容器用复合钢板种类较多，制备方式也较为多样，可使用不锈钢、钛及钛合金、铜及铜合金、镍及镍合金等作为覆层材料通过堆焊法、爆炸复合法以及热轧复合法等制备满足不同需求的复合容器钢板[52]。压力容器用复合钢板根据其厚度可分为三类：薄板（0.4~8mm）、中厚板（9~20mm）和厚板（21~150mm），随着复合材料技术的不断进步，复合钢板压力容器在农业机械、汽车、船舶、制盐、造纸及石化炼化等领域都得到了广泛的应用[53]。与常规容器钢比，复合容器钢板使用寿命提高2~5倍，我国每年复合板需求约10万吨，包括新增复合压力容器和需换代的容器，成本可节约近10亿元。

目前，在实际生产中，通常采用堆焊技术在容器钢内堆焊一层耐蚀合金来解决压力容器的腐蚀问题，如图4-66所示为容器钢堆焊过程。但是，堆焊工艺过程复杂，并且易出现耐蚀层脱落、母材金属使熔覆金属稀释导致耐蚀性能降低等问题[54]，因此这些局限性限制了该技术在制备容器钢复合板领域的应用。

图4-66 堆焊复合法生产的压力容器

由于真空轧制复合技术具备界面结合强度高、结合率高和自动化程度高等优点，其在大型复合容器钢板制备中得到广泛研究和应用；适应不同环境的容器钢基材，如高温临氢压力容器钢（15CrMoR、12Cr2Mo1R、14Cr1MoR）、低温压力容器钢（16MnDR、15MnNiDR、07MnNiMoVDR、09MnNiDR、13MnNi6-3）等，与各种不锈钢（304、316L等）、超级奥氏体不锈钢（904L、AL6XN、254SMo）等耐蚀金属覆材相互组合，可得到应用于不同领域下的容器钢复合板。

4.3.2　超级奥氏体不锈钢/容器钢复合板工艺研究

超级奥氏体不锈钢是为了提高普通奥氏体不锈钢耐蚀及力学性能而问世的高品质特种不锈钢材料，通常其主要合金元素含量（质量分数）为：Cr 20%～21%，Ni 17%～22%，Mo 4%～8%，N 0.15%～0.5%[55]。与普通奥氏体不锈钢相比，超级奥氏体不锈钢具有较高的铬、钼、镍、氮含量和较低的碳含量，抗腐蚀性能和力学性能更加优良。目前，超级奥氏体不锈钢广泛地应用于脱盐工业、石油化工、海水淡化、烟气脱硫、造纸工业等领域[56]。

与316L等常用奥氏体不锈钢相比，N08367在各种不同腐蚀环境下均表现出优异的耐全面腐蚀性能以及耐晶间腐蚀性能；表4-18中，在某些腐蚀环境下，其耐腐蚀能力超过普通奥氏体不锈钢和镍基合金或与镍基合金相当[57, 58]。N08367超级奥氏体不锈钢因其良好的成型性以及焊接性能，可以代替某些镍基合金。N08367超级奥氏体不锈钢当前可被加工为棒材、薄板材、厚板材、管材等诸多工业产品，被大量应用于海水冷凝器的薄壁管以及工作温度不高于425℃的压力容器设备中，目前在国内也已经获得了广泛的应用。

表4-18　耐蚀合金耐全面腐蚀性能对比

试验溶液（沸腾）	腐蚀速率/mm·a⁻¹				
	316L	317L	904L	N08367	C-276
45%甲酸	0.06	0.47	0.20	0.06	0.07
10%草酸	1.23	1.14	0.69	0.19	0.28
20%磷酸	0.02	0.02	0.01	0.006	0.009
10%亚硫酸钠	1.82	1.42	0.23	0.12	0.07
5%氢氧化钠	1.92	0.83	0.24	0.19	0.45
10%硫酸	16.15	7.58	2.53	1.83	0.35

为充分利用超级奥氏体不锈钢优良的耐蚀性能，节约耐蚀合金元素，将其与低合金容器钢结合，制备出超级奥氏体不锈钢/容器钢复合板可应用于制备各类强酸、碱类腐蚀容器。

4.3.2.1　加热温度对复合板界面组织和元素扩散的影响

研究以Q345R容器钢为基材和N08367超级奥氏体不锈钢为覆材，采用真空轧制复合法制备超级奥氏体不锈钢/容器钢复合板。

在轧制变形温度范围内，应变速率为0.1s⁻¹的变形抗力曲线如图4-67所示。在应变速率均为0.1s⁻¹的条件下，轧制变形温度范围内，两种材料的变形抗力差异较大：1200℃变形时，N08367的应力与Q345R的应力相差约70MPa；随着变形温度降低，1100℃时，N08367 的应力与 Q345R 的应力相差约 130MPa；800℃时，N08367 的应力与 Q345R 的应力相差超过 300MPa。这种变形抗力之间的差异是引起不均匀变形的主要因素，在变形时易导致基材和覆材之间的不协调变形；而且由于两种材料化学成分、变形抗力差异较大，直接焊接时会导致焊缝质量较差。

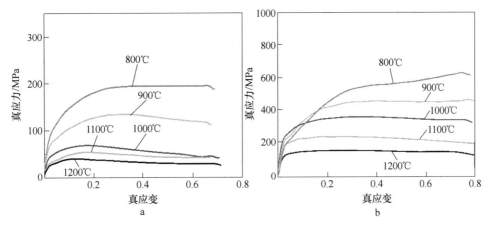

图 4-67 Q345R 及 N08367 变形抗力曲线

a—Q345R 变形抗力曲线；b—N08367 变形抗力曲线

图 4-68 为 N08367 和 Q345R 钢的焊缝照片，直接焊接后焊缝焊瘤较多且焊缝宽度不均匀，焊缝质量较差，在轧制和加热过程中易发生开裂，因此采用容器钢-不锈钢-不锈钢-容器钢 4 层包覆式组坯方式。

图 4-68 N08367 不锈钢/Q345R 钢焊缝照片

加热温度是影响复合界面元素扩散和化合物生成的重要参数，加热温度升高，不仅会促进界面金属的再结晶，而且基材金属更容易绕过氧化夹杂物形成复合[59]。为研究加热温度对 N08367/Q345R 复合板组织及性能的影响，将真空电子束焊接后的板坯分别在 1150℃、1200℃、1250℃下加热并保温 2h，之后进行热轧复合，道次压下率不低于 20%，总压下率为 80%，轧制后空冷至室温。

图 4-69 为三种不同加热温度下复合板界面组织。随着加热温度升高，扩散复合区（Ⅱ）的宽度也随之增加：加热温度为 1150℃时为 2~3μm，加热温度 1200℃时为 3~4μm，加热温度为 1250℃时为 6~7μm。扩散复合区形成与铬、

钼、镍元素的扩散有关，随着加热温度的升高，高温下元素的扩散程度和扩散距离随之增加，由此表现为复合区的宽度变大。在三种不同加热温度下，复合界面附近均弥散分布有少量的颗粒状（小于 $0.5\mu m$）和线状（$1\sim2\mu m$）夹杂物。

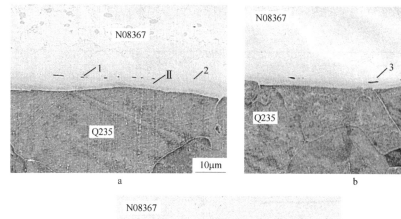

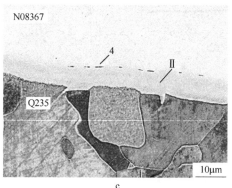

图 4-69　不同加热温度下复合板界面组织

a—1150℃；b—1200℃；c—1250℃

（1~4 表示位置）

对夹杂物进行能谱分析，结果见表 4-19。结果显示，加热温度对界面附近形成夹杂物的种类无影响，在三种加热温度下，界面附近生成的夹杂物化学成分相同，根据其元素含量不同可分为两类：第一类是 Al-Si-Mn-O 混合型夹杂物，尺寸较大，一般为 $1\sim3\mu m$，分布于复合界面上；第二类是 Al_2O_3 夹杂物，除基体元素外仅含有铝、氧元素，尺寸较小，分布于复合界面附近。在热轧复合过程中，界面附近的氧化物层在轧制力作用下破碎，因此 Al-Si-Mn-O 混合型夹化物和 Al_2O_3 均弥散分布于复合界面附近，这与前文关于不锈钢/碳钢复合板界面夹杂物的分布状态一致。但不同的是，在同样的金相腐蚀条件下，界面附近 AL6XN 不锈钢侧更容易显示出其晶界，这说明界面元素的扩散严重影响了 AL6XN 不锈钢的耐蚀性能。同时，由于 N08367 不锈钢含有较高的铬、钼元素，会导致 σ 相析出速率比其他普通不锈钢快，同时析出的体积也较大，因此在未进行高温固溶的热轧条件下，AL6XN 不锈钢很容易形成 σ 相，使周边产生贫钼和贫铬区域，降低了耐蚀性能[60, 61]。

表 4-19　界面夹杂物的成分（质量分数）　　　　　　　（%）

位置	O	Al	Si	Cr	Mn	Ni	Mo	Fe
1	5.97	6.28	0.29	11.52	1.06	11.17	2.75	余量
2	9.02	8.98	—	10.88	—	10.72	2.84	余量
3	4.54	4.21	0.34	9.96	1.23	9.38	4.19	余量
4	2.64	2.69	0.44	12.08	1.08	12.08	3.83	余量

4.3.2.2　热处理制度对超级奥氏体不锈钢/容器钢复合板组织与性能的影响

A　不同热处理制度下界面组织演变

作为压力容器用不锈钢/容器钢复合板，首先要保证其力学性能满足压力容器的使用要求，因此通常情况下需要对不锈钢/容器钢复合板进行适当的离线热处理，改善其力学性能和工艺性能，提高复合板的综合使用性能。针对复合钢板的使用要求，制定其热处理工艺为：将复合板在 910℃ 保温 40min 后淬火，淬火后的复合板分别在 550℃ 或 650℃ 回火，保温 75min 后空冷至室温。

热处理前复合板的微观组织如图 4-70 所示，基材 Q345R 钢的组织为典型热轧态铁素体+珠光体组织，其界面脱碳层的厚度约 50μm。复合板经 910℃ 淬火处理后基材表面、中心、复合界面附近及复合界面处的微观组织如图 4-71 所示。受淬火工艺的影响，Q345R 钢基体组织中以马氏体为主，原始脱碳层的组织依然为铁素体组织。基体中铁素体与马氏体之间形成了以贝氏体为主的过渡层，这主要是由于界面附近碳元素向不锈钢侧扩散引起的脱碳层中碳含量降低而造成的。

对淬火后的复合板进行不同温度的回火处理，以优化复合板基材的力学性

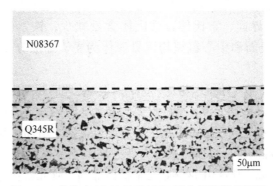

图 4-70　热轧态 N08367/Q345R 复合板的微观组织

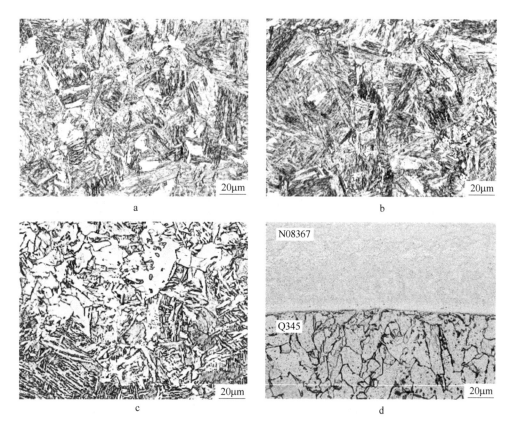

图 4-71　910℃淬火后 Q345R 钢侧不同位置金相组织
a—基材表面；b—基材心部；c—基材复合界面附近；d—复合界面处

能。图 4-72 和图 4-73 为淬火后经 550℃ 和 650℃ 回火的 Q345R 钢侧不同位置微观组织，回火热处理后，基材 Q345R 钢侧组织发生了明显变化。经 550℃ 回火处理后 Q345R 钢表面和中心的组织主要转变为铁素体、索氏体和少量贝氏体，弥散分布着细小的碳化物；图 4-72c、d 分别为复合界面附近和复合界面处的微观组织，随着靠近复合界面，索氏体、贝氏体含量减少，铁素体含量增加。而经 650℃ 回火后基材表面和中心组织均以贝氏体为主，弥散分布着细小的碳化物颗粒。

与回火温度为 550℃ 的组织相比，650℃ 回火处理后脱碳区的宽度有明显的增加。这是因为温度是影响元素扩散的重要因素，随着热处理温度的升高，原子激活能随之增加，扩散距离更远，脱碳区的宽度也就随之增加。与其他工艺对比发现，650℃ 回火处理的复合界面位置分布着一层细小弥散的碳化物，这主要是由于热处理温度的升高，Q345R 钢侧碳元素扩散加剧，碳元素在复合界面处大量聚集形成的。

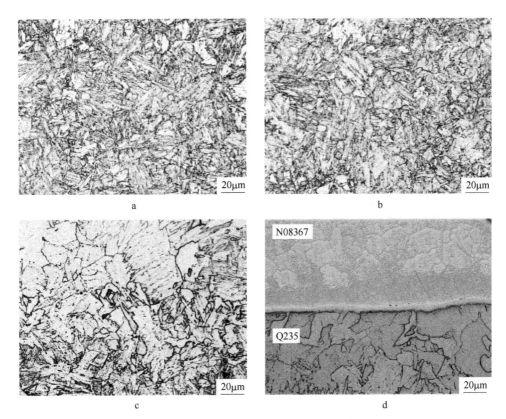

图 4-72 910℃淬火+550℃回火后 Q345R 钢侧不同位置金相组织
a—基材表面；b—基材心部；c—基材复合界面附近；d—复合界面处

图 4-74 为三种不同制度热处理后不锈钢/碳钢复合板界面附近显微硬度测试结果。经不同温度回火处理的不锈钢/碳钢复合板硬度分布趋势与未经热处理的复合板分布趋势无较大差异：从 Q345R 钢基体到复合界面，硬度先基本保持不变，之后随着与复合界面距离的减小硬度不断下降；从复合界面到不锈钢基体，硬度值先上升，在复合区内达到峰值，之后逐渐下降，最后基本保持不变，趋于不锈钢基体的硬度值。与未经热处理的复合板相比，经淬火+不同温度回火处理的复合板在 Q345R 钢侧基体中硬相组织数量增多，显微硬度值也随之增高。回火温度越高，Q345R 钢侧同一位置的硬度值越低，主要原因是回火温度升高会使淬火后生成的马氏体相分解更加充分，导致基体的显微硬度值随之下降。

图 4-75 为三种不同热处理制度复合板结合界面背散射照片。与热轧后的微观组织相比，热处理后不锈钢侧沿晶界有数量更多的第二相析出。这是因为随着不锈钢中钼元素含量的增加，金属间析出相加速且析出温度也向高温方向移动。与常用奥氏体不锈钢的敏化温度区间在 450~800℃不同，N08367 在 900~1000℃

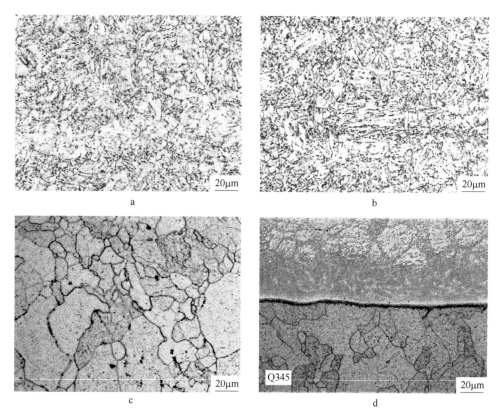

图 4-73　910℃淬火+650℃回火后 Q345R 钢侧不同位置金相组织

a—基材表面；b—基材心部；c—基材复合界面附近；d—复合界面处

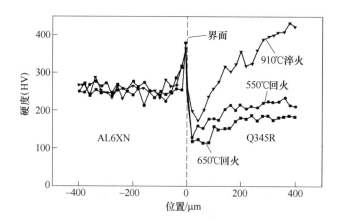

图 4-74　不同热处理工艺下复合板的显微硬度分布

进行热处理时，沿晶界会有数量较多的 σ 相和 χ 相析出，且由于碳元素从 Q345R 钢侧向不锈钢侧扩散，复合界面附近不锈钢晶界处也会析出数量较多的以 $Cr_{23}C_6$

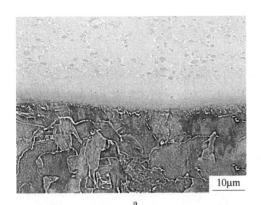
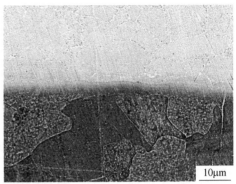
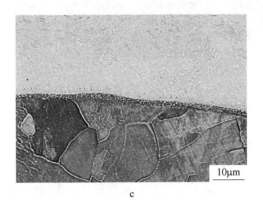

图 4-75　不同热处理后复合板界面形貌

a—910℃淬火处理；b—910℃淬火+550℃回火；c—910℃淬火+650℃回火

为主的碳化物[85]。图 4-76 为经过 910℃淬火处理后不锈钢/碳钢复合板界面元素分布，铁元素从 Q345R 钢侧向不锈钢侧扩散，随着扩散距离的增加元素含量不断降低；铬、镍、钼元素从不锈钢侧向 Q345R 钢侧扩散，随着扩散距离的增加元素含量不断降低，形成了一定宽度的扩散层。与未经热处理复合板界面相比，不锈钢侧晶界处铬、钼、碳含量明显增加，镍含量降低。这是由于不锈钢在进行淬火热处理时，长时间在 910℃停留，此温度下会在晶界析出以 $(Cr,Fe,Mo)_{23}C_6$ 为主的碳化物以及 σ 相、χ 相为主的高铬、钼、碳含量的第二相，使晶界处铬、钼、碳含量上升，晶内铬、钼、碳含量下降，从而影响了不锈钢的耐晶间腐蚀性能。

复合板经三种热处理后，复合界面上均存在少量的颗粒状（<0.5μm）和线状夹杂物（1~2μm），与未经热处理复合板界面相比，界面夹杂物更加弥散和细小，说明随着热处理的进行，界面夹杂物逐渐从较大的颗粒状夹杂物转变为细小弥散的夹杂物。

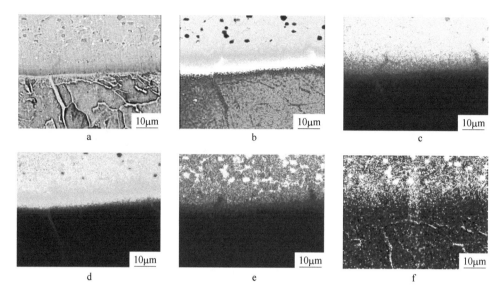

图 4-76　910℃淬火后复合板界面元素分布

a—形貌照片；b—Fe 的分布；c—Cr 的分布；d—Ni 的分布；e—Mo 的分布；f—C 的分布

B　不同热处理制度复合板力学性能分析

对热处理的复合板进行了剪切试验，以测试复合板结合性能。图 4-77 为三种不同热处理后复合板剪切试验后试样的宏观照片，剪切断口均发生在复合界面附近，剪切试验测得的结果为复合界面的剪切强度。

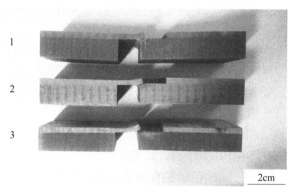

图 4-77　不同热处理后剪切断的试样照片

1—910℃淬火后试样；2—910℃淬火+550℃回火试样；3—910℃淬火+650℃回火后试样

三种不同热处理后复合板的剪切强度随位移的变化曲线和剪切试验结果如图 4-78 和表 4-20 所示。910℃淬火后复合板平均剪切强度为 361MPa，淬火后经 550℃回火处理的复合板平均剪切强度为 369MPa，淬火后经 650℃回火处理复合板的平均剪切强度为380MPa。与只经过淬火处理的复合板相比，两种不同回火温度处理后的复合板剪切性能均有所提高，650℃回火处理的复合板剪切强度略高于550℃回火处理的复合板，且均略优于相同温度加热空冷的复合板。这说明淬火+回火工艺可以有效促进金属间的元素扩散，增强基、覆材之间的冶金结合，优化不锈钢/Q345R钢复合板的结合性能。在热处理过程中，需要选择适当的热处理温度：温度过低，对复合板结合性能的优化不明显；温度过高会使复合板出现过烧和氧化并且会使复合板界面附近基体晶粒长大，对复合效果造成影响。

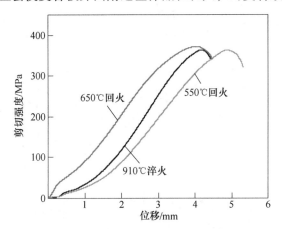

图4-78 不同热处理后界面剪切曲线

表4-20 不同热处理后剪切强度检测结果   （MPa）

热处理工艺	剪切强度			平均剪切强度
910℃淬火	369	352	363	361
910℃淬火+550℃回火	360	371	376	369
910℃淬火+650℃回火	383	385	372	380

对剪切试验后的复合板断口进行形貌观察，三种不同制度热处理后的复合板断口微观形貌如图4-79所示。三种不同制度热处理后，复合板剪切断面都布满了呈拉长抛物线状的韧窝，复合板的断裂方式为韧性断裂，复合界面结合性能良好。

对三种不同热处理工艺的复合板基材力学性能进行了测试，三种不同热处理制度下复合板基材的工程应力-应变曲线和拉伸、冲击性能（0℃）列入表4-21。结果表明，910℃淬火及910℃淬火+550℃回火处理后基材抗拉强度和屈服强度较高，但韧性、伸长率性能等不能满足标准要求。随着回火温度的升高，基材屈服强度及抗拉强度下降，伸长率升高，基材韧性增强，910℃淬火+650℃回火热处理后基材力学性能优良，满足标准要求。

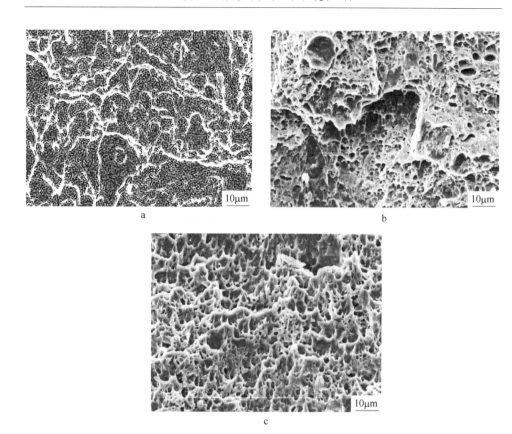

图 4-79　不同热处理后复合板剪切断口的微观形貌

a—910℃淬火；b—910℃淬火+550℃回火；c—910℃淬火+650℃回火

表 4-21　不同热处理后复合板基材力学性能

热处理工艺	屈服强度/MPa	抗拉强度/MPa	伸长率/%	冲击功/J
910℃淬火	843.9	1027.7	8.9	24.9
910℃淬火+550℃回火	589.2	679.6	17.6	60.6
910℃淬火+650℃回火	399.2	538.0	33.1	66.4
标准要求	≥345	510~640	≥21	≥41

4.4　不锈钢/管线钢复合板工业试制及应用

4.4.1　工业试制工艺及过程

4.4.1.1　制坯工艺

由于 316L 不锈钢与低碳钢在伸长率、变形抗力等物理性能上存在较大差异，为解决因变形不协调造成的板型翘曲问题，在工业试制时，采取对称组坯的方式进行轧制复合。基于低碳钢和316L不锈钢具有较好的焊接性能，两者可直接进行电子束焊接，简化了坯料加工方式和焊接工艺。

按低碳钢—不锈钢—不锈钢—低碳钢的顺序，将4层钢坯整齐堆垛，在两块316L之间涂刷隔离剂，防止中间两层不锈钢坯的粘接，然后焊接封装。具体操作步骤如下：

（1）表面处理：利用铣床对低碳钢坯上表面及四周进行加工，由于采用了最新的铣削技术，大大加快了铣削速度，为生产线达产提供了保证。对316L不锈钢的待复合面用水磨砂带机打磨，处理后贴膜，防止处理表面氧化（见图4-80）。

图4-80 铣削后的低碳钢待复合面

（2）组坯：按照图4-81方式，分两次对4块坯料进行堆垛。先将一对低碳钢、不锈钢坯料放置在翻板机上，运用翻钢机对坯料进行组合，完成后吊至缓冲对齐机构上；再将另一对坯料用相同方式进行组合后，吊至缓冲对齐机构上与上一对组合坯堆垛在一起；最后，完成复合坯的堆垛，利用对齐机构进行对齐。

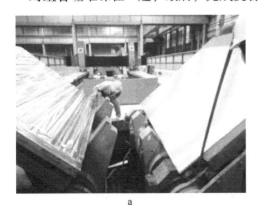

a   b

图4-81 坯料组合
a—翻板过程；b—对齐对中过程

（3）封装焊接：不同于首先采用埋弧焊或气体保护焊的复合坯焊接，然后进行抽真空的封装方式，真空电子束焊机自动焊接封装具有更高的焊接效率和焊接质量。首先，将堆垛后的 4 层钢板送至真空室焊接，先焊接上下两层的低碳钢与不锈钢的缝隙，两块不锈钢之间不焊接。然后将焊好的坯料移出真空室，吊起上层坯料，吊起后在下侧不锈钢上表面涂刷 1mm 厚的隔离剂。用烘烤罩将隔离剂烘干后，将焊好的两块复合坯再次按图 4-81 方式叠放整齐。最后，将其送至真空室，焊接两块不锈钢之间的缝隙，完成组坯。图 4-82 为封装焊接完成的组合坯。

图 4-82　焊接后的复合坯

4.4.1.2　加热工艺

由于不锈钢和低碳钢在比热容和膨胀系数等物理性质上存在一定差异，为防止加热时升温速率过快导致复合坯开裂，对加热制度进行控制，具体加热制度见表 4-22。

表 4-22　组合坯加热工艺

入炉温度/℃	预热段温度/℃	均热段温度/℃	均热段时间/min	出钢温度/℃
≤350	≤600	1200±20	≥120	1200

4.4.1.3　轧制及冷却工艺

采用双金属 TMCP 大压下叠轧工艺分两阶段对组合坯进行轧制，总压下率为 80%，轧制后进行 UFC 快冷。精轧开轧温度为（910±10）℃，精轧终轧温度为（875±10）℃，轧制工艺见表 4-23。

采用控制冷却工艺既可以提高基材的性能，又能有效地避免在不锈钢的敏化温度内长时间停留。因此，在轧制结束后，采用 UFC 进行快冷。但由于钢基层

表 4-23 组合坯轧制工艺

工艺	轧制道次	轧后厚度/mm	压下量/mm	压下率/%	咬入速度/m·s⁻¹	运行速度/m·s⁻¹
粗轧	1	175.67	33.22	15.90	1.50	1.50
	2	142.41	33.21	18.91	1.50	1.50
	3	109.06	33.06	23.26	1.50	2.00
	4	76.00	33.04	30.30	1.75	2.00
精轧	5	62.12	14.84	19.28	1.75	2.00
	6	51.70	9.94	16.13	1.75	3.55
	7	44.12	7.36	14.29	1.75	3.77
	8	38.87	5.23	11.85	1.75	3.97
空过	9	38.87	0.00	0.00	4.50	4.50

与 316L 覆层的物理特性所致，冷却速度不宜过快，以防止快速冷却造成板面的翘曲。不锈钢/低碳钢复合板的控冷工艺见表 4-24。

表 4-24 复合板控冷工艺

温 度	开冷温度/℃	终冷温度/℃	返红温度/℃	冷却速率/℃·s⁻¹
目标温度	840±20	410~460	500±50	≤10
实际温度	840	435	485	10

4.4.1.4 后续处理工艺

将冷却后的复合板进行切边处理。为保证切边质量，采用等离子切割机对其切边，切边过程如图 4-83 所示。切割时，保证头尾和边部切割量均匀，确保将钢板边部焊接区域全部切掉，便于复合板分离。

图 4-83 等离子切边

切割完毕后，在探伤区域对叠轧上面的钢板进行翻面，保证不锈钢覆层在上方，将上表面的隔离剂清理干净。为使不锈钢表面光亮美观，采用砂带对不锈钢表面来回摩擦，提高表面质量，遮掩表面轻微划痕。不锈钢表面拉丝结束后，如图 4-84 所示，在不锈钢表面涂抹不锈钢钝化膏进行钝化处理，必要时可对不锈钢表面进行覆膜处理。

图 4-84　不锈钢表面拉丝处理

4.4.2　不锈钢/碳钢复合板性能检测

4.4.2.1　复合界面微观组织

图 4-85 为不锈钢/低碳钢复合界面的微观组织。从图 4-85 中可以看出，复合界面夹杂物含量很少，不锈钢与低碳钢已实现冶金结合，无裂纹缺陷。低碳钢基材微观组织为针状铁素体、粒状贝氏体和少量多边形铁素体。采用双金属 TMCP 大压下叠轧工艺，低碳钢基材晶粒得到明显细化，晶粒度为 11.6 级。

4.4.2.2　复合板力学性能测试

界面的结合强度是衡量复合板质量的一项重要指标。从复合板中沿纵向切取压剪试样，按照 ASTM A264 所述方法进行试验。不锈钢/低碳钢复合板界面剪切强度达到 483MPa，远远超过国家标准要求的 210MPa。图 4-86 为剪切试样断口形貌，从图中可以清楚地看出，断裂界面处存在大量韧窝，说明断裂方式为韧性断裂，表现出良好的韧性。

由于覆材与基材的力学性能对复合板的质量有重要影响，所以对 316L 覆材、X65 基材进行了力学性能测试，结果见表 4-25 和表 4-26，测得的所有力学性能均符合技术要求。

图 4-85　复合界面微观组织

 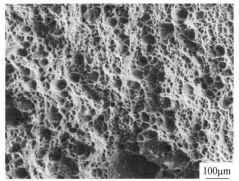

图 4-86　剪切试样断口形貌

表 4-25　316L 覆材力学性能

项　　目	$R_{p0.2}$/MPa	R_m/MPa	A_{50}/%
技术要求	≥170	≥485	≥40
实际值	505	650	43

表 4-26　低碳钢基材力学性能

项　　目	$R_{t0.5}$/MPa	R_m/MPa	A_{50}/%	$R_{t0.5}/R_m$	冲击功(−20℃)/J
技术要求	445~565	520~760	≥24	≤0.90	≥160
实际值	530	645	39	0.82	385（横向）

　　对复合板进行 180°的正向及反向弯曲实验，弯曲后的复合界面未发现开裂现象，弯曲外表面良好，复合板正反冷弯合格，弯曲实物如图 4-87 所示。板头及板尾取样的复合板的正反弯曲实物中，复合界面均未发现开裂现象，弯曲的外表

面也未发现有裂纹。这说明不锈钢/管线钢复合板结合良好，界面具有良好的成型性。将工业试制的不锈钢/管线钢复合板制成如图 4-88a 所示的不锈钢复合管，复合管的焊接接头横截面形貌如图 4-88b 所示。焊接制管过程采用基材和覆材分别焊接，焊接材料选择应根据覆材和基材的材料决定。在覆材与基材交界处采用加焊过渡层的办法，以避免交界处焊缝出现脆化和基层焊缝对覆材焊缝的稀释作用，影响焊缝的韧性和覆材的耐蚀性能。

a　　　　　　　　　　　　　　　　　b

图 4-87　复合板试样内弯、外弯曲实物照片

a—内弯；b—外弯

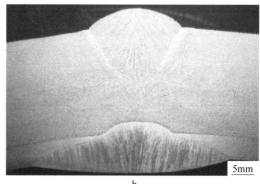

a　　　　　　　　　　　　　　　　　b

图 4-88　制成的复合管和焊管接头宏观形貌

a—复合管；b—复合管焊缝

4.4.2.3　不锈钢覆层耐晶间腐蚀性能测试

在复合板板宽 1/4 处腐蚀取样，去除基层，按照 ASTM A262 方法 E 进行 316L 奥氏体不锈钢覆层的晶腐蚀敏感度铜-硫化铜-16%硫酸试验。将腐蚀样

品埋在铜粉中，置于沸腾的酸化硫酸铜溶液中 15h。经测量得出 316L 覆层电化学腐蚀速率为 0.025mm/a，且无任何点蚀现象。然后，又对样品进行回转直径为 2 倍试样厚度的弯曲试验，弯曲角度为 180°。弯曲试样如图 4-89 所示，试样放在 100 倍显微镜下进行检验，无龟裂、晶间断裂等缺陷存在，符合标准要求。

图 4-89 弯曲后的晶间腐蚀试样

采用开发的真空热轧复合工艺对不锈钢/低碳钢复合板进行了工业试制，复合板界面结合强度、低碳钢基材与 316L 覆材的力学性能及 316L 覆层耐晶间腐蚀性能均能满足技术要求；说明设计的热轧复合工艺制度合理，对于不同基材与覆材的组合具有普通适应性，可开发多品种的工业化不锈钢复合板和耐蚀合金复合板。

参 考 文 献

[1] Liu B X, An Q, Yin F X, et al. Interface formation and bonding mechanisms of hot-rolled stainless steel clad plate [J]. Journal of Materials Science, 2019, 54 (17)：11357~11377.

[2] 王光磊. 真空热轧复合界面夹杂物的生成演变机理与工艺控制研究 [D]. 沈阳：东北大学, 2013.

[3] 王光磊, 骆宗安, 谢广明, 等. 首道次轧制对复合钢板组织和性能的影响 [J]. 东北大学学报 (自然科学版), 2012, 33 (10)：1431~1435.

[4] Xie G, Luo Z, Wang G, et al. Interface Characteristic and Properties of Stainless Steel/HSLA Steel Clad Plate by Vacuum Rolling Cladding [J]. Materials Transactions, 2011, 52 (8)：1709~1712.

[5] Rao N V, Sarma D S, Nagarjuna S, et al. Influence of hot rolling and heat treatment on structure and properties of HSLA steel explosively clad with austenitic stainless steel [J]. Materials Science & Technology, 2009, 25 (11)：1387~1396.

[6] Li G F, Charles E A, Congleton J. Effect of post weld heat treatment on stress corrosion cracking

of a low alloy steel to stainless steel transition weld [J]. Corrosion Science, 2001, 43 (10): 1963~1983.

[7] 王申存, 吴益文, 华沂, 等. 20MnCr5 钢中马氏体回火的 EBSD 研究 [J]. 材料热处理学报, 2011 (1): 45~50.

[8] 张家芸. 冶金物理化学 [M]. 北京: 冶金工业出版社, 2004.

[9] 莫卫红. 真空热处理中金属元素的蒸发问题探讨 [J]. 金属热处理, 2001 (1): 27~28.

[10] 赵莉萍. 金属材料学 [M]. 北京: 北京大学出版社, 2012.

[11] Suehiro M, Hashimoto Y. Carbon Distribution Near Interface between Base and Cladding Steels in Austenite Stainless Clad Steel Sheet [J]. Tetsu-to-Hagane, 1989, 75 (9): 1501~1507.

[12] 祖国胤, 李红斌, 李兵, 等. 高频电流在线加热对不锈钢/碳钢复合带组织与性能的影响 [J]. 金属学报, 2007 (10): 42~46.

[13] Wild R K. High temperature oxidation of austenitic stainless steel in low oxygen pressure [J]. Corrosion Science, 1977, 17 (2): 87~104.

[14] Pu J, Li J, Hua B, et al. Oxidation kinetics and phase evolution of a Fe-16Cr alloy in simulated SOFC cathode atmosphere [J]. Journal of Power Sources, 2006, 158 (1): 354~360.

[15] V K, S B, D V. Magnetoelasticity in ACr_2O_4 spinel oxides (A = Mn, Fe, Co, Ni, and Cu) [J]. Physical Review B, 2013, 87: 0644166.

[16] Chen Y, Liu Z, Ringer S P, et al. Selective Oxidation Synthesis of $MnCr_2O_4$ Spinel Nanowires from Commercial Stainless Steel Foil [J]. Crystal Growth & Design, 2007, 7 (11): 2279~2281.

[17] Diao Q, Yin C, Guan Y, et al. The effects of sintering temperature of $MnCr_2O_4$ nanocomposite on the NO_2 sensing property for YSZ-based potentiometric sensor [J]. Sensors and Actuators B: Chemical, 2013, 177: 397~403.

[18] Xiong W, Selleby M, Chen Q, et al. Phase Equilibria and Thermodynamic Properties in the Fe-Cr System [J]. Critical Reviews in Solid State and Materials Sciences, 2010, 35 (2): 125~152.

[19] Wang S, Chen H, Liang X, et al. The effects of sintering temperature of $MnCr_2O_4$ nanocomposite on the NO_2 sensing property for YSZ-based potentiometric sensor [J]. Sensors and Actuators, B Chemical, 2013, B177: 397~403.

[20] 杨瑞成, 聂福荣. 镍基耐蚀合金特性, 进展及其应用 [J]. 兰州理工大学学报, 2002, 28 (4): 29~33.

[21] Shoemaker L E, Smith G D. A century of monel metal: 1906-2006 [J]. JOM, 2006, 58 (9): 22~26.

[22] Hodge F G. The history of solid-solution-strengthened Ni alloys for aqueous corrosion service [J]. JOM, 2006, 58 (9): 28~31.

[23] Materials A S F T. Standard Specification for Nickel and Nickel-Base Alloy-Clad Steel Plate [M]. Philadelphia, 2012.

[24] Taira T, Takehara J, Kobayashi Y, et al. Clad steel pipe excellent in corrosion resistance and low-temperature toughness and method for manufacturing same. 1984.

［25］ Tachibana S, Kuronuma Y, Yokota T, et al. Development of TMCP Type Alloy625/X65 Clad Steel Plate for Pipe ［C］. Proc of the 2014 10th International Pipeline Conference, 2014.

［26］ Tamehiro H, Ogata Y, Terada Y. Method of producing clad steel plate having good low-temperature toughness: US, US5183198·A ［P］. 1993.

［27］ Glover T J. Copper-Nickel Alloy for the Construction of Ship and Boat Hulls ［J］. British Corrosion Journal, 1982, 17 (4): 155~158.

［28］ Smith L. Engineering with clad steel ［R］. Nickel Institute, 2012.

［29］ 郑远谋. 镍-钛爆炸复合板的轧制 ［J］. 上海有色金属, 1990, 11 (4): 20~26.

［30］ 郑远谋. 镍-不锈钢爆炸复合板的轧制 ［J］. 钢铁研究学报, 1991, 3 (4): 27~33.

［31］ 容耀, 严平, 马英, 等. N6/Q235 复合板热轧工艺研究 ［J］. 西安建筑科技大学学报 (自然科学版), 2007, 39 (1): 145~148.

［32］ 赵惠, 李平仓, 李选明, 等. 爆炸焊接 Incoloy 800/SS304 复合板性能研究 ［C］. 第十届全国工程爆破学术会议, 广州, 2012.

［33］ 刘飞, 邓宁嘉, 芮天安. 镍基合金 N06059 爆炸复合板开发应用 ［J］. 石油化工设备, 2013, 42 (2): 86~89.

［34］ 陈寿军. UNS N06002 合金和钢板的爆炸复合板: 中国. CN201712223U ［P］. 2011.

［35］ 陈寿军, 周景蓉. NAS 625 合金和钢板的爆炸复合板: 中国. CN201712225U ［P］. 2011.

［36］ 邓宁嘉, 芮天安, 方雨. N06600 合金-钢爆炸复合板: 中国. CN202439294U ［P］. 2012.

［37］ 骆宗安, 陈晓峰, 谢广明, 等. 真空轧制 825 合金/X65 钢复合板的组织性能 ［J］. 钢铁, 2017, 52 (3): 64~69, 81.

［38］ 佟梅, 包耀宗, 董瀚, 等. 高酸性气田用油管材料 G3、825 合金的高温变形特性 ［J］. 机械工程材料, 2009, 33 (2): 56~58.

［39］ 邵羽, 王宝顺, 张杰, 等. 825 合金热挤压管中碳化物的析出及回溶行为 ［J］. 热加工工艺, 2013 (4): 202~205.

［40］ 佟梅. 高酸性气田用耐蚀合金管材的研究与试制 ［D］. 昆明: 昆明理工大学, 2009.

［41］ 杨俊峰, 范芳雄, 李墨, 等. Incoloy825 合金晶间腐蚀原因分析 ［J］. 材料开发与应用, 2009 (4): 30~33.

［42］ 马小军. 管线钢高温变形行为和组织控制与细化工艺的研究 ［D］. 鞍山: 辽宁科技大学, 2006.

［43］ 陈刚强. 单机架中板轧机的控轧控冷生产 ［J］. 甘肃冶金, 2001 (4): 17~22.

［44］ 刘勤博, 张红梅, 王红娟, 等. 控制轧制对管线钢 X65 组织细化的影响 ［J］. 热加工工艺, 2007, 36 (16): 6~8, 11.

［45］ 赵明纯, 单以银, 曲锦波, 等. 控轧控冷工艺对 X60 管线钢组织及力学性能的影响［J］. 金属学报, 2001, 37 (2): 179~183.

［46］ 郭世宝, 李静宇, 黄重, 等. X65 管线钢的生产实践 ［J］. 炼钢, 2009, 25 (2): 11~14.

［47］ 马跃, 许佳伟. 浅析我国石油化工技术创新发展趋势 ［J］. 化工管理, 2018 (34): 73~74.

［48］ 阮玲慧. 临氢压力容器钢特厚板的工艺与组织性能研究 ［D］. 武汉: 武汉科技大

学，2015.

[49] 陈建良，童水光. 复合材料在压力容器中的应用 [J]. 压力容器，2001，18（6）：47~50.

[50] Alves M L, Santana P, Fernandes N, et al. Fabrication of metallic liners for composite over-wrapped pressure vessels [J]. The International Journal of Advanced Manufacturing Technology, 2012, 67（9~12）：2671~2680.

[51] 于斌，刘志栋，靳庆臣，等. 国内外空间复合材料压力容器研究进展及发展趋势分析（二）[J]. 压力容器，2012，29（4）：34~45.

[52] 庄晓东，徐远超，尹梦琦，等. 浅析复合材料压力容器 [J]. 化学工程与装备，2018，256（5）：272~274.

[53] 李煜. 复合钢板压力容器焊缝高温蠕变研究 [D]. 太原：太原理工大学，2010.

[54] 周志宏. 高铬铸铁堆焊复合耐磨板工艺研究 [J]. 化学工程与装备，2010（7）：104~106，72.

[55] Anburaj J, Nazirudeen S S M, Narayanan R, et al. Ageing of forged superaustenitic stainless steel：Precipitate phases and mechanical properties [J]. Materials Science and Engineering：A, 2012, 535：99~107.

[56] 张树才，姜周华，李花兵，等. 超级奥氏体不锈钢654SMO的研究进展 [J]. 钢铁研究学报，2019，31（2）：47~59.

[57] 李花兵. 高氮奥氏体不锈钢的冶炼理论基础及其材料性能研究 [D]. 沈阳：东北大学，2008.

[58] 冯浩. 高钼高氮超级奥氏体不锈钢在典型极端环境中的腐蚀行为研究 [D]. 沈阳：东北大学，2014.

[59] 金建炳. 热轧不锈钢复合板复合率和复合强度的研究 [J]. 宽厚板，2013，19（6）：12~15.

[60] 沈文兴，陈海涛，郎宇平，等. 析出相对6Mo超级奥氏体不锈钢腐蚀性能的影响 [J]. 金属热处理，2018，43（7）：115~120.

[61] 郭丽芳. 超级奥氏体不锈钢254SMO点蚀及晶间腐蚀行为研究 [D]. 上海：复旦大学，2014.

5 真空轧制钛/钢复合板界面产物演变机理及工艺

　　钛/钢复合板真空热轧工艺是决定其界面组织及力学性能的关键。由于真空热轧复合法能够保证界面处于高真空状态，可以避免金属接触区域生成有害的氧化物和氮化物。但钛/钢复合板制备过程中，界面仍不可避免形成钛/钢异种金属间脆性化合物，如 TiC 和 Ti-Fe 金属间化合物等，并影响着复合板的力学性能。调控复合界面化合物的种类、形态和含量进而优化复合板界面组织及力学性能，对复合板的热轧复合制备过程尤为重要。本章围绕钛/钢复合板生产过程中界面化合物的生成与演变机理、真空热轧复合工艺及界面结合性能分析等进行深入的探讨与研究，并介绍真空热轧钛/钢复合板的工业化生产路线[1~4]。

5.1 钛/钢复合板真空复合工艺

　　TA2 工业纯钛和 Q345R 低合金容器钢的物理性能和化学性质差异较大，两者的结合十分困难。由于两种金属在轧制过程的延伸变形不同，简单采用钛/钢双层轧制时，复合板通常向变形抗力较大的钢侧弯曲，导致钛/钢复合板出现翘头和翘尾情况，影响复合板板形。目前，一些报道采用异步轧制法解决上述问题，但上下轧辊的"异步比"较难确定，对两种金属的不均匀变形改善有限。因此，钛/钢异种金属在轧制过程的协调变形和顺利结合是钛/钢复合板制备环节的复杂难题。

　　真空热轧复合法的核心是使钛/钢接触面始终处于高真空状态，防止复合坯料在加热及轧制过程中界面发生氧化或氮化，保证界面的结合性能。可从两方面确保界面处于高真空环境，一是保证复合坯焊接时完全处于高真空状态，使金属板接触区不会在焊接过程中发生大面积的氧化或氮化；二是保证材料焊缝处的力学性能，防止焊缝在高温加热和热轧时开裂，避免空气进入界面影响界面结合性能。

　　钛、钢两种材料的热物理性能和晶体结构也存在较大差异，铁在钛中的溶解度极低，因此在对钛和钢进行电子束焊接时，焊缝极易形成低熔点共晶，导致大量 Ti-Fe 金属间化合物在焊缝形成。900℃下钢和钛的变形抗力之比为 9∶1，Ti-Fe 金属间化合物极易在内应力作用下使焊缝发生开裂[5]。因此，通常选用钢在外侧的钢-钛-钛-钢 4 层对称组坯方式，焊接在钢与钢之间进行，可获得良好的密封状态。

　　钢-钛-钛-钢的 4 层对称组坯如图 5-1 所示，侧面采用封装，4 层对称组坯可以保证坯料轧制过程中的对称变形，避免轧后复合板出现翘头和翘尾现象。在隔离剂作用下，轧后复合板切边后可顺利分成两块钛/钢复合板，保证一次复合可得到两块复合板。高真空条件下焊接避免了界面的氧化和氮化。坯料在焊缝的牢固约束下，使钛/钢两种金属在轧制过程中协调变形，保证了界面结合性能。

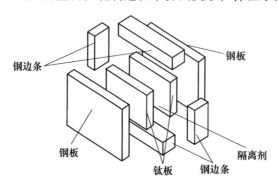

图 5-1　带边条的组坯方式示意图

　　钛/钢复合板的复合工艺包括：表面处理、真空度、加热温度、保温时间、压下率、轧制速度、轧后热处理等。本节研究从复合板制备过程中的表面处理、真空度、压下率以及加热温度等关键工艺环节，分析不同工艺对真空热轧钛/钢复合板界面组织和力学性能的影响规律。

　　本节研究采用 TA2 工业纯钛板为覆材，Q345R 低合金容器钢为基材，其化学成分见表 5-1。TA2 纯钛板尺寸为 126mm×76mm×10mm（2 块）；Q345R 钢板尺寸分别为 150mm×100mm×20mm 和 150mm×100mm×40mm。

表 5-1　实验材料的化学成分（质量分数）　　　　　　（%）

材料	C	N	H	O	Mn	P	S	Si	Al	V	Ti	Fe
TA2	0.01	0.02	0.002	0.14	—	—	—	—	—	—	余量	0.07
Q345R	0.2	—	—	—	1.2	0.025	0.015	0.55	0.02	0.05	—	余量

5.1.1　表面处理对钛/钢复合板界面组织与性能的影响

　　待复合金属表面不可避免残留一定量的油污和氧化物，如果未对金属板表面生成物进行有效清理，将会对后续的焊接以及热轧复合产生严重影响[6]。不同于同质金属复合板，钛/钢复合板中两种板材合金元素种类及含量差异较大，导致界面结合困难，因此对金属表面处理的要求极为苛刻。表面处理的质量直接影响复合板的结合性能，清洁的表面是获得高强度结合界面的一个重要前提。目前，金属板的表面处理方式主要分为机械处理和化学处理，针对钛、钢两种材料，采用钢丝刷打磨、酸洗和带水砂带机打磨三种表面处理方式，在复合坯加热温度为850℃、加热时间为2h、总压下率为85%、焊接真空度为10^{-2}Pa和轧后空冷的工艺条件下，分析不同表面处理对钛/钢复合板界面组织及力学性能的影响。

5.1.1.1 表面处理方式对复合界面组织的影响

三种不同表面处理方式下的复合界面微观形貌如图5-2所示。在图5-2a所示钢丝刷打磨的表面处理方式下，复合界面形成大量的块状夹杂物。其形成的主要原因是钢丝刷打磨后的金属表面互相接触时形成未完全贴合区域，在加热、轧制和后续的冷却过程极易在此处发生元素聚集，最终导致块状夹杂物形成；WDS检测结果表明，块状夹杂物区域主要含有钛、碳和铁元素，其质量分数分别为83.1%、11.1%和4.2%，结合Ti-Fe和Ti-C二元相图[7,8]分析，界面处的夹杂物为金属钛和一定量TiC的混合物。在酸洗的表面处理方式下，界面块状夹杂物含量降低，表明经酸洗处理的金属表面，粗糙度有所降低，在加热、轧制和轧后冷却过程中，形成的块状夹杂物尺寸变小，界面碳元素聚集区域减少。在图5-2c砂带机打磨的表面处理方式下，形成连续的复合界面，无明显夹杂物。

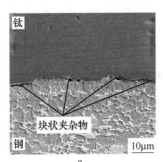 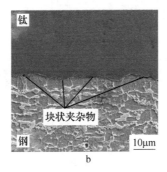 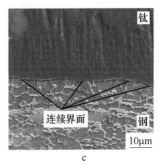

图5-2 不同表面处理方式下的复合界面形貌

a—钢丝刷打磨；b—酸洗；c—砂带机打磨

为分析碳元素聚集区域对其他元素扩散的影响，进行了界面碳元素异常聚集和均匀聚集区域的元素研究。图5-3为垂直界面的钛、铁、碳和氧元素的扩散曲线。图5-3a表明，碳元素异常聚集区域在界面，影响了钛和铁元素的扩散均匀性，钛和铁元素的扩散距离较小，这是因为碳元素异常聚集区域形成的块状TiC抑制了钛和铁元素的扩散。图5-3b为碳元素均匀区域的元素扩散情况，发现碳含量无明显波动，只在界面处有少量聚集，铁和钛元素的扩散距离有所增加且扩散均匀。两区域的元素分析结果均无氧元素在界面处聚集。

砂带机打磨的表面处理方式下界面元素分布情况如图5-4所示。结果表明，界面形成一条连续均匀的TiC层，钛元素无明显扩散区域，而铁元素在钛侧形成

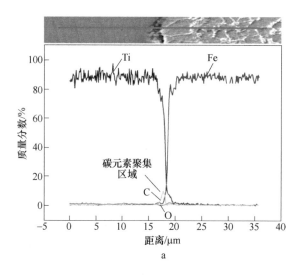

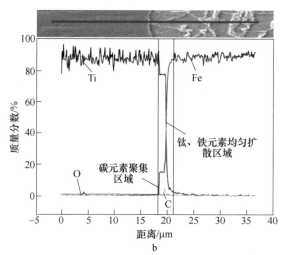

图 5-3　C 聚集和非聚集区域的界面元素扩散曲线

a—C 异常聚集区域；b—C 均匀聚集区域

连续的扩散层。尽管板坯在表面处理后的表面仍残留一定量的氧或氮化物，但是含量极低，在随后的热轧过程中，极少量的氧或氮化物随着轧制道次的增加而破裂分解，弥散分布于界面；另一方面，钛/钢复合坯料的封装过程是在真空度为 10^{-2}Pa 的条件下完成，因此焊接时金属接触面无残留空气，焊接完成后复合界面将与外界空气完全隔绝，加热及轧制后界面未氧化氮化，因此氧或氮化物并没有在界面处形成明显的聚集。

　　钢丝刷打磨的表面处理方式下界面元素分布情况如图 5-5 所示。C 元素在界面处有明显的聚集区域，TiC 层厚度极不均匀，这是由于在加热、轧制及后续的

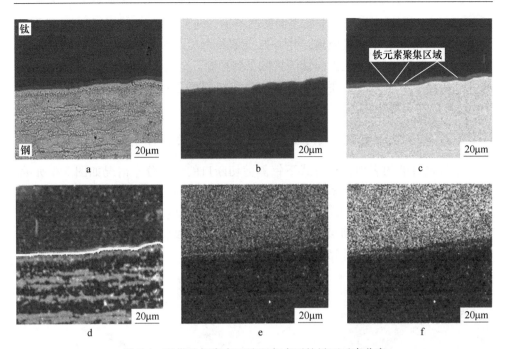

图 5-4 砂带机打磨表面处理方式下的界面元素分布

a—形貌照片；b—Ti 的分布；c—Fe 的分布；d—C 的分布；e—O 的分布；f—N 的分布

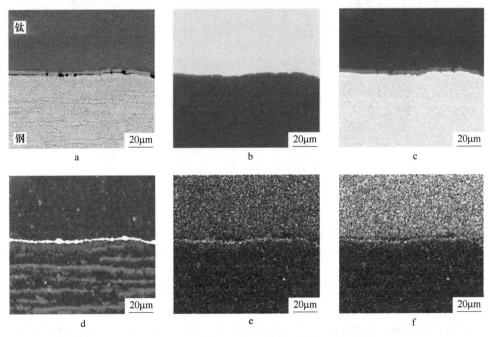

图 5-5 钢丝刷打磨表面处理方式下的界面元素分布

a—形貌照片；b—Ti 的分布；c—Fe 的分布；d—C 的分布；e—O 的分布；f—N 的分布

冷却过程中，钢丝刷打磨的金属表面凹凸不平，两种金属在互相接触时产生的未贴合区域极易发生 C 元素聚集，并与 Ti 元素结合生成块状 TiC。图 5-5 检测结果表明，TiC 聚集区域 Fe 元素向钛侧扩散受到抑制。金属板表面不同的粗糙度是导致 TiC 层厚度不均匀的主要原因，这与砂带机打磨条件下界面生成厚度均匀的 TiC 层形成鲜明对比。

5.1.1.2　表面处理方式对复合界面力学性能的影响

砂带机打磨的表面处理方式下钢侧剪切断口的元素分布情况如图 5-6 所示。结果表明，钢侧断口主要含有 Fe 元素和呈纹状分布的 Ti 和 C 元素，而无明显的氧元素分布。在砂带机打磨条件下，复合界面形成厚度均匀且连续的 TiC 层，因此剪切测试时发生脆性断裂的区域较少，TiC 呈条纹状分布于剪切断口，并在 TiC 断裂区域形成大量的韧窝。

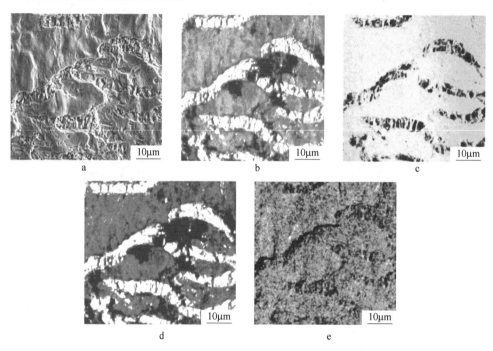

图 5-6　砂带机打磨表面处理方式下的钢侧剪切断口元素分布
a—形貌照片；b—Ti 的分布；c—Fe 的分布；d—C 的分布；e—O 的分布

钢丝刷打磨的表面处理方式下钢侧剪切断口元素分布情况如图 5-7 所示。结果表明，断口呈脆性断裂形貌，无明显韧窝生成；断口主要含有铁元素，而无明显的氧元素分布，钛和碳元素的分布区域基本一致。由此推断，两元素聚集区域有 TiC 形成，且呈块状分布于钢侧剪切断口。在钢丝刷打磨条件下，界面形成了不均匀的 TiC 层，界面在剪切过程中，极易在 TiC 聚集区域发生脆断，在断口表面形成断续状 TiC。

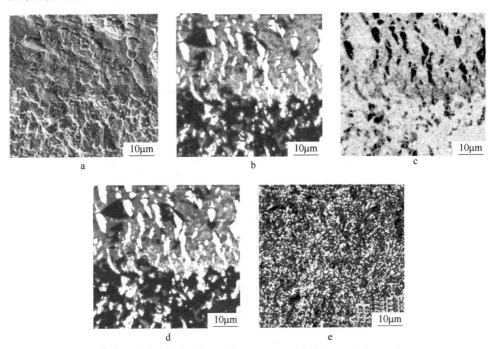

图 5-7　钢丝刷打磨表面处理方式下的钢侧剪切断口元素分布
a—形貌照片；b—Ti 的分布；c—Fe 的分布；d—C 的分布；e—O 的分布

　　不同表面处理方式下复合界面断口 XRD 分析结果如图 5-8 所示。结果表明，三种表面处理方式下的断口均含有 TiC，说明在钛/钢复合板的制备过程中，无论用何种表面处理方式，界面均不可避免形成 TiC，TiC 的含量和分布与表面处理方式密切相关。在钢丝刷打磨和酸洗的表面处理方式下，板坯表面较为粗糙，在后续组坯过程中，钛、钢接触面易形成较大的未贴合区域，在随后的加热、轧制及轧后冷却过程中，极易发生碳元素聚集。在高温状态下，大量的碳元素与钛元素反应形成 TiC，并在界面处形成聚集，导致界面 TiC 层厚度极不均匀。砂带机打磨的表面处理方式下，板坯表面在处理后光滑且平整，在热轧及后续的冷却过程中，界面处无块状 TiC 聚集，并形成连续均匀的 TiC 层，因此在剪切测试过程中，易发生脆断的块状 TiC 聚集区域较少。

　　对不同表面处理方式下的钛/钢复合界面剪切性能进行测试分析，图 5-9 结果表明，不同的表面处理方式对复合板的剪切强度影响很大。当采用钢丝刷打磨和酸洗的表面处理方式时，界面形成不均匀 TiC 层，导致剪切强度降低，平均剪切强度分别为 178.4MPa 和 201.5MPa。而砂带机打磨的表面处理条件下，界面

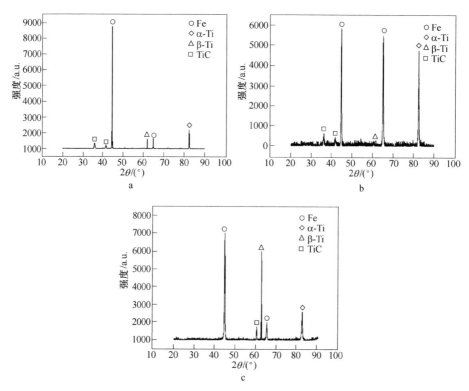

图 5-8　不同表面处理方式下复合界面的钢侧剪切断口 XRD 分析结果

a—钢丝刷打磨；b—酸洗；c—砂带机打磨

生成连续均匀的 TiC 层，剪切强度提高明显，平均剪切强度为 242.6MPa。钛/钢复合板界面剪切强度的国家标准为 140MPa，砂带机打磨表面处理方式下的钛/钢复合板界面剪切强度远超国家标准要求。

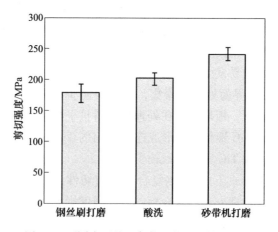

图 5-9　不同表面处理条件下的界面剪切强度

相比较而言，在实验室条件下砂带机打磨的表面处理方式能够高效快速地将金属板坯表面油污和氧化物去除，并且尽可能保证金属板表面的光滑程度。实际上，钢丝刷打磨和酸洗的表面处理方式也可以达到砂带机打磨后的金属板表面粗糙度，只是需要在处理过程中更加细致。经过检测，当金属板表面的高度差小于等于 $7\mu m$ 时，可避免钛/钢界面形成大块状夹杂物。

5.1.2 真空度对钛/钢复合板界面组织与性能的影响

5.1.2.1 真空度对复合界面组织的影响

大量研究表明，真空度对钛/钢复合板界面化合物含量和种类影响较大。在电子束焊接封装过程中，当真空室内真空度较高时，钛/钢复合界面未发现氧化物和氮化物，并最终形成连续的 TiC 层。而当焊接过程中真空度较低或焊缝出现裂纹时，成品钛/钢复合板界面将形成大量的块状化合物夹杂，这将破坏界面化合物的连续性，影响复合板的力学性能。在采用砂带机打磨的表面处理方式和轧制工艺条件不变的情况下，分别研究了高真空（10^{-2}Pa）、低真空（1Pa）和常压（10^5Pa）对钛/钢复合板界面的微观组织和力学性能的影响。

低真空和常压焊接条件下的界面组织微观形貌如图5-10所示。与二次电子

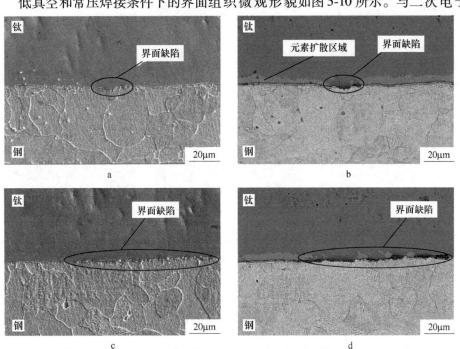

图 5-10 不同真空度条件下的复合界面微观形貌

a—SE 形貌（低真空）；b—BSE 形貌（低真空）；c—SE 形貌（常压）；d—BSE 形貌（常压）

像不同，背散射电子形貌可以反映不同相的衬度，更适合观察复合界面的缺陷。低真空条件下的复合界面 BSE 形貌表明，界面形成了少量块状夹杂物，夹层物尺寸约为 3μm。在夹杂物区域，近复合界面钛侧的元素扩散层中断，表明夹杂物的形成对金属间元素的相互扩散影响较大。常压条件下复合界面 BSE 形貌表明，界面夹杂物尺寸明显增大且数量增多。由于钛/钢复合界面处于常压或低真空状态，高温焊接和加热过程中界面残余气体与基体金属相互反应形成混合夹杂物。

　　低真空条件下的复合界面元素分析如图 5-11 所示。结果表明，界面夹杂物区域有大量氮元素聚集，而氧元素在界面处无明显聚集，同时，氮元素聚集区域导致铁元素向钛侧扩散受阻。相关研究表明[9]，在常温状态下，TA2 工业纯钛的微观组织为 α-Ti，其 α-Ti 向 β-Ti 转变的温度为 882℃，虽然 850℃ 的热轧温度未达到 TA2 的相转变温度，但铁元素向钛侧扩散降低了钛的相变温度，导致 β-Ti 在近复合界面钛侧形成。在高真空焊接条件下，界面形成均匀的 β-Ti 层和 TiC 层，而在低真空焊接时，部分铁元素向钛侧扩散受阻，β-Ti 层并不连续，且 TiC 层中断。

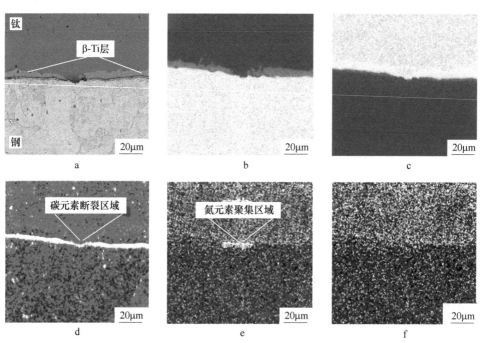

图 5-11　低真空条件下的复合界面元素分布

a—形貌照片；b—Fe 的分布；c—Ti 的分布；d—C 的分布；e—N 的分布；f—O 的分布

　　常压条件下的复合界面元素分布如图 5-12 所示。结果表明，界面氮元素含量及其聚集区域较低真空时明显增多，且尺寸明显增大，而界面氧元素含量与低

真空焊接时基本一致。与低真空条件的结果相同，常压条件下，氮元素聚集区域
会使铁元素向钛侧扩散受阻，破坏 β-Ti 层的连续性。结果表明，低真空复合界
面的夹杂物种类与常压条件下的界面夹杂物种类并无区别，均由钛元素和氮元素
聚集而形成，仅是夹杂物的数量和尺寸发生变化。低真空焊接组坯时，尽管界面
含有一定量的残余空气，但含量有限，在界面处与金属反应结合形成的化合物含
量较低。常压焊接组坯时则不同，界面残留了大量空气，导致界面在加热时大量
气体元素与金属反应形成化合物。

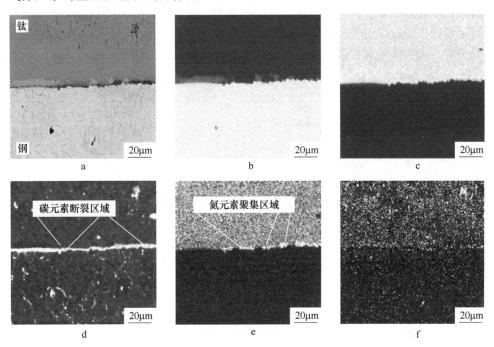

图 5-12 常压条件下的复合界面元素分布

a—形貌照片；b—Fe 的分布；c—Ti 的分布；d—C 的分布；e—N 的分布；f—O 的分布

对夹杂区域的化合物进行 WDS 成分检测，该区域主要含有铁（1.2%）、
钛（75.1%）、氮（18.1%）、氧（2.1%）和碳（1.8%）元素（均为原子分
数），基于元素含量可以推断夹杂物中含有一定量的 TiN。相关研究表明[10]，高
于 300℃时金属钛吸附氢元素的能力较强，温度达到 600℃时，钛能快速吸附氧
元素；当温度达到 700℃以上时，金属钛对氮元素的吸附能力高于氧元素，金属
钛会快速与周围的氮元素反应。在本研究中，复合坯料的加热温度为 850℃，所
以在低真空和常压条件下，复合界面残留的氮气与金属钛发生反应，生成脆性化
合物 TiN。TiN 具有极高硬度且韧性较差，势必影响复合板的结合性能。空气中
氮气和氧气的体积分数比值约为 4∶1，且在高温状态下钛金属对氮元素吸附能

力更强，导致钛与氧元素相互反应的可能性降低，因此界面没有明显的氧元素聚集。

为进一步分析 TiN 对复合界面元素扩散的影响，研究了界面 TiN 聚集区域和无 TiN 聚集区域的元素分布，如图 5-13 所示。图 5-13b 的检测结果表明，TiN 聚集严重影响了钛、铁元素的相互扩散，降低了铁元素向钛侧扩散的距离，且界面 TiN 聚集区域碳元素聚集量明显减弱，表明界面处生成的 TiN 抑制了 TiC 的形成，导致 TiC 层中断，且破坏了钛和铁元素扩散的均匀性。在后续的剪切测试中，界面将在此处形成裂纹源，影响复合板的剪切力学性能。相对于界面 TiN 聚集区域的元素分布曲线，无 TiN 聚集区域处没有明显的氮元素聚集。图 5-13a 的检测结果表明，钛和铁元素扩散充分且均匀，界面含有碳元素聚集。

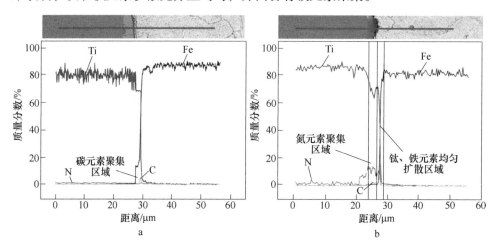

图 5-13　TiN 聚集和无聚集区域的复合界面元素扩散曲线

a—无 TiN 聚集区域；b—TiN 聚集区域

5.1.2.2　真空度对复合界面力学性能的影响

低真空条件下的复合板界面剪切断口形貌如图 5-14 所示。与高真空条件下的断口形貌不同，低真空条件下断口钢侧与钛侧均未发现韧窝，断口处有明显的块状化合物，符合脆性断裂特征。对块状化合物进行 WDS 分析，发现块状化合物主要含有钛（64.1%）和氮（35.1%）元素（均为原子分数），由此表明断口两侧形成的块状化合物为 TiN，并且 TiN 在断口处随机分布，含量相对较少，这与界面 TiN 的分布情况基本一致。

常压条件下的复合板界面剪切断口形貌如图 5-15 所示。断口表面含有大量块状 TiN，与低真空的情况相比，常压条件下的钛、钢断口两侧均生成了较多的 TiN，且尺寸增加并大面积的聚集于断口表面。同时，韧窝与撕裂状痕迹消失，

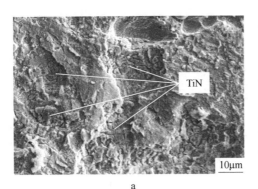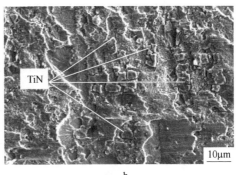

a　　　　　　　　　　　　　　　　　b

图 5-14　低真空条件下复合板界面的剪切断口形貌
a—钢侧；b—钛侧

完全被块状化合物 TiN 取代。TiN 属于脆性化合物，在剪切性能测试过程中，界面 TiN 聚集区域易成为应力集中点，并率先在此处发生断裂。因此，钛/钢复合界面形成过多的 TiN 会降低钛/钢复合板的力学性能。

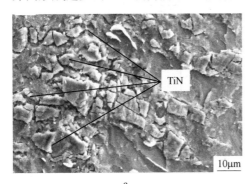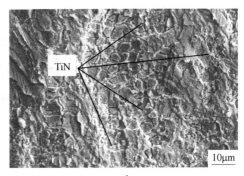

a　　　　　　　　　　　　　　　　　b

图 5-15　常压条件下复合板界面的剪切断口形貌
a—钢侧；b—钛侧

　　为进一步确定块状化合物是 TiN，对常压条件下的钢侧和钛侧剪切断口进行 XRD 物相分析，结果如图 5-16 所示。与高真空条件下的剪切断口 XRD 检测结果不同，在常压条件下钛侧和钢侧的物相检测结果基本一致，断口钢侧与钛侧均含有 TiN。由于 TiN 在界面处呈不连续分布，断口未被块状化合物 TiN 完全覆盖，断口两侧除含有 TiN 外还检测出 α-Ti、β-Ti、Fe 和 TiC 等。

　　对处于不同真空度的钛/钢复合板界面进行剪切强度分析，结果如图 5-17 所示。随着真空度的提高，界面的剪切强度稳步提升。高真空条件下，界面的平均剪切强度达到了 242.6MPa。低真空条件下，界面的平均强度为 206.3MPa。常压条件下，复合板界面平均剪切强度明显下降，仅为 129.6MPa，未能达到国家标准要求。

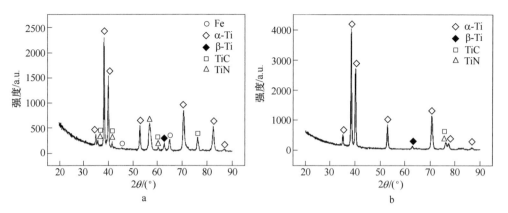

图 5-16　常压条件下的复合板界面剪切断口 XRD 分析结果

a—钢侧；b—钛侧

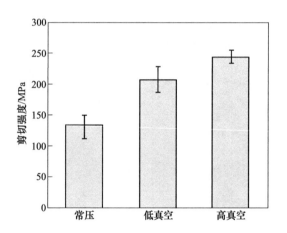

图 5-17　不同真空度的复合界面剪切强度

研究表明，常压条件下的界面断口形成了大量的块状化合物 TiN，影响了元素的均匀扩散，导致复合板剪切强度降低。低真空与常压的情况类似，界面中 TiN 的含量低于常压条件。当处于高真空状态条件下，复合界面形成连续均匀的 TiC 层，保证了复合界面处钛和铁元素的均匀扩散和 β-Ti 层的连续性，剪切强度显著提高。

5.1.3　压下率对钛/钢复合板界面组织与性能的影响

5.1.3.1　压下率对复合界面组织的影响

压下率是钛/钢复合板生产过程中关键性参数，决定了复合板界面化合物的尺寸和分布[11]。复合板轧制之前的组坯过程中，钛/钢接触面不可避免形成局部未贴合区域，并在随后的加热过程中形成夹杂物。在热轧过程中，钛/钢待复合界面在轧制压力和摩擦力的作用下，界面两侧的新鲜金属开始结合。随着压下量的增加，界面的结合面积随之增大直至全部结合，同时，界面块状化合物弥散分布于复合界面，并最终形成层状组织。界面夹杂物的尺寸大小影响界面元素扩散层的形态，是决定钛/钢复合板力学性能的关键因素。

　　不同压下率下的复合界面金相组织形貌如图 5-18 所示。结果表明，随着压下率的增加，基体钢组织晶粒逐渐细化。压下率为 30% 时，钢组织晶粒尺寸约为 10μm；当压下率达到 85% 时，晶粒尺寸约为 3μm。相对于较低的压下率，较高压下率更利于金属组织的剪切变形，起到细化晶粒的目的。基体钢组织晶粒越细化，晶界长度随之增加，可与金属钛形成充分接触并相互结合，有效提高复合板界面的结合性能。

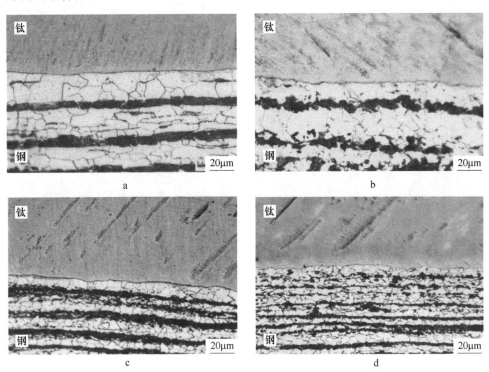

图 5-18　不同压下率条件下的复合界面金相组织形貌

a—压下率 30%；b—压下率 50%；c—压下率 70%；d—压下率 85%

　　不同压下率下的复合界面 BSE 组织形貌如图 5-19 所示。在压下率为 30% 时，复合界面有明显的未结合缺陷，这是因为钛、钢两种金属在较低的压下率时界面未能形成有效结合。随着压下率的提高，界面未结合缺陷的尺寸和数量逐渐减小。在压下率为 50% 时，尽管未结合区域宽度已减少至大约 2μm，但仍贯穿整个界面。在较低压下率时，钛、钢金属间的接触区域未能形成充分变形，界面处新鲜金属裸露较少，无法完成有效的冶金结合。压下率为70%时，未结合区域数量和尺寸明显减少，复合界面钛侧形成少量铁元素扩散区域。经分析，界面未结合缺陷含有大量的钛和碳元素，这是因为在轧制和轧后室温冷却过程中TiC在此处形成，并在30%、50%和70%的压下率条件下抑制了铁元素向钛侧扩散。在轧制压下率为85%时，界面结合良好，无明显的未结合缺陷。结果表明，当压下率达到85%时，钛/钢复合板变形充分，铁元素在钛侧形成均匀的扩散区域。

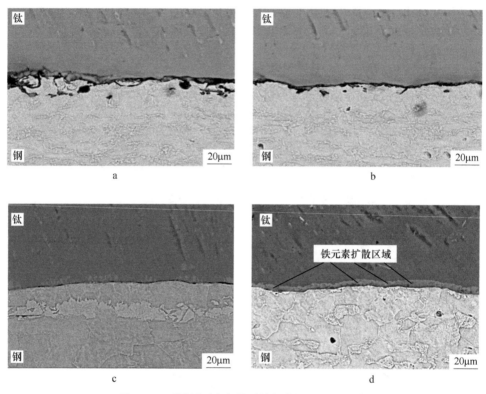

图 5-19　不同压下率条件下的复合界面 BSE 形貌
a—压下率 30%；b—压下率 50%；c—压下率 70%；d—压下率 85%

为分析压下率对界面元素扩散行为的影响，对30%、50%和85%三种不同压下率条件的复合界面进行元素线扫分析，如图5-20所示。结果表明，随着压下率的增加，界面处碳元素含量逐渐减少。如前文所述，砂带机打磨的表面处理方式使钛、钢金属表面仍有一定的粗糙度，在压下率较低时接触面变形不充分。在未结合区域，粗糙度过大且接触面两侧金属变形不够充分，导致界面形成封闭区间，造成碳元素在此处聚集；另一方面，较低压下率条件下的钛/钢复合板终轧厚度较大，冷却至室温时间较长，导致基体钢中的碳元素在长时间的高温状态下向界面扩散聚集，造成低压下率条件下碳元素在界面处的聚集量明显增加。另外，在30%和50%两种不同压下率条件下，钛和铁元素在界面处的分布变化并不明显，但当压下率达到85%时，界面钛侧形成铁和钛元素的扩散平台，表明此时界面具有一定厚度的 TiC 层状组织无法有效阻碍铁元素向钛侧扩散，导致钛侧形成一条均匀的 β-Ti 层。

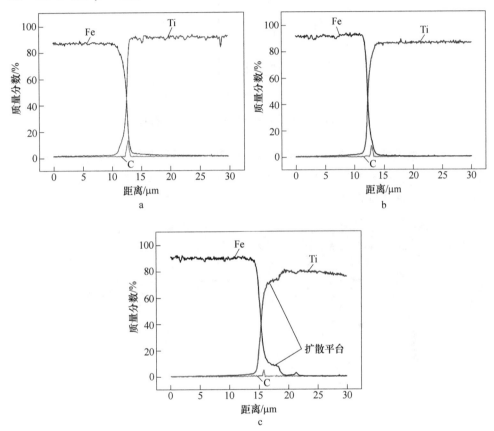

图 5-20　不同压下率条件下的复合界面元素扩散曲线

a—压下率 30%；b—压下率 50%；c—压下率 85%

5.1.3.2　压下率对复合界面力学性能的影响

对不同压下率条件下的钛/钢复合板界面进行力学性能分析，结果如图 5-21 所示。随着压下率的增加，界面剪切强度呈现增大趋势，85%压下率条件下的界面剪切强度最高，平均剪切强度为 237.1MPa，远超国家标准要求的 140MPa。

不同压下率条件下的复合界面剪切断口形貌如图 5-22 所示。随着压下率的

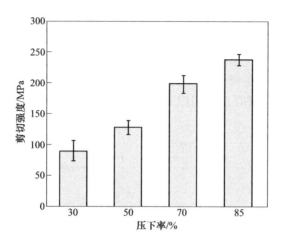

图 5-21 不同压下率下的复合界面剪切强度

增加，断口撕裂状痕迹和韧窝逐渐增多。在 30%的压下率条件下，剪切断口钢侧
呈现较多的凹陷状断裂带，而断口钛侧呈现较多的凸起状断裂带，无撕裂状痕迹
和韧窝形成，属于脆性断裂。压下率为 50%时，剪切断口钢侧和钛侧均形成了少

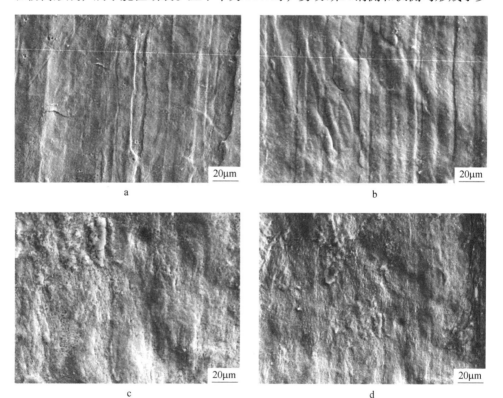

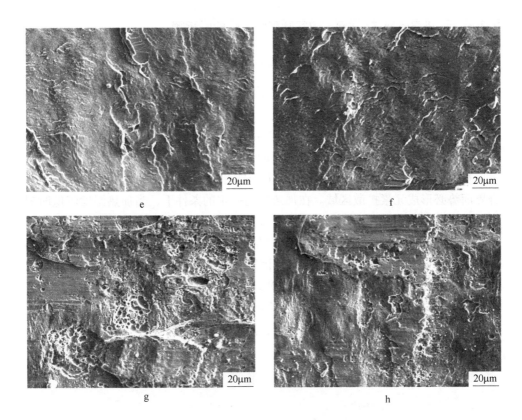

图 5-22 不同压下率条件下的复合界面剪切断口形貌

a—30%钛侧；b—30%钢侧；c—50%钛侧；d—50%钢侧；

e—70%钛侧；f—70%钢侧；g—85%钛侧；h—85%钢侧

量韧窝和撕裂状痕迹，是一种包含脆、韧性断裂的混合断裂形式。在压下率为70%时，剪切断口钢侧和钛侧韧窝和撕裂状痕迹进一步增多，但仍有较多脆性断裂痕迹。压下率达到85%时，断口两侧几乎完全被韧窝覆盖，撕裂状痕迹明显，断裂位置主要在基体和少量的化合物层处。断口韧窝和撕裂状痕迹的数量是评价复合板剪切强度的重要标准，当断口含有较多韧窝和撕裂状痕迹时，其剪切强度相应提高。

　　如前文所述，钛和钢在高温状态下伸长率和屈服强度存在较大差异，尽管组坯方式已经保证两种金属在轧制变形过程中流动性趋于一致，但较小的变形量仍无法有效保证钛、钢两种金属协调变形，导致在后续的轧制过程中界面出现较多的未结合区域，并伴有较厚的 TiC 层形成。结合界面组织形貌、界面元素分布和断口形貌分析，在其他工艺参数不变的情况下，钛/钢复合板轧制压下率达到85%时，可优化界面化合物的组织形态，有效提高复合板的力学性能。

5.1.4　加热温度对钛/钢复合板界面组织与性能的影响

5.1.4.1　加热温度对复合界面组织的影响

温度是影响固相金属元素扩散的重要因素，加热温度直接影响了复合界面附近元素的扩散程度，金属元素扩散越充分越易于金属间的冶金结合。但对于合金元素含量和种类差别较大的异种金属，如果加热温度过高，元素扩散加剧，界面将形成过多的脆性相化合物，复合材料的力学性能将会受到严重影响。

在钛/钢复合板的轧前加热阶段，由于钛和钢的化学成分具有较大差异，复合界面势必形成元素扩散区域。在加热时间一定的条件下，当加热温度较低时界面元素间的相互扩散有限，当加热温度较高时将导致更多元素相互扩散或在界面处集聚，如果界面元素扩散并形成有害的金属间脆性化合物时，钛/钢复合板的力学性能将受到严重影响[12]。针对钛/钢复合板加热温度这一重要参数，在其他工艺参数不变的条件下，对比分析800℃、850℃、900℃和950℃四种加热温度对钛/钢复合板界面组织和力学性能的影响。不同加热温度条件下的钛/钢复合界面金相组织如图5-23所示。基体钢组织均为铁素体和珠光体，并呈条带状分布。

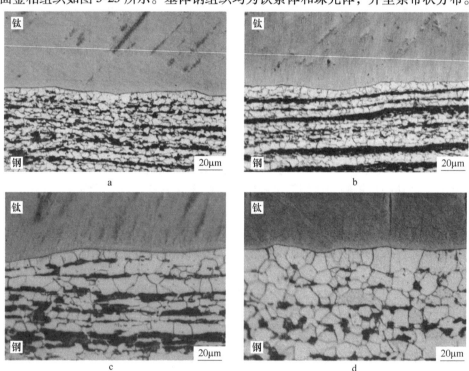

图 5-23　不同加热温度条件下的复合界面金相组织形貌
a—800℃；b—850℃；c—900℃；d—950℃

随着加热温度的升高，钢基体组织晶粒逐渐粗大，近复合界面钢侧的脱碳层厚度也随之增加。脱碳层的形成主要与钛、钢两种金属中碳元素含量差异有关，金属钢中的碳元素含量明显高于金属钛中的碳元素含量，受碳元素浓度梯度的影响，碳元素向钛侧扩散，并在界面处聚集。此时，近复合界面钢侧碳元素缺失导致脱碳层形成。

不同加热温度条件下的复合界面 BSE 形貌如图 5-24 所示。图 5-24a 表明，800℃加热条件下，界面无明显孔洞、夹杂物和未结合区域形成。基体钛侧均为同一组织，近复合界面无明显的扩散层。加热温度为 850℃时，界面附近钛侧形成一条清晰的条带状组织，宽度约为 2μm；WDS 检测发现，此区域主要含有铁、钛和碳元素。由于 Fe 元素是 β-Ti 的固溶元素，虽然钛/钢复合板加热温度低于金属钛的相变温度，但是钛中大量固溶了铁元素，导致其相变温度下降。基于这一原因，进一步说明 850℃加热温度条件下，近复合界面钛侧组织为 β-Ti。有关研究表明，钛和铁元素间的扩散对钛/钢复合板界面结合起到了至关重要的作用，而扩散如果导致生成 Ti-Fe 金属间脆性化合物将降低界面结合性能。TiC 和 Ti-Fe 金属间化合物在复合板轧制及轧后冷却过程中形成，且加热温度为 850℃时，界面主要生成的 TiC 对 Ti-Fe 金属间化合物的形成起到一定的抑制作用。WDS 检测

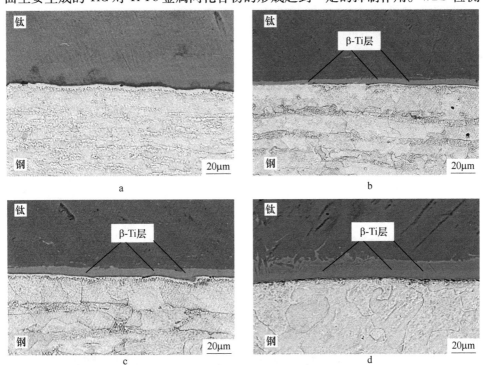

图 5-24 不同加热温度条件下的复合界面 BSE 形貌

a—800℃；b—850℃；c—900℃；d—950℃

发现，在850℃加热条件下，钛/钢复合界面所含碳元素的质量分数为6.1%，表明碳元素在界面处形成一定量的聚集。

如图5-24c所示，在900℃加热条件下，近复合界面钛侧形成了明显的β-Ti层状组织，其宽度比加热温度为850℃条件下的界面β-Ti层略有增加。WDS检测发现，复合界面碳元素的质量分数为9.2%，界面碳含量随着加热温度的升高而进一步增加。如图5-24d所示，在950℃加热条件下，β-Ti层尺寸进一步增加。WDS检测发现，此时钛/钢复合界面碳元素的质量分数达到了13.2%，说明碳元素在界面处的聚集量受加热温度影响很大，温度升高促进了碳元素在界面处聚集，也促进了TiC在界面处形成。钛/钢复合界面化合物的标准摩尔生成吉布斯自由能大小顺序为：TiFe > TiFe$_2$ > β-Ti > TiC，因此钛/钢复合界面最容易生成的化合物为TiC[13]。率先生成的TiC层可以抑制界面处一定量的Ti-Fe金属间化合物形成，但是加热温度过高，元素扩散更加剧烈，界面可能存在多种化合物共存的情况。

5.1.4.2 加热温度对复合界面力学性能的影响

不同加热温度条件下的复合界面剪切断口形貌如图5-25所示。图5-25a、b表明，800℃加热条件下，由于加热温度较低，钛和铁元素的扩散并不充分，钛/

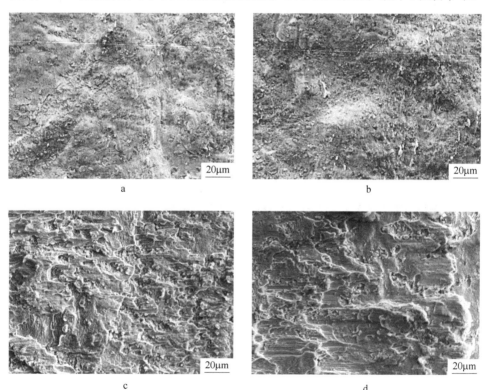

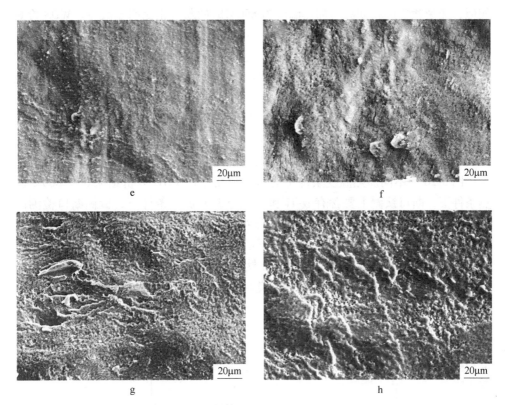

图 5-25 不同加热温度条件下的复合界面剪切断口形貌

a—800℃钛侧；b—800℃钢侧；c—850℃钛侧；d—850℃钢侧；

e—900℃钛侧；f—900℃钢侧；g—950℃钛侧；h—950℃钢侧

钢复合界面未能形成有效的冶金结合，钛和钢两侧断口没有明显的撕裂状痕迹和韧窝。WDS 检测发现，800℃加热条件下，钢侧断口主要含有钛、铁和碳元素，其元素的质量分数分别为 2.2%、95.1% 和 2.1%；钛侧断口所含钛、铁和碳元素的质量分数分别为 95.2%、1.2% 和 2.5%。该结果表明，断裂主要集中在钛和钢的界面处而非金属基体区域。图 5-25c、d 表明，在加热温度为 850℃时，钛和钢两侧断口形成了与 800℃加热条件下截然不同的形貌，钛侧和钢侧断口均形成了撕裂状痕迹和韧窝。对两侧断口进行 WDS 检测，发现断口钢侧钛元素含量与断口钛侧铁元素含量均有所增加，且断口两侧的碳元素含量升高明显，这主要是由加热温度升高、元素扩散加剧所致。金属固相复合的三阶段论指出，接触面两侧的金属原子被激活后，将产生物理和化学效应，并最终产生化学键，该过程称为化学相互作用阶段[14]。元素扩散促进了化学键的形成，有利于提高结合强度，但是元素扩散过多并在界面处形成复杂的金属间化合物时，将会降低钛/钢复合板的力学性能。图 5-25e、f 表明，在加热温度为 900℃时，钛和钢两侧断口形貌相似，撕裂状痕迹和韧窝与加热温度为 850℃时的断口相比明显减少。WDS 检测发现，随着温度进一步升高，元素扩散更加剧烈，断口两侧碳元素的含量上升，造成 TiC 层厚度增加明显。图 5-25g、h 表明，在加热温度为 950℃时，钛和钢的两侧断口形成的化合物层明显增厚，断裂位置几乎完全处于化合物层处。对其表面进行 WDS 检测，发现钢侧断口所含钛、铁和碳元素的质量分数分别为 25.1%、61.2%和 13.5%，而钛侧断口所含钛、铁和碳元素的质量分数分别为 58.9%、26.3%和 14.5%。结合元素含量和 Ti-Fe 及 Ti-C 二元相图分析，在加热温度达到 950℃时，界面同时生成 TiC 和 Ti-Fe 系化合物。

图 5-26 为不同加热温度条件下的钛侧剪切断口 XRD 分析结果。在 800℃加热条件下，断口钛侧主要含有 α-Ti 和 TiC；850℃加热条件下，钛侧断口检测出金属 Fe 和 β-Ti，铁被检测出是由于复合界面断裂时一部分钢被撕扯至钛侧所致。另外，断口检测出 β-Ti，这与此条件下的复合界面分析一致，铁元素向钛侧扩散，降低了钛的相变温度，近复合界面钛侧形成 β-Ti 并在室温中保存下来；在 900℃加热条件下，钛侧断口化合物种类与 850℃加热条件下的断口化合物种类一

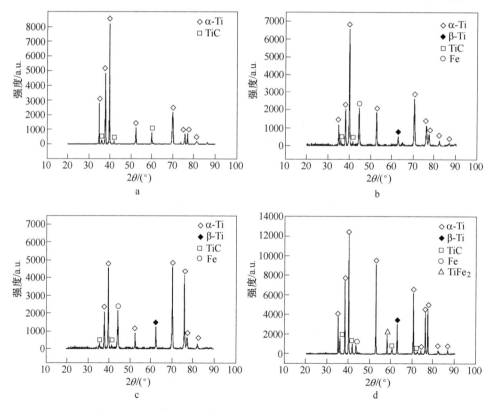

图 5-26　不同加热温度条件下的钛侧剪切断口 XRD 分析结果

a—800℃；b—850℃；c—900℃；d—950℃

致；在950℃加热条件下，钛侧断口形成的 Ti-Fe 系化合物为 TiFe$_2$。在较高的加热温度条件下，金属钢侧中大量铁元素向金属钛侧扩散并在界面处形成一定量的聚集，TiC 无法完全抑制 TiFe$_2$化合物形成。另外，TiFe 化合物的生成自由能高于 TiFe$_2$化合物的自由能，这也是界面形成 TiFe$_2$而非 TiFe 化合物的原因。TiFe$_2$属于脆性化合物，会严重影响钛/钢复合板界面的力学性能。

对不同加热温度条件下的钛/钢复合板界面进行剪切性能分析，结果如图 5-27 所示。随着加热温度升高，界面剪切强度先增大后减小。由于 800℃的加热温度较低，钛、钢金属间未能形成有效的冶金结合，剪切断裂位置主要集中在界面处，其平均剪切强度仅有 188.6MPa，且复合板不同位置剪切强度波动较大。900℃加热条件下，碳元素在复合界面处的聚集量增加，断口处撕裂状痕迹和韧窝较少，断裂位置主要集中在 TiC 层处，其强度低于850℃加热温度条件下的复合板剪切强度。而在 950℃加热条件下，尽管高温加热保证了钛/钢两种金属接触面处有效的元素扩散，并形成了一定的结合，但是温度过高，钛、铁和碳元素在界面附近形成剧烈的扩散区域，并有TiFe$_2$化合物形成，严重影响了复合板界面的力学性能，其强度最低，平均剪切强度仅为 159.1MPa。

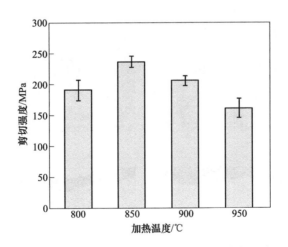

图 5-27 不同加热温度条件下的复合界面剪切强度

温度是影响固相金属元素扩散的重要因素，加热温度的高低直接影响了复合界面附近元素的扩散程度，金属元素扩散越充分越易于金属间的冶金结合。但对于合金元素含量和种类差别较大的异种金属，如果加热温度过高，元素扩散加剧，界面将形成过多的脆性相化合物，复合材料的界面力学性能将会受到严重影响。

5.2   钛/钢复合板界面结合机理与化合物控制研究

5.2.1   复合坯的原始表面特征

在钛/钢复合板的制备过程中，钛和钢两种金属表面的洁净与平滑程度对复合板的界面及力学性能影响很大。采用机械清理或者化学清理尽管均可将金属表面的氧化物和油污清除干净，但无法保证材料表面绝对光滑，导致金属表面残留一定粗糙度的凹坑。就砂带机打磨、酸洗和钢丝刷打磨三种表面处理方式而言，通过精细化处理，三种方式均能够保证金属表面光亮平整，同时也可保证轧后复合板界面形成均匀的 TiC 层，有效提高界面结合强度，但金属表面处理后依然存在机械加工的痕迹。

如图 5-28 所示，金属钢板和钛板在表面处理后，其表面呈现出不规律的高低起伏状形貌。钢板处理后的表面和横断面微观形貌如图 5-28a、c 所示。钢板表面具有一定凹凸不平的粗糙度，其高度差为 $5 \sim 7 \mu m$。由于金属钛的切削加工性较差，因此在表面处理过程中容易出现工具磨损快和切削温度高等问题。另

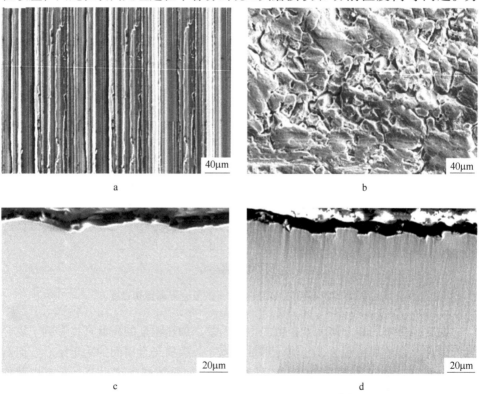

图 5-28   钢板和钛板处理后的表面及断面微观形貌

a—钢板表面；b—钛板表面；c—钢板截面；d—钛板截面

外，钛材价格昂贵，磨削量不宜过多，以免带来不必要的浪费。钛板处理后的表面形貌和横断面形貌如图5-28b、d所示。钛板表面展现出与钢板表面截然不同的微观形貌，这主要是由两种金属材料不同的物理特性所决定的。经检测，钛板表面凹凸不平的高度差达4~6μm。所以，采用传统的机械加工或化学处理的表面处理方式，都无法保证两种金属表面绝对光滑，客观存在且无法消除的板材不平整度会对复合板后续热轧结合带来不利影响。

由于无法保证两种金属表面绝对光滑，导致两种金属接触面无法完全贴合，一方面受表面粗糙度的影响；另一方面，金属板在表面处理后，其表面总是存在吸附层和表面氧化层，且无法完全去除，也影响了金属表面相互接触。如图5-29所示，一般情况下，金属表面由内向外分别包含加工硬化层、氧化层和吸附层。对于表面处理后的钛板和钢板而言，一旦重新与大气接触，金属板表面必然形成一个复杂的吸附体系，并有0.25~0.35nm厚的气体吸附层在金属表面最外侧形成，吸附层的下面是较薄的氧化层，氧化层的厚度和致密度受金属与氧的反应能力影响，我们采用的钢材表面氧化层厚度为1.5~2.5nm。金属钛的化学亲氧活性极强，与氧反应后会在表面迅速形成一层钝化膜，其厚度为1.6~3.2nm。氧化膜的厚度不是绝对的，并受很多因素影响，随放置时间的延长而增厚，为避免过厚的氧化层影响复合板界面结合，应在表面处理后尽快完成组坯并焊接。

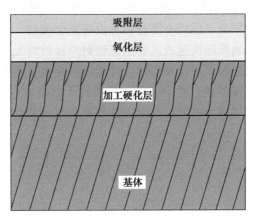

图5-29 金属表面微观结构示意图

如上所述，表面处理后的金属表面仍无法完全消除表面粗糙度，同时表面形成吸附层和氧化层，这些因素会给界面结合带来一定的困难，所以应尽量保证金属表面具有较高的洁净度和光滑程度；另一方面，在坯料的组坯过程中，钛和钢两种金属表面存在一定量的凸起点，使金属表面贴合面积减少，主要的贴合位置仅存在于金属表面的凸起点上，导致两种金属表面无法完全接触。复合坯料在放入真空室之前需置于夹具上并夹紧，在压力的作用下，金属表面率先接触的凸起点会发生屈服，这在一定程度上使得两种金属的接触面积得以增加。图 5-30 为钛和钢两种金属夹紧后的接触面微观形貌，能够看出接触面大致分为两部分区域，一部分为已接触区域，另一部分为未接触区域。我们所用的 TA2 工业纯钛板的屈服强度为 294MPa，Q345R 钢板的屈服强度为 345MPa，由于钛和钢本身物理性质的差异，因此金属表面接触位置处的金属钛率先发生屈服，并形成明显的塑性变形，从而增加了金属间的接触面积。

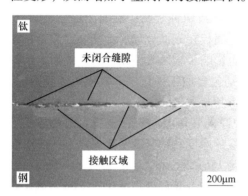 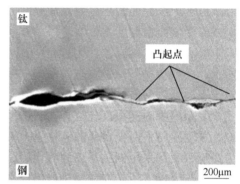

图 5-30　利用夹具夹紧组坯后复合界面的微观形貌

　　图 5-31 为坯料组坯后钛/钢金属接触面示意图，结果表明，大多数部位在夹具压力的作用下完全贴合，但仍有部分位置没有完全接触，并形成金属间隙。在保证表面处理后的金属板坯快速放入真空室密封焊接的情况下，金属表面纳米级的吸附层和氧化层对复合板后续界面结合性能的影响极其微弱，可忽略不计；另一方面，在真空电子束焊接过程中，复合坯料置于真空室内处于高真空环境中，多数未贴合区域内的气体会被完全抽出，并与真空室内真空度一致，然而少数未

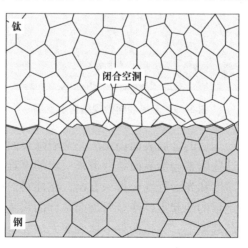

图 5-31　组坯后钛/钢金属接触面示意图

贴合区域会在夹持力的作用下形成封闭空洞，导致气体在此处聚集。当界面处于高真空状态时，在后续的钛/钢复合板制备过程中，并未在界面处发现明显的氧化物或氮化物，说明个别未抽净气体的封闭区间并未对界面组织产生较大影响。然而，对于表面处理后更为粗糙的金属表面，在界面处会形成尺寸较大的封闭区间，在随后的轧制及冷却过程中易形成元素聚集并生成块状夹杂物，影响复合板界面的力学性能。对于表面粗糙度较小的金属表面，在后续的热轧过程中，界面处的封闭区间会被逐步碾碎压平，并未产生明显的元素聚集，形成连续分布的TiC层。

5.2.2 坯料加热阶段的界面化合物热力学计算与元素扩散

5.2.2.1 界面化合物的热力学计算

热力学是一种能够分析总结反应物种类变化及物质相互间能量转换的科学，热力学以能量交换为基础，研究物质之间的能量转化和传递的可能性，并能合理地推测出物质间潜在变化的可能性[15]。热力学在材料应用领域具有非常高的应用性和可靠性，给材料应用领域的研究方向以强有力的指导，并减少甚至避免实际生产过程中的盲目性。基于此，本节利用热力学状态函数中的吉布斯自由能，就轧前加热阶段钛/钢接触面在高温状态下化合物形成类型进行合理预测，为后续钛/钢复合界面化合物层的形成奠定理论基础。

在钛/钢复合板的轧前加热阶段，接触面两侧金属除了含有钛、铁和碳等主要基体元素外，接触面很可能还残留氧和氮元素。从热力学角度分析，这些元素在高温状态下可能生成一系列化合物，并且化合物生成的先后顺序与其吉布斯自由能大小有关，其值越负，反应按指定方向进行的可能性也就越大。基体元素在接触面除了可能生成金属间化合物外，由于钛元素具有很高的与氧和氮元素反应的能力，接触面可形成钛的氧和氮化物。基于以上分析，接触面间各元素可能形成的化合物表达式如下：

$$Ti(s) + Fe(s) == TiFe(s) \tag{5-1}$$

$$Ti(s) + 2Fe(s) == TiFe_2(s) \tag{5-2}$$

$$Ti(s) + C(s) == TiC(s) \tag{5-3}$$

$$N_2(g) + 2Ti(s) == 2TiN(s) \tag{5-4}$$

$$O_2(g) + Ti(s) == TiO_2(s) \tag{5-5}$$

采用热力学近似计算方程式，在一定温度下，反应的标准摩尔吉布斯自由能按下式计算：

$$\Delta G^{\ominus} = \Delta H - T\Delta S \tag{5-6}$$

式中　G——吉布斯自由能，J/mol；

　　　H——焓，J/mol；

T——热力学温度，K；

S——熵，J/K。

通过查阅相关热力学参数，分析界面反应相的标准摩尔生成吉布斯自由能与温度的关系，并通过比较自由能的大小来判断界面化合物生成的方向性。钛/钢界面可能生成的金属间化合物及其标准自由能见表 5-2。结果表明，在同一温度及相同压强条件下，接触面形成 TiO_2 的自由能最低，也就是说在轧前加热阶段，钛/钢接触面最易形成 TiO_2。上文已经提到，在接触面处于高真空条件下的钛/钢复合板加热阶段，接触面气体残余量很低，极少数残留气体中的 O、N 元素无法使接触面形成大面积的 TiO_2 和 TiN。基于吉布斯自由能分析，界面应最先发生氧化反应，后发生氮化反应，而接触面处于常压或低真空状态时，轧后复合板界面主要检测出 TiN 而无 TiO_2，其主要原因是界面气体含量有限，产生少量 TiO_2 在后续的加热中溶解到钛基体中，而 TiN 在 800~900℃加热条件下无法溶解至钛基体中，因此界面上只检测到残留一定量的 TiN。焊接导致界面真空度无法达标的问题可以有效解决，因此本节只需讨论接触面高真空状态下界面化合物的形成规律。界面可能形成化合物的吉布斯自由能大小顺序为：$TiFe > TiFe_2 > TiC > TiN > TiO_2$，排除氧和氮化物的干扰，在高真空条件下，界面最易形成 TiC，其次是 $TiFe_2$ 和 TiFe 化合物，先生成的 TiC 对 Ti-Fe 系化合物在接触面处的形成起到了一定的抑制作用。

表 5-2   钛/钢复合板轧前加热阶段金属接触面生成化合物的标准自由能

序号	反应方程式	$G^{\ominus}/J \cdot mol^{-1}$
1	$Ti(s) + Fe(s) = TiFe(s)$	$-40585 + 5.19T$
2	$Ti(s) + 2Fe(s) = TiFe_2(s)$	$-87446 + 10.71T$
3	$Ti(s) + C(s) = TiC(s)$	$-188100 + 11.66T$
4	$N_2(g) + 2Ti(s) = 2TiN(s)$	$-675716 + 192.18T$
5	$O_2(g) + Ti(s) = TiO_2(s)$	$-944747 + 185.33T$

5.2.2.2　界面金属元素的扩散行为

为验证热力学计算得到的金属接触面形成化合物的种类，将加热至 850℃的钛/钢复合坯料直接空冷至室温（不进行热轧），观察金属接触区域的元素扩散情况，并判断此时接触面生成何种金属间化合物，其金属钢侧表面元素分布情况如图 5-32 所示。结果表明，在高真空焊接条件下，钛/钢复合坯料的密封性很好，接触面钢侧没有明显的氮和氧元素聚集，因此待复合接触面无氧化物和氮化物形成。WDS 检测发现，金属钢侧表面几乎完全被钛和碳元素覆盖，其元素的质量分数分别为 66.2% 和 31.1%，尽管两种金属存在未完全贴合区域，但距离极小，并没有阻碍钛元素向钢侧扩散。XRD 物相检测发现，钢侧表面形成了大量的 TiC，率先形成的 TiC 层将钢侧表面完全覆盖，以至于几乎检测不到铁元素的存在。就钛/钢复合板而言，其界面结合属于基体与增强体之间发生化学反应的结合，是界面产生化合物相的一种特殊结合形式，轻微的界面反应并形成少量的金属间化合物能有效改善基体与增强体浸润与结合。但是如果工艺控制不当导致界面反应严重并形成大量的金属间脆性化合物，会使复合板界面剪切强度急剧降低。

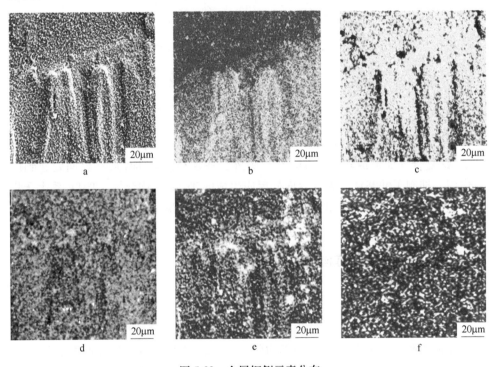

图 5-32　金属钢侧元素分布

a—形貌照片；b—Ti 的分布；c—C 的分布；d—Fe 的分布；e—N 的分布；f—O 的分布

　　加热阶段接触面元素分布如图 5-33 所示。由于表面无法达到完全光滑，在表面粗糙度较高的地方，两种金属没有完全贴合，在未完全贴合区域的加热阶段钛和碳元素依旧发生扩散，并在高温状态以及边界效应的共同作用下，碳和钛元素分别在钢侧凹坑以及钛侧凹坑处形成了一定量的聚集。而在金属贴合紧密区域，碳和钛元素聚集量有限，仅在界面处形成较薄的 TiC 层。因此，在加热阶段 TiC 层厚度是不均匀的，这种不均匀性在后续的轧制及冷却过程中会有一定的改善，但还是对复合板界面的力学性能产生一定影响。

　　初始加热阶段，TiC 在钛/钢复合板界面形成，并以粒状、片状和棒状为主；在加热阶段的中后期，界面反应产物 TiC 逐步形成层状组织，当反应层过厚时，

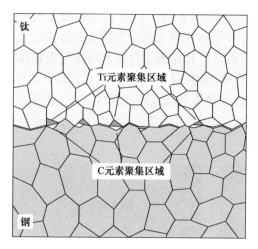

图 5-33　加热阶段接触面元素分布

会严重影响钛/钢复合板界面的力学性能。如前文所述，长时间高温加热就会导致钛/钢复合界面形成较厚的 TiC 层。另外，在加热阶段 TiC 层在界面处起到屏障作用，抑制了铁和钛元素在界面处反应生成的 Ti-Fe 系化合物，Ti-Fe 系化合物属于脆性化合物，有效抑制界面处 Ti-Fe 系化合物的形成对复合板界面的力学性能是有益的。

5.2.3　轧制过程中的界面结合机理与元素扩散

5.2.3.1　界面的结合机理

如前文所述，表面处理过程中不可避免地在金属表面形成一定的粗糙度，造成在加热阶段界面化合物层的不均匀，一定程度上损害了复合板界面的力学性能。而在轧制过程中，两种金属在焊接固定的情况下协调变形，随着轧制压下量的增加，钛/钢接触面面积不断增大，导致原有的界面化合物层在正应力和剪切应力共同作用下被碾碎破裂并重新生成。在这一过程中，金属接触区域原有的金属间化合物层破裂并露出新鲜金属，新鲜金属相互接触并形成新的化合物层；同时，界面原有的未贴合区域随着界面两侧金属的接触面积不断增大从而发生闭合。采用高真空焊接技术，界面原本含量极少的氧化物或氮化物会随着压下率和界面金属接触面积的增加而最终弥散分布于界面，由于氧化物和氮化物含量极低并弥散分布于界面，因而并没有发现氧化物或氮化物在界面聚集的情况。

对于界面金属间化合物 TiC 而言，其在加热阶段已经形成具有一定厚度的薄层，在随后的轧制过程原有的 TiC 层断裂，重新接触的钛和钢新鲜金属再一次形成新的界面和 TiC 层，使得钛/钢复合界面含有不同阶段形成的 TiC 层。当工艺控制得当时，复合界面化合物的形成过程如图 5-34 所示。每一道次的轧制过程中都同时伴有原 TiC 层的断裂和新 TiC 层形成，导致轧制的初始几个道次界面的 TiC 层厚度极不均匀，这一过程与压下率对复合板界面组织及性能的影响结果一致。在压下率较低的情况下界面变形程度有限，部分孔隙并未完全闭合，加热阶段的 TiC 层和后续形成的 TiC 层分布并不均匀且具有较大的厚度，导致界面无法有效结合。在压下率较高的情况下，金属变形充分，两种金属的接触面积不断增加，不同阶段形成的 TiC 层在巨大的轧制变形作用下逐渐趋于均匀。

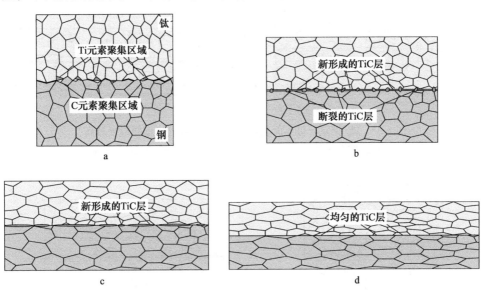

图 5-34　钛/钢复合板界面化合物的形成过程（工艺处理得当）

a—复合坯加热阶段；b，c—复合坯轧制阶段；d—复合坯轧制完成

当工艺控制不得当时，例如表面处理时金属表面粗糙度较大，增大了加热阶段 TiC 层的不均匀性，即便后续的轧制时两种金属的接触面累计变形较大，仍无法保证界面处 TiC 层的均匀性，并最终影响 TiC 层在轧后复合界面的分布情况，使块状 TiC 在界面处形成明显的聚集。当复合界面真空度过低时，空气中的氧元素和氮元素会在界面处形成聚集，TiN 又最易在界面处形成，这将使 TiC 层的连续性受到破坏，最终影响复合板界面的力学性能。表面处理和真空度工艺控制不得当的界面化合物形成过程如图 5-35 和图 5-36 所示。

5.2.3.2　界面金属元素的扩散行为

轧制过程中界面化合物的形成和分布与坯料加热阶段化合物的形成与分布明显不同。轧制过程中界面化合物的形成受多种因素共同影响，比如受坯料表面的

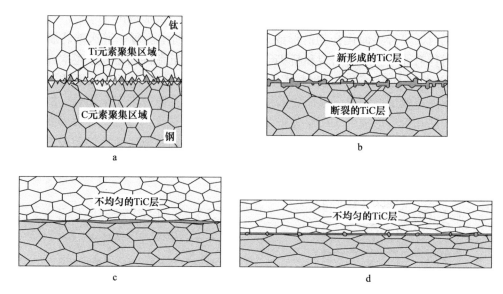

图 5-35 钛/钢复合板界面化合物的形成过程（表面粗糙度较高）
a—复合坯加热阶段；b，c—复合坯轧制阶段；d—复合坯轧制完成

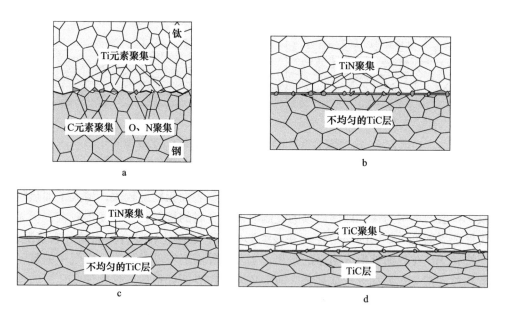

图 5-36 钛/钢复合板界面化合物的形成过程（真空度过低）
a—复合坯加热阶段；b，c—复合坯轧制阶段；d—复合坯轧制完成

粗糙程度、轧制温度和轧制总变形量等因素共同影响，其中任意工序控制不当，均会对复合板界面化合物的最终形态产生影响。当工艺处理得当时，界面会形成

一条均匀分布的化合物层，轧制过程中化合物层对元素间扩散的影响较为复杂，如何弄清楚轧制过程中元素扩散与界面化合物层之间的联系显得尤为必要。

加热过程中两种金属接触不够充分，仅在界面处形成 TiC 层，铁和钛元素向基体钛和钢内部的扩散还没有形成。在轧制过程中，新鲜金属可以充分接触，由于钛和钢两种金属物理和化学性质差别较大，新生成界面除形成金属间化合物外，同时伴有元素扩散的情况。结合热力学分析，界面率先形成的 TiC 层在界面处起到了屏障作用。

当热轧温度为 850℃时，没有达到钛的相变温度，铁元素向钛基体中的扩散有限，同时 TiC 对铁元素的扩散起到一定的抑制作用。因此，近复合界面由于铁元素扩散而形成的 β-Ti 层尺寸较小。当热轧温度为 900℃时，钛的基体组织相变为 β-Ti，铁元素在 β-Ti 中的扩散速率陡然增加。尽管随着加热温度升高，界面 TiC 层厚度随之增加，但其较为均匀且厚度适中，使其对铁元素扩散的抑制作用明显减弱，近复合界面钛侧形成均匀的铁元素扩散层。研究结果表明，TiC 层对铁元素扩散的抑制作用受轧制温度的影响很大，这与基体金属和 TiC 的晶体结构密切相关。α-Ti 为密排六方晶体结构，致密度为 0.74。β-Ti 和 α-Fe 均为体心立方晶体结构，致密度均为 0.68。TiC 为面心立方晶体结构，致密度为 0.74。晶体堆垛密度显示 α-Ti = TiC > β-Ti = α-Fe。Ti 的原子半径为 0.147nm，铁的原子半径为 0.127nm，Ti 原子半径大于铁原子半径，同时，Ti 原子半径较大，产生较大的晶格常数，使原子之间的间隙相对变大。而钢侧固溶了其他合金元素，使铁原子间的间隙变小。因此，若界面没有 TiC 层形成时，铁元素更易从钢侧扩散至钛侧，而在堆垛密度与 α-Ti 相同的 TiC 层作用下，在未完成 α-Ti 至 β-Ti 的相转变时，铁元素向钛侧的扩散将受到一定的抑制。在轧制温度达到 882℃（纯钛的相变点）以上时，钛侧形成的 β-Ti 层致密度小于 α-Ti 和 TiC 的致密度，使 TiC 层对铁元素向钛侧扩散的抑制作用减弱。当热轧温度为 950℃时，在高温的作用下界面 TiC 层厚度进一步增加，同时铁元素向钛侧的扩散距离也进一步提升，此时界面最易形成的 TiC 无法完全抑制 Ti-Fe 系化合物形成。在不同热轧温度条件下，复合界面均不可避免形成 TiC，扩散至界面的钛元素率先与钢中的碳元素结合形成 TiC，使得钛元素向钢基体的扩散受到抑制，这是界面形成化合物所导致的，与铁元素向钛侧的扩散情况明显不同。

热轧温度对复合界面元素的扩散起关键作用，这与金属元素间的扩散机理相符。Fick 扩散第一定律表明，单位时间内元素扩散量主要取决于扩散系数和浓度梯度。浓度梯度取决于有关条件，因此在一定条件下，扩散的快慢主要由扩散系数所决定，温度又是影响扩散系数的主要因素。扩散系数与温度呈指数关系，随温度升高扩散系数急剧增大，这是由于温度越高，原子的振动能越大，因而借助于能量起伏而越过势垒进行迁移的原子概率越大。此外，温度升高，金属内部的空位浓度提高，这也有利于元素扩散。综上所述，在加热时间和冷却条件一致的情况下，钛/钢复合界面在更高加热温度时，元素扩散剧烈，这给化合物的形成提供了更有利的条件。在950℃加热温度条件下，钛/钢复合界面形成更厚的 TiC 层，并有 TiFe₂化合物形成，界面背散射电子衍射（Electron Backscattered Diffraction，EBSD）分析结果如图 5-37 所示。图 5-37a 表明，在界面放大 800 倍条件下，受 TiC 含量和晶体尺寸等因素影响，EBSD 无法有效识别其在界面的分布情况。图 5-37b 表明，在界面放大 12000 倍条件下，界面连续分布的 TiC 层状组织被有效识别，其厚度约为 0.5 μm，且在 TiC 层内部分布着极少量的 TiFe₂化合物；与 TiC 层状结构相比，TiFe₂化合物以点状分布于界面，并且含量极低，这主要是因为 TiC 的吉布斯自由能低于 TiFe₂的吉布斯自由能，界面最易形成 TiC 所导致。在温度低于 950℃时，界面上 TiFe₂化合物的形成被 TiC 层所抑制。而温度达到 950℃以上时，铁元素在界面扩散加剧，TiC 无法完全抑制 TiFe₂化合物在界面处形成。

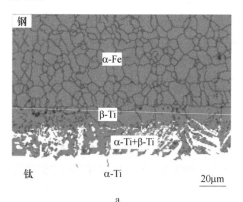
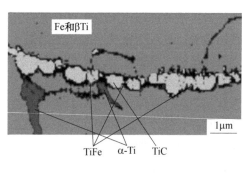

图 5-37　950℃加热条件下的复合界面 EBSD 图片

a—800 倍；b—12000 倍

以上分析结果均属于工艺处理得当且界面形成连续均匀 TiC 层的情况，而对于工艺处理不得当，界面形成的 TiC 层不够均匀并伴有其他化合物形成时，其复合界面的元素扩散情况变得较为复杂。当表面处理和真空度控制不当时，界面出现 TiC 和 TiN 化合物聚集，两种化合物发生聚集区域铁元素的扩散均受到明显影响。而在 TiC 层均匀区域，铁元素向钛侧的扩散同样均匀。结果表明，界面化合物的尺寸对铁元素扩散产生巨大影响，当界面 TiC 和 TiN 的化合物尺寸达到 2~3 μm 时，铁元素向钛侧的扩散被抑制，元素扩散的不均性将给复合板界面的力学性能带来极大影响。工艺处理不当时界面元素在轧制过程中的扩散情况如图 5-38 所示。当压下量较低时，界面化合物尺寸较大，铁元素扩散被抑制，随着压下量增加，界面化合物尺寸降低，部分区域铁元素向钛侧形成少量扩散，同时，轧后冷却过程也伴随着铁元素扩散和界面化合物进一步形成。但界面化合物最终尺寸仍在 $2 \sim 3\mu m$ 区间时，铁元素在此处的扩散将完全被抑制。

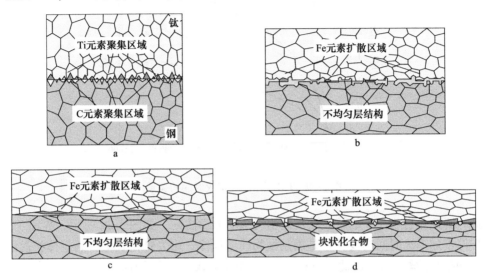

图 5-38 工艺处理不当时复合板界面元素扩散过程

a—复合坯加热阶段；b，c—复合坯轧制阶段；d—复合坯轧制完成

5.2.4 退火过程中界面化合物生长动力学研究

图 5-39 为不同退火温度条件下，钛/钢复合界面 TiC 层厚度随退火时间的变化趋势。结果表明，在 550℃、650℃和 750℃退火温度条件下，界面 TiC 层厚度均随退火时间的增加而增加。在初始阶段，TiC 层的生长速率较高，而随着退火时间的延长，TiC 层的生长速率有所下降。由于金属多层复合材料界面元素的扩散过程满足线性或抛物线型的增长动力学法则，因此钛/钢复合界面 TiC 层厚度应与退火时间呈线性或抛物线型的变化趋势。界面处化合物的长大受反应速率限制时，满足线性增长的动力学法则，而界面处化合物的长大受体扩散控制时则满足抛物线型的增长动力学法则[16]。层状金属复合板的界面扩散层厚度与扩散时间一般可用如下公式表述：

$$W^n = Kt \qquad (5-7)$$

式中　W——界面处化合物的厚度，μm；

　　　K——生长速率常数，$\mu m^2/s$；

　　　n——时间指数；

　　　t——扩散时间，s。

一般情况下，钛/钢复合板界面元素在退火扩散过程中，化合物 TiC 的长大主要受界面处钛和碳元素浓度影响，而钛和碳元素扩散主要受体扩散影响。因

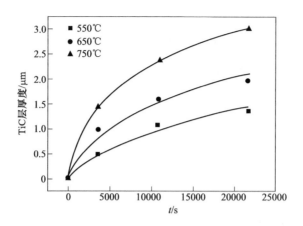

图 5-39　TiC 层厚度与退火时间的关系

此，界面化合物 TiC 的长大满足抛物线型动力学法则。如图 5-39 所示，界面 TiC 层厚度随退火时间的变化正是满足抛物线型规律。相关研究表明，满足体扩散的时间指数约等于 2。因此，方程（5-7）中 n 应取 2，可写为：

$$W^2 = Kt \tag{5-8}$$

钛/钢复合板在不同退火时间热处理时，界面 TiC 层厚度随退火温度的变化关系如图 5-40 所示。结果表明，在相同退火时间条件下，界面 TiC 层厚度随退火温度的增加均呈指数级增长，随着退火温度的提高，界面处 TiC 层厚度的增长速率也随之增加，这样的变化关系是因为退火温度对 TiC 层厚度的影响主要体现在生长速率常数上。可以用阿伦尼乌斯公式来表示生长速率常数与热处理温度的关系：

$$K = K_0 \exp\left(-\frac{Q}{RT}\right) \tag{5-9}$$

式中　K_0——指前因子，m^2/s；

　　　K——生长速率常数，m^2/s；

　　　R——气体常数，数值为 8.314J/（mol·K）；

　　　Q——激活能，J/mol；

　　　T——热处理温度，K。

式（5-8）和式（5-9）中均含有生长速率常数，因此可将式（5-8）和式（5-9）联立合并，从而得出 TiC 层厚度与退火时间和退火温度的关系式：

$$W^2 = Kt = K_0 \exp\left(-\frac{Q}{RT}\right)t \tag{5-10}$$

对于式（5-10）而言，界面扩散层的厚度 W 为因变量，退火温度 T 和退火时间 t 为自变量，式（5-10）中存在未知量激活能 Q、生长速率常数 K 以及指前因子 K_0，因此还需对上述未知参数进行确定。

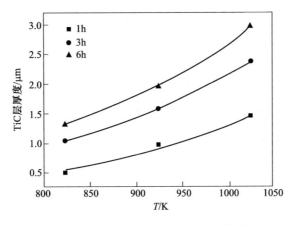

图 5-40 TiC 层厚度与退火温度的关系

　　由式（5-8）可知，TiC 层厚度与退火时间的开方存在一定关系，在不同退火温度条件下，TiC 层厚度与时间的开方拟合后的线性关系如图 5-41 所示，从而得出直线斜率即为 TiC 层厚度在不同退火温度条件下生长速率常数的开方（$\sqrt{K}$）。经过计算，K 值在不同退火温度条件下的结果见表 5-3。结果表明，在不同的退火温度条件下，TiC 的生长速率常数是不一样的，随着退火温度的升高，界面 TiC 化合物的生长速率常数随之增加。

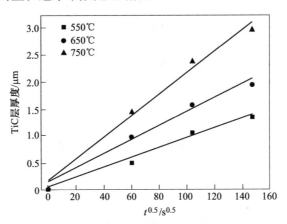

图 5-41 TiC 层厚度与退火时间开方的关系

表 5-3 不同退火温度条件下的 TiC 生长速率常数 K

退火温度/℃	$K/\mathrm{m}^2 \cdot \mathrm{s}^{-1}$	决定系数
550	8.12×10^{-17}	0.972
650	1.96×10^{-16}	0.967
750	4.02×10^{-16}	0.954

将式（5-9）做进一步处理，对等式两边同时取对数得到：

$$\ln K = \ln K_0 - \frac{Q}{RT} \tag{5-11}$$

将式（5-11）中的 $\ln K$ 设为纵坐标，将 $1/T$ 设为横坐标并作图，从而得到 $\ln K$ 与 $1/T$ 间的阿伦尼乌斯关系。图 5-42 结果表明，$1/T$ 与 $\ln K$ 拟合后的直线斜率为 $-\frac{Q}{R}$，截距为 $\ln K_0$，从而计算出 TiC 在不同热处理条件下的激活能 Q 和指前因子 K_0。

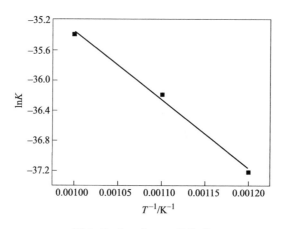

图 5-42　$\ln K$ 与 $1/T$ 的关系

经计算 $Q = 74826\text{J/mol}$，$K_0 = 3.53 \times 10^{-12}\ \text{m}^2/\text{s}$，将拟合数据代入式（5-10）中，钛/钢复合板界面化合物 TiC 的生长动力学方程为：

$$W = \left[3.53 \times 10^{-12} \exp\left(-\frac{74826}{RT} \right) t \right]^{1/2} \tag{5-12}$$

将其他退火工艺参数带入生长动力学方程中，经计算，TiC 层厚度误差在 $\pm 0.1\mu\text{m}$ 以内，具有一定的实际指导意义，为 TiC 在钛/钢复合界面处的生长规律研究奠定了理论基础。

5.2.5　钛/钢复合板界面产物全流程演化机制

目前关于热轧复合板的界面结合机制普遍认为是一种微观上的固相连接。但是，对于真空热轧钛/钢复合板的结合界面而言，综合前文对复合界面处的元素扩散行为、塑性变形行为及化合物变化情况等分析，可将真空热轧钛/钢复合板的界面结合机制归纳为界面生成反应产物的一种特殊结合机制，界面结合机制满足反应结合的特性，界面结构属于有界面反应产物的微结构类型。钛、钢两种金属是依靠生成界面反应产物形成牢固的冶金结合，界面产物的含量、分布和最终形态直接影响成品钛/钢复合板的界面结合性能。钛/钢复合板界面产物 TiC 的全流程演化机制如图 5-43 所示。在加热温度为 850℃、加热时间为 2h、总压下率为 85%、焊接真空度为 10^{-2}Pa 和轧后空冷的工艺条件下，界面形成连续均匀且厚度适中的 TiC 薄层，有效提高了复合板界面剪切力学性能。但在随后的热处理过程中，界面产物 TiC 在长时间的高温退火情况下持续生长，改变了原有 TiC 层的连续及均匀性，导致界面剪切性能测试时率先在不均匀的 TiC 层处发生断裂。结果表明，轧制完成后的钛/钢复合板不应进行高温退火热处理，而是在通风环境较好的地点进行快速冷却。

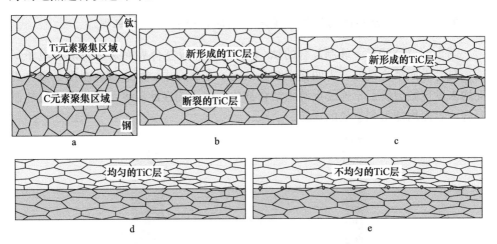

图 5-43 钛/钢复合板界面产物 TiC 的全流程演化机制

a—复合坯加热阶段；b，c—复合坯轧制阶段；d—复合坯轧制完成；e—复合坯热处理阶段

5.3 钛/不锈钢复合板界面脆性相生成机理及工艺控制

随着化工行业的日益发展，作为重要的化工反应容器的不锈钢反应釜难以满足更高的压力、温度、严苛的反应及腐蚀环境的生产工艺要求。钛及钛合金具有较高的比强度和优良的耐蚀性，特别是在耐蚀性方面，在大部分腐蚀环境中都超过了不锈钢，可应用于海洋工程和化工反应容器等领域。兼具钛合金和不锈钢优良性能的钛/不锈钢复合板在石油化工行业具有广泛的应用前景。然而，不锈钢与低合金钢相比，除 Fe 之外还含有大量的 Cr、Ni 等元素。当钛和不锈钢直接复合时，复合界面可能生成大量 Ti-Fe 系、Ti-Cr 系和 Ti-Ni 系等多种脆性金属间化合物，从而恶化结合性能，甚至造成复合失败。尽量减少界面金属间化合物的种类和数量，可以从根本上缓解其对界面结合性能的恶化，因此热轧复合钛/不锈钢复合板的关键在于对界面金属间化合物的控制。控制轧制复合温度和添加中间层金属是目前钛/不锈钢复合界面金属间化合物控制的主要方法。针对上述问题，

对不同轧制复合温度下直接轧制复合、加入 Ni 中间层及加入 Nb 中间层的真空热
轧复合钛/不锈钢复合板进行深入研究。

5.3.1 直接轧制复合钛/不锈钢复合板界面金属间化合物的控制

本研究中选用 TA2 工业纯钛（以下简称 Ti）为覆材、304 不锈钢（以下简
称 SS）为基材，采用 800℃、850℃、900℃、950℃四种轧制加热温度对不添加
中间层直接轧制复合的钛/不锈钢复合板进行研究。焊接复合坯加热后共轧制 4
道次，总压下率为 83%。

5.3.1.1 复合界面的组织形貌与金属间化合物的生成机理

图 5-44 为 850℃下轧制复合的钛/不锈钢复合板复合界面宏观背散射电子形
貌，复合界面结合良好，无明显未结合缺陷。在研究中，所有加热温度下复合界
面均未发现微裂纹、不连续点等未结合部位。这说明在此温度范围内，经过轧制
复合，界面均能得到有效的连接。

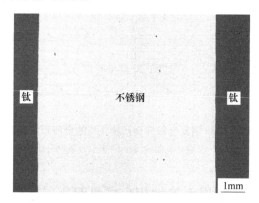

图 5-44   850℃下轧制的钛/不锈钢复合板界面的低倍 BSE 形貌

图 5-45 为不同轧制温度下直接复合界面的高倍 BSE 形貌。不同轧制温度下
的复合界面都可以分为明显的三层，各层的厚度随着温度的升高而增加。图 5-46
为 950℃下轧制复合界面的元素面分布图，在钛侧的Ⅰ层组织中，富含 Fe、Cr、
Ni 等元素，因此这层组织是由于不锈钢侧元素向钛侧扩散而形成的。经 WDS 测
定这层组织含有 Ti（86.4%～87.1%）、Fe（9.6%～9.9%）、Cr（2.4%～5.6%）和
Ni（余量），以上均为原子分数。根据元素含量及相图可以推测，这层组织是 β-
Ti 层。Fe、Cr、Ni 均为 β-Ti 的稳定元素。在轧制复合和冷却过程中，不锈钢中
Fe、Cr、Ni 等向钛侧的迅速扩散降低了 β-Ti 转变为 α-Ti 的相变温度，并使部分
β-Ti 在室温下得以保留。之前有学者在钛与不锈钢扩散焊接研究中也发现了这种
现象[17]。由于晶界处的晶格畸变较大，能量较高，晶界的扩散激活能比晶内小，

原子沿晶界优先进行扩散[18]，因此在相对远离界面的钛侧，Fe、Cr、Ni 等元素优先沿晶界扩散到此处，在冷却后使晶界处的 β-Ti 保留下来，形成了由 β-Ti 包围的 α-Ti 孤岛。

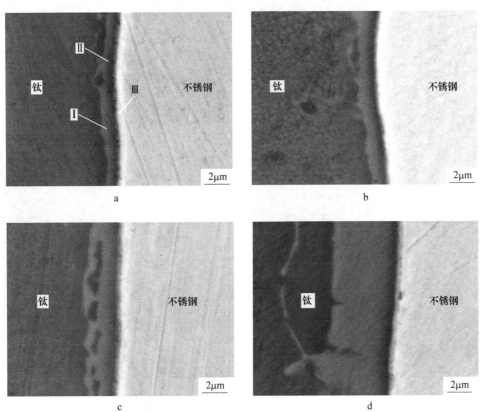

图 5-45　不同温度下轧制的钛/不锈钢复合板界面的 BSE 形貌
a—800℃；b—850℃；c—900℃；d—950℃

　　在不锈钢与钛界面之间存在一层完整的反应层 Ⅱ，该层组织位于界面中心位置。在图 5-46 所示 950℃下元素面分布图中，Ⅱ 层中的 Fe、Cr、Ni 和 Ti 等元素的含量均较高。经 WDS 检测，其含有 Fe(35.6% ~ 37%)、Ti(46.3% ~ 52.7%)、Cr(7.4% ~ 8.6%) 和 Ni(余量)，以上均为原子分数。从二元相图中可以看出，Fe、Cr、Ni 在 Ti 中的固溶度都非常小，上述含量均已远远超过了其相互的溶解能力，必然会生成脆性金属间化合物。后续通过对剪切断口处 XRD 物相分析证实断口处存在 Fe_2Ti、FeTi、Cr_2Ti 和 $NiTi_2$ 等多种金属间化合物。虽然界面处生成了多种金属间化合物，但由于生成量较少，化合物层较薄，其在界面处并未出现明显分层现象，而以混合物的形式存在于界面。

　　Ⅲ 层发亮的白色区域位于不锈钢一侧，通过 WDS 测定，该区域含有 Fe

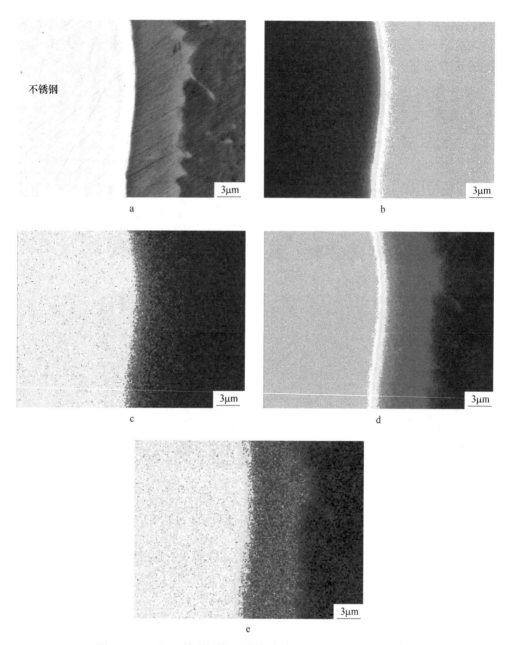

图 5-46　950℃下轧制的钛/不锈钢复合板界面的元素面分布图
a—形貌照片；b—Ti 的分布；c—Cr 的分布；d—Fe 的分布；e—Ni 的分布

(69.3%~69.8%)、Ti(2.4%~2.6%)、Cr(20.1%~20.5%) 和 Ni(余量)，以上均为原子分数。之前有学者在研究扩散焊接钛与不锈钢时发现此处的不锈钢中会生成 σ 相，λ 相等脆性相[17]。但是与扩散焊接不同，本研究中界面两侧金属在轧制后才紧密贴合，在高温区的扩散时间相对较短，Ti 向不锈钢侧扩散不足以产生上述金属间化合物，对剪切断口的 XRD 分析结果也未发现不锈钢侧存在此类金属间化合物，而是发现不锈钢侧存在一部分 α-Fe。从 Fe 与体心立方（bcc）的金属元素（Ti、Mo、Cr、V 等）的二元相图中可以看出，在 γ-Fe 中富集此类元素会诱使其发生相变生成稳定的 α-Fe[19]。因此在本研究中，由于此处富集了原子分数超过 2% 的 Ti，致使 Fe 发生了从顺磁性向逆磁性的转变，部分 γ-Fe 转变成 α-Fe。

5.3.1.2　复合界面的元素扩散

图 5-47 为不同轧制温度下复合的界面的元素浓度分布曲线。如图 5-47 所示，不同温度下不锈钢侧元素与钛侧基体之间均发生了充分的互扩散。随着加热温度升高，基体两侧元素的互扩散程度逐渐加剧，各元素扩散距离不断增加。而扩散反应区生成的各相的厚度也不断增加。如图 5-48 所示，β-Ti 层随着温度的升高而越来越宽。图 5-48a 为不同轧制温度下复合界面 β-Ti 层的平均厚度。在 800～

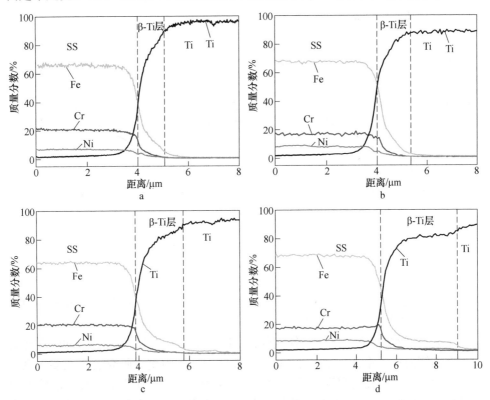

图 5-47　不同温度下轧制复合的钛/不锈钢复合板界面的元素浓度分布曲线
a—轧制温度 800℃；b—轧制温度 850℃；c—轧制温度 900℃；d—轧制温度 950℃

900℃，β-Ti 层的厚度呈直线增长，平均增长速度约为 0.45μm/50℃；但温度高于 900℃后，β-Ti 层的厚度增长速度加快。这是因为在加热温度高于 900℃后，钛基体完全转变为 β-Ti，β-Ti 具有 bcc 的晶格结构，其比 α-Ti 的 hcp 晶格结构的原子堆垛密度要小得多，因此 Fe、Cr、Ni 等元素在 β-Ti 中的扩散要比在 α-Ti 中更容易进行。这些元素在钛基体中的扩散速度加快致使 β-Ti 层的厚度增长速度突然加快，因此厚度增长曲线在 900℃后出现转折点。图 5-48b 为不同轧制温度下Ⅱ层金属间化合物的厚度变化。随着温度的升高，Ⅱ层的厚度呈直线增长，在本研究条件下，其增长速度约为 0.06μm/50℃。扩散反应随温度升高逐渐加剧是Ⅱ层厚度增长的主要原因。与 β-Ti 层的厚度增长趋势相同，当温度高于 900℃，由于扩散的快速进行，Ⅱ层的增长速度加快。同时注意到，复合界面的金属间化合物层非常薄，950℃轧制复合时厚度最厚，也仅为 0.36μm。热轧复合时坯料不仅承受垂直于结合界面方向的压力，而且还存在平行结合界面方向的摩擦剪切力，这有利于界面金属间化合物的减薄。另外，由于热轧复合实验中，实际的复合是在轧制过程中进行的，其作用时间较短，因此生成的金属间化合物层的厚度较薄。

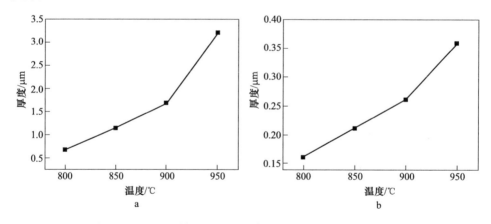

图 5-48　β-Ti 层厚度及金属间化合物层厚度与温度的关系曲线

a—β-Ti 层厚度与温度的关系；b—金属间化合物层厚度与温度的关系

　　具体到元素，各个元素的扩散距离也各不相同。从图 5-46 元素面分布图以及图 5-47 元素线扩散图中都可以看出，Fe、Ni 在钛中的扩散距离均较长，均略超出了 β-Ti 层的厚度，而 Cr 在钛侧的扩散距离小于 β-Ti 层的厚度。同时 Ti 元素向不锈钢侧的扩散距离小于 Fe、Ni 等向 Ti 侧的扩散距离。研究表明在多元系扩散中，元素原子的几何因素对其扩散的影响很大[20]。目前已知的两侧基体的原子结构为：钛侧的 α-Ti 为 hcp 结构（致密度 0.74），β-Ti 为 bcc 结构（致密度 0.68），304 不锈钢侧 γ-Fe 为 fcc 结构（致密度 0.74），Ti 的原子半径为 0.147nm，Fe 的原子半径为 0.127nm，Cr 的原子半径为 0.128nm，Ni 的原子半径为 0.1246nm，它们的原子半径大小为：Ti > Cr > Fe > Ni，而原子堆垛密度为：α-Ti = γ-Fe > β-Ti。较大的 Ti 原子半径具有较大的晶格常数，使原子之间的间隙相对变大，而不锈钢侧 γ-Fe 晶格内本已固溶了大量的 Cr、Ni 原子，使其原子间隙变小。因此，就间隙而言，γ-Fe < α-Ti < β-Ti。通过以上分析可以得出，Fe、Cr、Ni 原子向钛层中扩散相对 Ti 向不锈钢中的扩散要容易得多。又由于 Cr 的原子半径比 Fe、Ni 的大，所以 Cr 的扩散距离要小。由于 Ti 较大的原子半径及不锈钢侧较小的晶格间隙，因此 Ti 向不锈钢侧的扩散变得相对缓慢，扩散距离较短。

5.3.1.3 复合界面的剪切强度与断口形貌特征

图 5-49 为不同轧制温度下复合界面的剪切强度。如图 5-49 所示，800℃轧制时界面的剪切强度最高，为 105MPa。而随着温度的升高，界面的剪切强度不断降低，在 950℃时，剪切强度仅为 45MPa。显然，采用直接轧制复合的工艺条件下，实验所有温度下复合界面的剪切强度均未达到国家标准的最低要求（140MPa）。

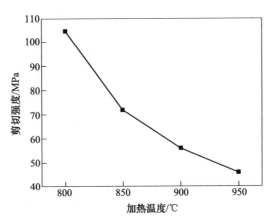

图 5-49 不同温度下复合界面的剪切强度

图 5-50 为 850℃和 950℃轧制复合界面两侧剪切断口的 SEM 形貌。如图 5-50 所示，不锈钢侧的断口形貌呈现出条纹状和撕裂状断口，呈现出典型的脆性断裂特征。钛侧断口比较平齐，如图 5-50b 所示，断口上密布大量白色颗粒状和棒状的物质。随着轧制温度升高，颗粒尺寸变大，数量变多。对这些颗粒进行 WDS 成分检测，其含有 Fe(30.2% ~ 33.4%)、Ti(55.6% ~ 57.7%)、Cr(6.3% ~ 7.5%) 和 Ni(余量)，以上均为原子分数，这与界面金属间化合物的成分含量是接近的，因此可以推测这些位于断口表面的颗粒即为界面处的金属间化合物层。金属间化合物层中含有的 FeTi、Fe_2Ti、$NiTi_2$ 和 Cr_2Ti 等均呈现出明显的本征脆性，这导致

此区域成为整个界面处最脆弱的部位；另外，金属间化合物的多样性也明显恶化界面结合强度，这些因素最终导致在金属间化合物层区域发生脆性断裂。图 5-51 所示为复合界面的 XRD 物相分析结果，在断口两侧都发现了金属间化合物的存在，这也间接地证实了断裂发生在金属间化合物层。

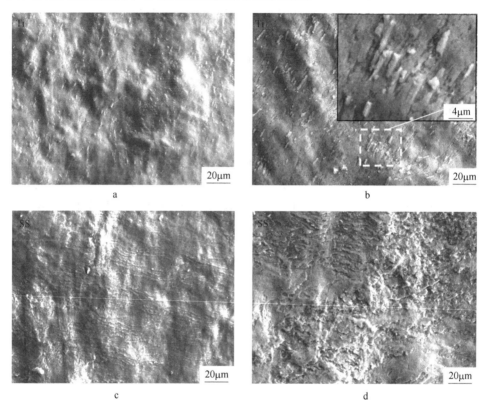

图 5-50 不同轧制温度下复合界面两侧的剪切断口的二次电子形貌
a—850℃钛侧；b—950℃钛侧；c—850℃不锈钢侧；d—950℃不锈钢侧

钛与不锈钢间互扩散而导致生成的多种脆性金属间化合物是导致钛/不锈钢直接复合界面性能恶劣的最主要原因。通过控制轧制复合温度，即尽可能降低轧制温度从而减少界面金属间化合物的生成量，可以在一定程度上提高界面的复合性能。但当轧制温度降低至 800℃时，界面的结合强度仍未达到国家标准要求。若继续降低轧制温度，首先不利于界面的扩散而造成部分未结合位置，其次不锈钢在较低温度下变形抗力会继续增大，从而对轧机的性能会提出更高的要求，因此仅降低轧制温度并不能从本质上提高钛/不锈钢复合板的结合性能。在钛和不锈钢中间加入中间层金属，阻止钛与不锈钢的元素发生扩散，是目前解决钛/不锈钢结合界面多种金属间化合物这个问题的常用方法。下文对加入镍和铌中间层后钛/不锈钢复合板界面生成物的控制分别进行研究。

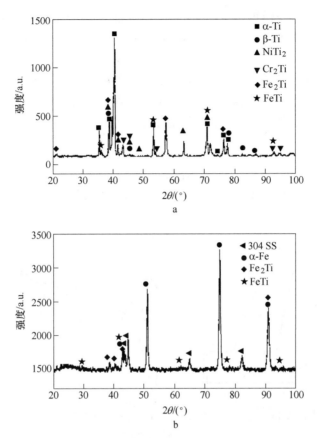

图 5-51　950℃ 轧制的复合板剪切界面两侧的 XRD 物相分析

a—不锈钢侧；b—钛侧

5.3.2　镍中间层对钛/不锈钢复合板界面金属间化合物的影响

5.3.2.1　镍中间层的可用性分析

表 5-4 为金属镍的主要物理性质和力学性质。镍具有良好的塑性，可在轧制过程中与两侧金属建立紧密接触。镍的熔点低于钛和不锈钢，高温下可充分软化，在变形过程中，可有效抵御界面两侧金属因变形抗力差异而导致的不均匀变形。

表 5-4　Ni 的主要物理性质、力学性能

金属	密度 /g·cm^{-3}	熔点 /℃	比热容 /J·(kg·K)$^{-1}$	热导率 /W·(m·K)$^{-1}$	抗拉强度 /MPa	屈服强度 /MPa	伸长率 /%	硬度 (HBS)
Ni	8.90	1453	456.5	69.6	317	59	30	60~80

　　镍元素是基材不锈钢中的合金元素，因此加入镍中间层并不会引入基材成分以外的元素，两者不会产生金属间化合物，镍与不锈钢界面可产生强度较高的结合层。图 5-52 为 Ti-Ni 二元相图。如图 5-52 所示，Ni 与 Ti 之间可以产生多种金属间化合物，而且几乎贯穿整个固相区，将对钛/镍界面的结合性能产生影响。然而，与 Ti-Fe 金属间化合物相比较，Ti-Ni 金属间化合物具有一定的塑性，脆性相对较小，通过控制金属间化合物层的厚度，可减小金属间化合物对复合板结合性能的影响。

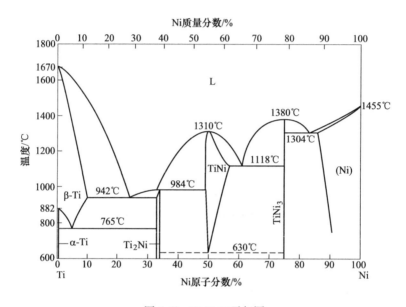

图 5-52　Ti-Ni 二元相图

5.3.2.2　800~950℃轧制温度下的界面组织与金属间化合物生成机理

　　不同加热温度条件下加入镍中间层的复合界面 BSE 形貌如图 5-53 所示。在800~950℃温度范围内，镍中间层与两侧金属均复合良好，无未结合部位和微裂纹存在。由于 Ni 箔在高温下充分软化，在轧制过程中，对由于变形抗力不同而导致的不锈钢与钛之间的不平衡变形，起到了较好的缓冲作用。图 5-54 是 950℃时界面处的元素扩散情况，在 Ni-Ti 界面和 Ni-SS 界面均发生了元素扩散，而不锈钢与钛之间并没有发生直接的互扩散，即 Ti 未扩散至不锈钢侧，不锈钢中的 Fe、Cr 也未扩散至钛侧。因此，Ni 中间层起到了良好的隔离作用。

　　图 5-55 为 Ni-Ti 界面的 BSE 形貌。如图 5-55 所示，经过轧制复合之后，Ti-Ni 界面生成了非常复杂的扩散反应区。根据形貌与 BSE 像下衬度的不同，从左到右可大致分为Ⅰ、Ⅱ、Ⅲ、Ⅳ四层结构（见图 5-55a）。其中第Ⅰ层位于钛侧，

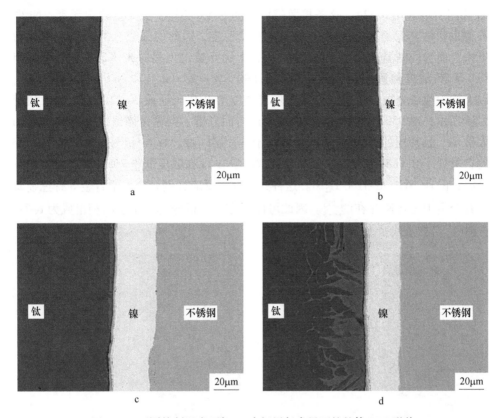

图 5-53 不同轧制温度下加 Ni 中间层复合界面的整体 BSE 形貌

a—800℃；b—850℃；c—900℃；d—950℃

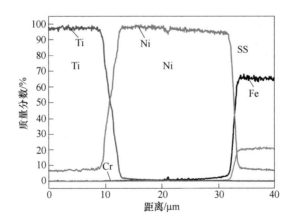

图 5-54 950℃下轧制复合界面的元素扩散曲线

在 800℃时，其为一条灰黑色且区别于钛侧基体的扩散带，WDS 检测结果显示此处含有 Ti(95.5%~96.3%) 和 Ni(3.7%~4.5%)，以上均为原子分数，根据 Ti-

Ni 相图所示（图 5-52），这条扩散带可能为 β-Ti。Ni 为 β-Ti 的稳定元素，Ni 向 Ti 侧的扩散降低了 β-Ti 向 α-Ti 转变的相变温度，因此使部分 β-Ti 在室温下保留下来。而当轧制温度大于等于 850℃ 后，Ⅰ层开始出现类珠光体形态的片层状组织。WDS 成分检测表明，此处含有 Ti(90.8%～92.4%) 和 Ni(7.6%～9.2%)，以上均为原子分数。Ⅰ层成分并未随着温度的升高而导致 Ni 的含量增加。如图 5-56 所示，对 950℃ 下 Ⅰ层组织的成分进行面分析，类珠光体组织处的成分富 Ni 而贫 Ti，且片层处 Ni 的含量明显要高于其片层间隙。Ti-Ni 相图显示，组织内 Ni 的含量处于 β-Ti 共析反应区，部分过饱和的 β-Ti 在温度低于 765℃ 时即发生如下分解：β-Ti(Ni)→α-Ti + Ti$_2$Ni。这种共析分解反应在铜合金、铝合金等有色金属及其合金中是普遍存在的[21]。因此可以断定，共析分解后 Ⅰ层的相组成为 α-Ti、Ti$_2$Ni 析出物及残余 β-Ti 的混合物。

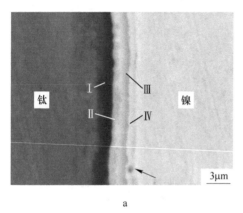

a

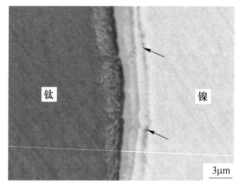

b

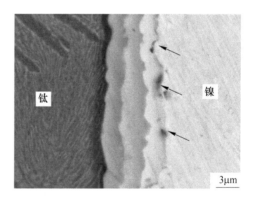

c   d

图 5-55　不同轧制温度下 Ti-Ni 界面的 BSE 形貌

a—800℃；b—850℃；c—900℃；d—950℃

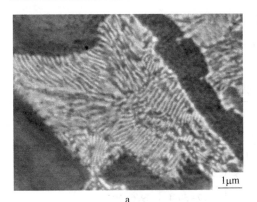
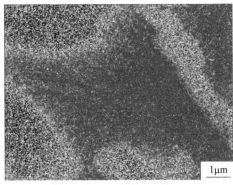
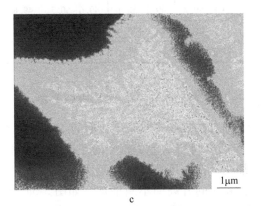

图 5-56　I 层组织的元素分布图
a—形貌照片；b—Ti 的分布；c—Ni 的分布

Ⅱ、Ⅲ、Ⅳ层组织形貌比较相近，均为完整的层状结构，单一的层形貌差异不大，这说明每层都由单一的相组成；而 BSE 像下相邻各层之间分界明显，说明层与层之间的成分差异较大，由不同的相组成。表 5-5 为 WDS 检测的不同温度下轧制复合界面Ⅱ、Ⅲ、Ⅳ层的成分含量情况。Ⅱ层的 Ti、Ni 的原子分数的比值略大于 2:1，这层为含有少量 Ti 的 Ti_2Ni 层。Ⅲ层的 Ti、Ni 原子分数之比约为 1:1，这一层为 TiNi 层。Ⅳ层的 Ti、Ni 原子分数之比约为 1:3，这一层为 $TiNi_3$层。这三层均为金属间化合物层，这三种金属间化合物的标准吉布斯自由生成能分别为[22]：

$$\Delta G^{\ominus}(Ti_2Ni) = -49120 + 17.208T(J/mol) \qquad (5-13)$$

$$\Delta G^{\ominus}(TiNi) = -54600 + 18.133T(J/mol) \qquad (5-14)$$

$$\Delta G^{\ominus}(TiNi_3) = -55585 + 15.962T(J/mol) \qquad (5-15)$$

从式（5-13）~式（5-15）可以得知，三种金属间化合物的生成容易程度为：$TiNi_3 > TiNi > Ti_2Ni$。因此，Ti_2Ni 的生成需要更多的能量。当轧制温度较低时，如轧制温度为 800℃ 和 850℃ 时，由于生成自由能相对较低，如图 5-55 所示，Ti_2Ni 层的厚度远小于其他两层的厚度，而随着温度的升高，Ti_2Ni 层厚度的增长速度开始逐渐加快。

表 5-5　Ⅱ、Ⅲ、Ⅳ层组织的成分含量及可能的相

反应层	化学成分（原子分数）/%					可能存在的相
	元素	800℃	850℃	900℃	950℃	
Ⅱ	Ti	70.4~71.6	70.8~71.9	71.2~71.5	70.8~71.5	Ti_2Ni
	Ni	28.4~29.6	28.1~29.2	28.5~28.8	28.5~29.2	
Ⅲ	Ti	49.8~50.2	49.9~50.5	49.7~50.4	49.6~50.2	TiNi
	Ni	49.8~50.2	49.5~50.1	49.6~50.3	49.8~50.4	
Ⅳ	Ti	24.5~25.3	23.9~25.4	25.1~25.5	24.8~25.6	$TiNi_3$
	Ni	74.7~75.5	74.6~76.1	74.5~74.9	74.4~75.2	

5.3.2.3　800~950℃ 轧制温度下 Ti/Ni 界面的扩散

图 5-57 为 800~950℃ 加热温度下垂直于界面的 Ti、Ni 元素的浓度分布曲线。四组温度下，Ti 层与 Ni 层之间均发生了充分的互扩散。随着温度的升高，Ti 与 Ni 之间的互扩散逐渐加剧，扩散反应区越来越大，Ⅰ 层 β-Ti 和 Ⅱ、Ⅲ、Ⅳ 层金属间化合物区厚度随着温度的升高而不断增加。如图 5-58 所示，Ⅰ 层的厚度在 800~900℃ 时，随着温度的升高呈直线增长，在 900℃ 时平均厚度约为 2.9μm；当轧制温度升高至 950℃ 后，Ⅰ 层的厚度急剧升高至 93μm。从图 5-53 中可看出，与 800~900℃ 下的界面相比，950℃ 时在 Ti 层形成了较厚的 β-Ti 层，β-Ti 层在远离界面方向，呈枝杈状扩散。900℃ 以上轧制时，Ti 侧组织经过 α-β 相变，而转变为完全的 β-Ti 组织，β-Ti 为体心立方结构，相对于 α-Ti 的密排六方晶体结构，它具有更大的原子间隙，这有利于 Ni 原子在 Ti 侧的扩散。当温度高于 900℃ 后，Ti 侧相变成为 β-Ti，Ni 向 Ti 侧的扩散速度急速加快，从而导致 Ⅰ 层厚度急剧增大。由于晶界处的晶格畸变较大，能量较高，晶界的扩散激活能比晶内小，原子沿晶界优先进行扩散，因此在相对远离界面的 Ti 侧，Ni 等元素优先沿晶界扩散到此处，从而呈枝杈状分布。金属间化合物层随着温度的升高也不断变厚，当温度高于 900℃ 后，金属间化合物层的厚度增加速度变快。

Ti 向 Ni 层扩散的速度与 Ni 向 Ti 侧的扩散速度不同。金属镍为晶格密度较大的 fcc 结构，而且在 800~950℃ 范围内并不会发生相变。另外 Ti 的原子半径大于 Ni 的原子半径，因此 Ti 向 Ni 侧的扩散是非常困难的，当温度为 800℃ 时，Ti 在 Ni 中的扩散系数为 $3.0×10^{-17}m^2/s$[23]。而 Ni 向 Ti 侧的扩散相对来说要容易得多，温度为 800℃ 时，Ni 在 Ti 中的扩散系数为 $9×10^{-15}m^2/s$。两个方向不同的扩

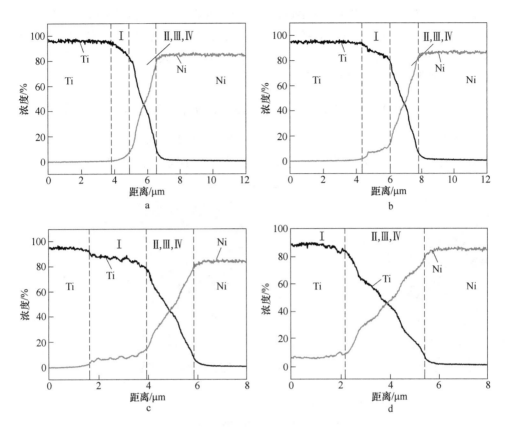

图 5-57 不同温度下轧制的钛/不锈钢复合板 Ti-Ni 界面的元素浓度分布曲线

a—800℃；b—850℃；c—900℃；d—950℃

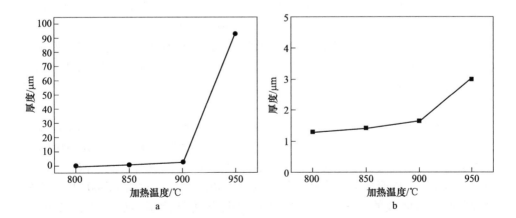

图 5-58 I 层厚度及金属间化合物层厚度与温度的关系曲线

a—β-Ti 厚度与温度的关系；b—金属间化合物层厚度与温度的关系

散速率导致 Ti-Ni 界面发生了 Kirkendall 效应，并在 Ni 侧产生了 Kirkendall 孔洞。如图 5-55 中箭头所示，在 800~950℃ 范围内，在 TiNi₃ 层靠近 Ni 基体侧均发现了 Kirkendall 孔洞，而随着温度的升高，孔洞尺寸越来越大。Kirkendall 孔洞的存在必将会导致此处强度的急剧降低。

5.3.2.4　1000℃ 轧制温度下的界面组织、扩散及金属间化合物特征

图 5-59 为 1000℃ 轧制温度下复合界面的 BSE 形貌。如图 5-59 所示，1000℃下轧制的复合界面与 800~950℃ 下的复合界面完全不同；镍中间层完全消失，取而代之的是一条不连续且厚度不均匀的反应物层。

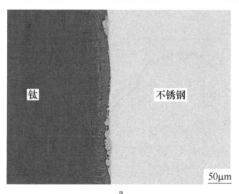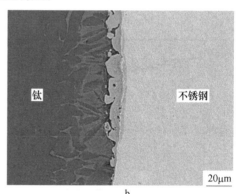

图 5-59　1000℃ 下轧制复合界面的组织形貌

a—200 倍界面形貌；b—500 倍界面形貌

根据 Ti-Ni 相图，在平衡状态下 Ti 与 Ni 最低共晶温度为 942℃，在一定条件下当温度高于 942℃ 时，在 Ti-Ni 反应区便会出现液相。另外，Ti₂Ni 的熔点为 987℃。当轧制温度达到 1000℃ 后，Ti-Ni 界面的化学反应剧烈进行，大部分 Ni 中间层与 Ti 发生了反应。随着扩散反应的进行，达到液化条件的反应物便融化成为液相。液相在轧制过程中便被挤到复合板两侧，仅有部分存留在基体凹陷处。因此在复合界面处，完整的 Ni 中间层几乎消失，仅剩固态反应产物和少量液相冷却后的生成物存留下来。

液相的产生使复合界面的反应产物变得非常复杂。图 5-60 为 1000℃ 温度下轧制复合界面的元素面分布情况。显然，当轧制温度为 1000℃，研究使用的 Ni 中间层已经完全失去了隔离效果，不锈钢和钛之间发生了充分的互扩散，加之 Ni 中间层的介入，界面处生成了种类复杂的反应物区。表 5-6 为图 5-60a 中标出的复合界面不同区域的元素含量。其中 1、2 区域为钛侧基体层，这层与 800~950℃ 下轧制复合的界面组织中 Ⅰ 层的相是相同的，均为 Ni 向 Ti 侧扩散生成的 Ti₂Ni、α-Ti 以及残余 β-Ti。区域 3 为聚集了大量的钛和镍元素，同时固溶了少量的 Fe 和 Cr 原子，从成分含量可以断定该层为 Ti₂Ni 层。区域 4 为边缘呈枝杈状的

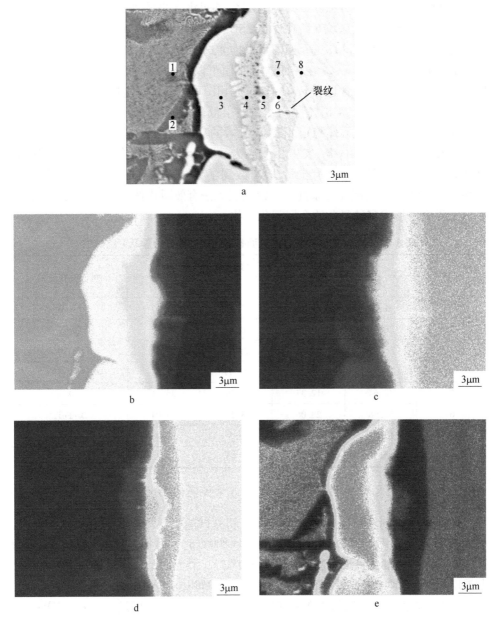

图 5-60　1000℃下轧制复合界面的元素分布图

a—形貌照片；b—Ti 的分布；c—Fe 的分布；d—Cr 的分布；e—Ni 的分布

化合物层，这层组织的成分中除 Ti、Ni 外还含有 Fe(26.8%) 和 Cr(5.9%)，以上均为原子分数。该层为 FeTi、TiNi 和 Cr_2Ti 金属间化合物的混合物。从区域 5 所在层开始，Ni 含量迅速减少，Ni 系金属间化合物不再生成。根据这层的化学成分以及 Fe-Cr-Ti 三元相图可以推测，这层金属间化合物的种类为 λ 相，即 Fe_2Ti 和 Cr_2Ti 的混合物[19]。区域 6 所在层在 BSE 像下为一层非常明亮的化合物层，由 其成分含量，根据 Fe-Cr-Ti 三元相图可以推测这层金属间化合物为 λ+FeTi。区域 7 所在层从图 5-60 所示的 Cr 在界面的分布图可以看出，Cr 元素在这层化合物中 明显富集。根据其成分含量和 Fe-Cr-Ti 三元相图可以断定，这层为 λ+χ+α-Fe 相，其中 χ 相为 $Fe_{17}Cr_7Ti_5$，χ 相脆性高，强度很低，因此图中 χ 相所在层部分位置 出现了微裂纹。由于铁素体稳定元素 Cr 元素的富集，以及奥氏体稳定元素 Ni 元 素的贫化，这个区域的 γ-Fe 发生相变成为 α-Fe。区域 8 所在层为不锈钢基体，从成分组成可以发现，已经有少量 Ti 扩散到了不锈钢基体部位。以上分析结果 表明，在 1000℃ 的高温加热条件下，镍夹层无法有效阻止钛和不锈钢之间的相互 扩散，界面可形成多种复杂的金属间化合物。

表 5-6　1000℃下轧制复合的界面各层组织的成分含量及可能的相

区域	化学成分（原子分数）/%				可能存在的相
	Fe	Cr	Ni	Ti	
1	0.41	0.11	7.01	92.47	$Ti_2Ni+α-Ti+β-Ti$
2	0.2	0.1	0.77	98.92	α-Ti
3	3	0.27	29.17	67.56	Ti_2Ni
4	26.75	5.9	14.71	52.64	$TiNi+FeTi+Cr_2Ti$
5	48.64	12.37	3.88	35.11	λ
6	55.68	23.06	3.22	18.04	λ+FeTi
7	63.17	27.88	3.5	5.44	λ+χ+α-Fe
8	70.78	20.71	7.83	0.69	γ-Fe

5.3.2.5　金属镍中间层对复合界面力学性能的影响

图 5-61 为不同轧制温度下复合界面剪切测试的实验结果。随着温度的升高，界面的剪切强度逐渐降低。当轧制温度为 800℃ 时，剪切强度达到最高值，为 295MPa，结合性能优良。但当温度高于 900℃ 后，界面的结合强度急剧下降，当轧 制温度为 950℃ 时，复合界面的剪切强度仅为 47MPa，与不添加中间层直接复合的 剪切性能相差无几。当轧制温度为 1000℃ 时，界面的剪切强度最低，为 39MPa。

显然，界面 Ti-Ni 金属间化合物层是界面最薄弱的位置，而金属间化合物层 的厚度也直接影响到界面的剪切强度。如图 5-61 所示，金属间化合物层越厚，强度越低。当轧制温度为 950℃ 时，金属间化合物层急剧增厚，界面剪切强度也 急剧降低。轧制温度为 1000℃ 时，界面处复杂的金属间化合物种类，以及不规律 的分布导致界面强度极低。

图 5-62 为不同轧制温度下复合界面钛侧剪切断口形貌。800~900℃ 下轧制的

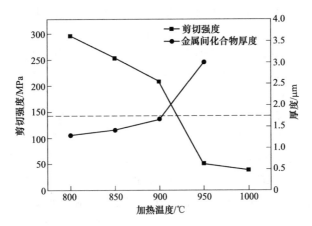

图 5-61 界面剪切强度及界面金属间化合物厚度与轧制温度的关系曲线

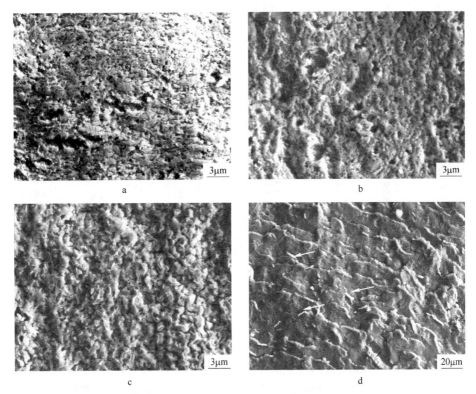

图 5-62 不同轧制温度下复合界面 Ti 侧的剪切断口的二次电子形貌
a—800℃；b—900℃；c—950℃；d—1000℃

复合界面钛侧剪切断口形貌相似，均为带有密集细小凹陷的不光滑平面。经
WDS 检测，此界面含有 Ti(24.70%~30.29%) 和 Ni(35.30%~69.71%)，以上均

为原子分数。因此可以断定断口上的相为 Ti-Ni 金属间化合物。图 5-63 为 850℃ 和 950℃ 下复合板剪切界面两侧剪切断口的 XRD 物相分析结果。两个轧制温度下，不锈钢侧的断口仅检测到金属镍和不锈钢的成分，并未检测到任何 Ti-Ni 系金属间化合物的存在，Ti 侧断口均检测到 α-Ti、β-Ti、Ni、TiNi$_3$、TiNi、Ti$_2$Ni，这证实了上文中对复合界面各相的分析结果。结合图 5-55 所示的复合界面的扩散区各相的分布情况，可以断定剪切断裂发生在 Ni$_3$Ti 与 Ni 基体的结合界面上，显然此处是整个复合界面最薄弱区域。由于 Ni 与 Ti 两侧相互扩散速度的不同，导致界面发生了 Kirkendall 效应，并产生了 Kirkendall 孔洞，而 Kirkendall 孔洞位于 Ni$_3$Ti 与 Ni 基体的结合界面上。Kirkendall 孔洞的存在导致此处结合不紧密，出现断续点，从而导致强度降低，在剪切试验中断裂便从此处首先发生。

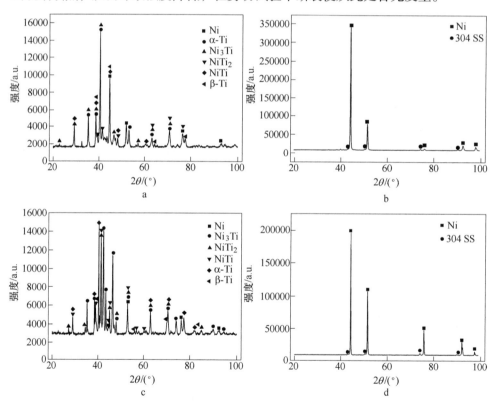

图 5-63　850℃ 和 950℃ 轧制的复合板剪切界面两侧的 XRD 物相分析
a—850℃，Ti 侧；b—850℃，不锈钢侧；c—950℃，Ti 侧；d—950℃，不锈钢侧

轧制温度为 1000℃ 复合板界面的剪切断口与其他温度完全不同，剪切断口呈现出层状河流花样，并存在箭头所示的白色棒状物质（见图 5-62d）。经 WDS 检测，这些白色棒状相含有 Ni(26.76% ~ 30.29%) 和 Ti(69.71% ~ 73.24%)，以上均为原子分数。因此可以推断为复合界面的 Ti$_2$Ni 相。在此温度下，Ti$_2$Ni 相在轧

制过程中为液相，而轧制后其慢慢冷却成为固态的过程会出现缩松和冷隔等缺陷，导致 Ti_2Ni 相所在位置成为整个界面最薄弱区域，剪切断口的断裂便不可避免地在此处产生。

综合上述分析，Ni 中间层在合适的轧制温度下可以有效地隔离钛与不锈钢之间的扩散，但 Ni 与 Ti 之间生成的金属间化合物也会削弱界面的性能。在温度低于 900℃ 时，Ni 中间层的加入有效地强化了界面的结合强度；当温度达到 950℃ 及更高时，界面处生成的 Ti-Ni 金属间化合物厚度过厚而导致界面强度低下。因此，采用 Ni 作为中间层时，应尽量降低轧制温度，减少金属间化合物的生成。

5.3.3 铌中间层对钛/不锈钢复合板界面金属间化合物的影响

5.3.3.1 铌中间层的可用性分析

金属铌具有较好的强度和塑性，其物理性质和力学性能见表 5-7。金属铌的熔点远高于钛和不锈钢的熔点，具有较强的高温强度。另外，金属铌具有良好的耐腐蚀性能，Nb 中间层的添加不会恶化界面的耐腐蚀性。图 5-64 为 Ti-Nb 相图和 Fe-Nb 相图，钛和铌元素在高温状态下不会生成任何金属间化合物，仅形成固溶体相。在众多用于钛/钢复合中间层金属中，铌是极少数不与钛生成金属化合物的中间层之一。另外，根据 Fe-Nb 相图，两者会发生反应生成 ε 相（Fe_2Nb）和 μ 相（FeNb）。因此，利用 Nb 作为中间层金属时，控制不锈钢/铌界面的金属间化合物的生成量变得至关重要。

表 5-7 Nb 的主要物理性质、力学性能

金属	密度 /g·cm⁻³	熔点 /℃	比热容 /J·(kg·K)⁻¹	热导率 /W·(m·K)⁻¹	抗拉强度 /MPa	屈服强度 /MPa	伸长率 /%	硬度 (HBS)
铌	8.55	2497	278.3	48.1	275	207	30	80

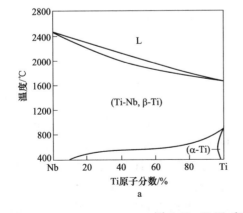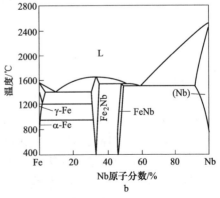

图 5-64 Ti-Nb 和 Nb-Fe 二元相图

a—Ti-Nb 相图；b—Nb-Fe 相图

5.3.3.2　复合界面的组织形貌与金属间化合物的生成机理

图 5-65 为轧制温度为 900℃和 1000℃时复合界面的背散射电子形貌。Nb 中间层与两侧基体金属 Ti 和不锈钢均复合良好，两侧复合界面均未发现微裂纹和不连续点。由于在轧制复合过程中，复合界面经过较大的轧制变形，铌中间层不再平直，呈现出波浪状的边缘形貌。这种不均匀变形有利于改善复合界面的接触，并通过平衡两侧的不协调变形而增强界面的结合强度[24]。

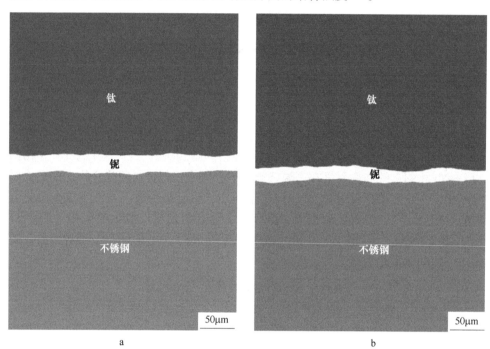

图 5-65　复合界面低倍 BSE 形貌

a—轧制温度 900℃；b—轧制温度 1000℃

不同轧制温度下 Ti-Nb 界面及 Nb-SS 界面的高倍 BSE 形貌如图 5-66 所示。当轧制温度为 850℃时，在 Ti-Nb 界面靠近钛侧存在一层区别于基体的黑色组织，经 WDS 检测，这层组织含有 Ti(96.6%~97.4%) 和 Nb(2.6%~3.4%)，以上均为质量分数。根据 Ti-Nb 二元相图，该组织是由于 Nb 向 Ti 侧扩散而生成的含有少量 Nb 的 α-Ti 固溶体。当轧制温度高于 900℃时，靠近 Ti 侧的 Ti-Nb 复合界面出现了一层明显的浅灰色反应物层。图 5-67 为 950℃下 Ti-Nb 界面的元素面分布情况，在此反应层内 Ti、Nb 浓度呈梯度扩散。经 WDS 检测，此层内含有 Ti（55.4%~71.7%) 和 Nb（28.3%~43.6%)，以上均为质量分数。虽然反应层内元素含量差异很大，但根据 Ti-Nb 二元相图，该层组织均为 β-Ti。Nb 元素为 β-

Ti 的强稳定元素。当 Nb 原子经过扩散进入 Ti 晶格内时，会大大地降低钛的相变温度。在冷却过程中，基体钛中大部分 β-Ti 经过相变重新转变为 α-Ti，但是在临近 Ti-Nb 界面处，由于 β-Ti 内富集了大量的 Nb 原子，因此使这部分 β-Ti 在室温下稳定地存留下来。轧制温度为 900℃、950℃和 1000℃时，β-Ti 层的平均厚度分别为 0.26μm、0.79μm 和 1.30μm，温度越高，β-Ti 层的厚度越厚。当温度较低时，如轧制温度为 850℃时，由于 Nb 向 Ti 侧的扩散量有限，因此没有 β-Ti 在室温下保留下来。通过上述分析，Ti-Nb 界面均未生成任何金属间化合物，界面洁净。

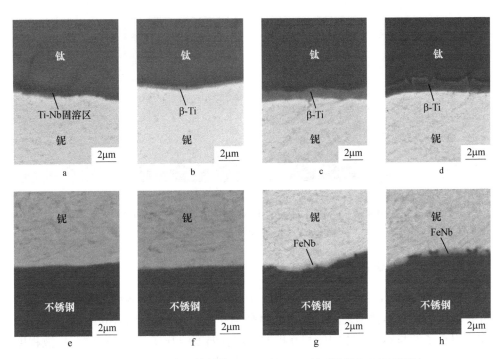

图 5-66　不同温度下轧制的 Ti-Nb 及 Nb-SS 界面的精细 BSE 形貌
a, e—850℃；b, f—900℃；c, g—950℃；d, h—1000℃

当轧制温度为 850℃和 900℃时，在 Nb-SS 界面并没有发现任何明显的反应物和夹杂物存在。当轧制温度升高至 950℃和 1000℃时，在 Nb-SS 复合界面靠近 Nb 侧位置出现了一层浅灰色的反应生成物层。经过 WDS 检测得知，这层反应物含有 Nb（66.2%~68.9%）、Fe（24.7%~27.5%）、Cr（3.1%~5.4%）和 Ni（余量），以上均为质量分数。根据 Fe-Nb 二元相图可推测该组织是 Nb 与 FeNb 的混合物，FeNb 是一种脆性金属间化合物。如图 5-66g、h 所示，FeNb 以断续状分布于界面处。

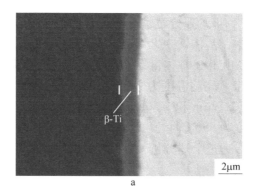

图 5-67　950℃下轧制的 Ti-Nb 复合界面的元素分布图

a—形貌照片；b—Ti 的分布；c—Nb 的分布

5.3.3.3　复合界面的元素扩散

图 5-68 为复合界面的元素扩散图。Ti-Nb 界面和 Nb-SS 界面均发生了充分的互扩散，但钛与不锈钢之间并没有发生任何扩散。由此说明，Nb 中间层的加入完全阻止了钛与不锈钢之间的相互扩散。随着温度的升高，各界面的互扩散程度不断增加。如图 5-68a、c 所示，1000℃时 Nb 原子向 Ti 侧的迁移距离比 900℃时增加明显。高温下元素扩散程度增加，促进了 FeNb 金属间化合物的生成。在图 5-68b 中，因为 900℃下 Nb-SS 界面并没有明显金属间化合物的生成，元素扩散曲线平滑过渡。而温度升高至 1000℃，在 Nb-SS 界面的元素扩散曲线中，Nb 元素和 Fe 元素曲线都出现了一个明显的过渡平台，此处即为 FeNb 金属间化合物的生成位置。由于 Fe 原子相对较小的原子半径和 Nb 侧相对较小的晶体致密度，Fe 原子向 Nb 侧的扩散距离要大于 Nb 原子向不锈钢侧的扩散距离。另外注意到，在 Ti 侧，直接复合 Ti-SS 界面以及添加 Ni 中间层界面相同温度下 β-Ti 的厚度要远大于 Ti-Nb 界面，这是由于 Nb 原子尺寸大于 Fe、Cr、Ni 原子的尺寸而相对减缓了其向 Ti 侧晶格内迁移的速度造成的。

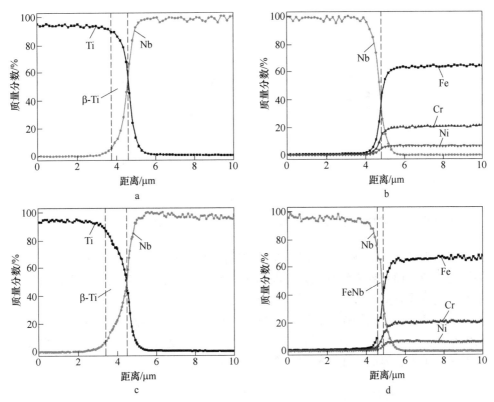

图 5-68 900℃及 1000℃下轧制复合界面的元素扩散图

a—900℃，Ti-Nb 界面；b—900℃，Nb-SS 界面；c—1000℃，Ti-Nb 界面；d—1000℃，Nb-SS 界面

5.3.3.4 复合界面的剪切强度

不同轧制温度下复合界面的剪切强度测试结果如图 5-69 所示。轧制复合温度为 900℃时，复合界面的剪切强度达到最高值，为 396MPa；而当轧制温度降低至 850℃时，剪切强度随之降低，为 335MPa。这是因为复合温度较低，不锈钢和 Nb 没有得到充分软化。另外，较低的复合温度使界面的扩散也非常有限，这造成了轧制温度为 850℃时剪切强度要低于 900℃。温度的升高促进了基体材料的软化和元素的扩散，但同时造成了金属间化合物的生成。当温度高于 900℃时，由于 Nb-SS 界面生成了 FeNb 金属间化合物，随着温度的升高，其含量越来越多，因此剪切强度也随着温度的升高而降低。本书中，轧制温度为 1000℃时，界面的剪切强度最低为 296MPa。因此，本书的工艺条件下，复合板界面的剪切强度均远高于国家标准要求，性能优良。

以 Nb 作为中间层，采用扩散焊接法制备钛-不锈钢接头时，其在扩散焊接温度为 900℃时得到最大的剪切强度为 216MPa[25]。显然，同样条件下，轧制复合

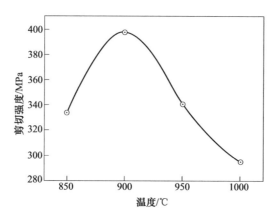

图 5-69　不同温度下轧制复合的添加 Nb 中间层钛/不锈钢复合板的界面剪切强度

法获得的剪切强度更高。这是因为在扩散焊接过程中，复合界面仅被施加了很小的压力载荷，而且界面没有或只有很小的变形。相比之下，轧制复合工艺采用大的变形量，而且变形过程中，复合界面承受了垂直于复合界面的压力和平行于复合界面的剪切力的共同作用，因此坯料表面的初始氧化膜等更容易破开从而露出新鲜金属完成复合。另外，轧制复合过程中，实际复合时间远小于扩散焊接工艺，减少了复合界面生成金属间化合物的概率和含量。

5.3.3.5　复合界面的剪切断口形貌

图 5-70 为复合界面的剪切断口钛侧的 SEM 形貌。当轧制温度为 900℃ 时，如图 5-70a 所示仅有少量 Nb 中间层留在了钛侧，这说明大部分断口发生在 Ti-Nb 界面而不是 Nb-SS 界面，也就是说轧制温度为 900℃ 时 Ti-Nb 界面的强度要低于 Nb-SS 界面。相比之下，轧制温度为 1000℃ 时，复合界面的形貌则完全不同，大部分 Nb 箔在剪切断裂之后都留在了钛侧，这说明断口多发生在 Nb-SS 界面，Nb-SS 界面的强度要低于 Ti-Nb 界面。

图 5-70c、d 分别为轧制温度为 900℃ 和 1000℃ 时，断裂在 Ti-Nb 界面的 Ti 侧断口的精细形貌。两种不同轧制温度下，Ti-Nb 界面断口是类似的，均为密布细小韧窝的韧性断裂形貌。图 5-71a 是图 5-70 所示点 1 和点 2 的能谱曲线，分析结果见表 5-8。在此断口处，Nb 的质量分数占了约 80%，这说明断口断裂在了靠近界面的 Nb 侧。因为 Ti-Nb 界面没有任何脆性金属间化合物，其强度已经超过了复合后 Nb 中间层的强度，因此断裂发生在靠近 Ti-Nb 界面的 Nb 侧。

图 5-70e、f 分别为轧制温度为 900℃ 和 1000℃ 时，断裂在 Nb-SS 界面的 Ti 侧断口的高倍照片。Nb-SS 界面断口均显示出河流花样形貌，这说明 Nb-SS 界面发生的断裂均为脆性断裂。同时可以看出，在轧制温度为 1000℃ 时，Nb-SS 界面断

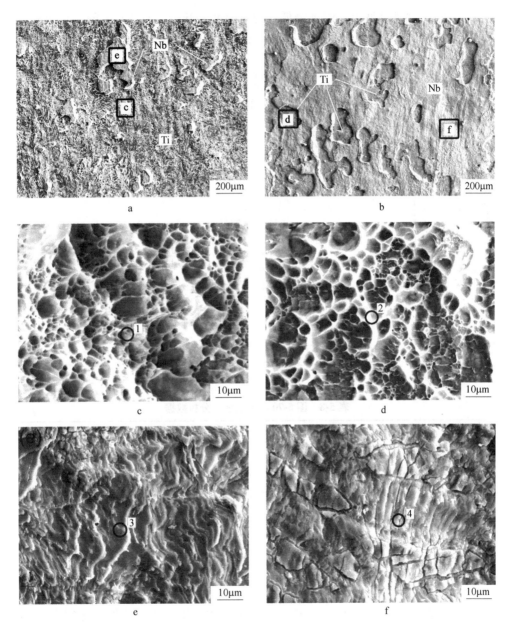

图 5-70 添加 Nb 中间层钛/不锈钢复合板界面钛侧断口的微观形貌

a, c, e—900℃；b, d, f—1000℃

口处还存有大量的微裂纹。图 5-71b 为图 5-70 中点 3 和点 4 的能谱曲线，分析结果列于表 5-8 中。结果显示，Fe、Cr 和 Ni 等元素通过扩散已经扩散到了留在 Ti 侧的 Nb 箔中，特别是扩散获得的大量 Fe 元素促进了 FeNb 脆性金属间化合物的生成，使 Nb 箔韧性变差，强度降低。随着温度的升高，Nb 侧 Fe 的含量也随之升高，这使得金属间化合物层变厚，此处 Nb 箔脆性变大，因此在轧制温度为 1000℃时，Nb-SS 界面强度下降，断口多发生于此处，且由于 FeNb 的脆性，在断口处出现了大量的微裂纹。轧制温度为 900℃时，Nb-SS 界面未发现明显的金属间化合物生成，结合良好，结合强度超过了 Ti-Nb 界面，因此断口多发生在 Ti-Nb 界面。

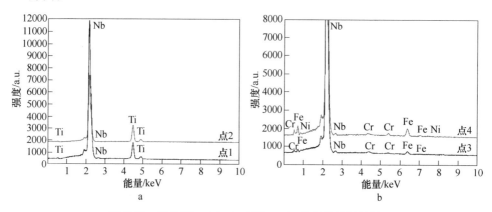

图 5-71   剪切断口中各点（图 5-70）的能谱分析结果

a—点 1、2；b—点 3、4

表 5-8   图 5-70 中各点能谱分析数据

元素	含量/%							
	点 1		点 2		点 3		点 4	
	质量分数	原子分数	质量分数	原子分数	质量分数	原子分数	质量分数	原子分数
Ti	10.32	18.24	20.13	32.83	—	—	—	—
Nb	89.68	81.76	79.87	67.17	98.19	96.87	95.11	92.05
Fe	—	—	—	—	1.36	2.24	3.72	5.99
Cr	—	—	—	—	0.45	0.79	0.83	1.44
Ni	—	—	—	—	—	—	0.34	0.52

图 5-72 为复合板界面剪切断口两侧的 XRD 物相分析结果。轧制温度为 1000℃时，Ti 侧断口检测出明显的 FeNb 化合物，这也证实了前文的分析结果。另外，注意到，FeNb 化合物仅在 Ti 侧断口检测出来，这是因为 FeNb 金属间化合物生成位置位于 Nb 侧，因此断裂之后，FeNb 随着 Nb 箔留在了 Ti 侧。

通过对真空热轧复合法制备的加入 Nb 中间层的钛/不锈钢复合板的深入分析可知，Nb 中间层可以有效地阻止钛与不锈钢之间的扩散，并抑制金属间化合物的生成。在所有试验工艺条件下，界面复合良好，界面剪切强度均远高于国家标

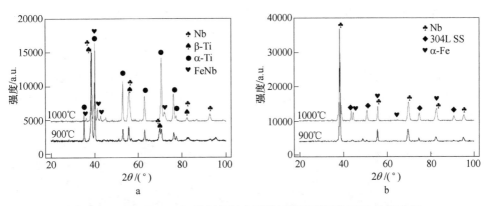

图 5-72　900℃和 1000℃轧制的复合板剪切界面两侧的 XRD 物相分析

a—钛侧；b—不锈钢侧

准要求，因此 Nb 中间层可以作为制备高性能真空热轧复合钛/不锈钢板的中间层
材料。

5.4　钛/临氢压力容器钢复合板制备工艺研究

石化反应容器制造是钛/钢复合板应用的传统领域。在各种化工反应中，钛
都具有良好的稳定性。临氢压力容器所用的一般都是低合金耐热钢，主要包括钼
钢、铬钼钢、铬钼钒钢三大类，常用的牌号有 15CrMoR、12Cr2Mo1R、14Cr1MoR
等。由于钢中有较高含量的铬、钼等元素，使其具有较高的高温强度、优异的耐
腐蚀和抗蠕变性能、良好的焊接和成型性能，因此广泛用于制造大型临氢压力容
器、加氢反应器等。

工业纯钛 TA2 和临氢容器钢 12Cr2Mo1R 在高温下变形抗力差距巨大，900℃
时，两者变形抗力比接近 1∶9。钛-钢两种材料直接焊接时，会在焊缝处形成大
量的 Ti-Fe 脆性金属间化合物，使得焊缝极易发生开裂。针对 TA2 工业纯钛和
12Cr2Mo1R 钢轧制复合所存在的问题，采用钢-钛-钛-钢四层包覆组坯方式，在
高真空下焊接封装，选择合适的加热制度和冷却工艺等参数，可有效控制界面脆
性相生成，实现复合板界面的良好冶金结合。

5.4.1　加热温度对 TA2/12Cr2Mo1R 钢复合板界面组织性能的影响

TA2 工业纯钛、12Cr2Mo1R 钢的相变、界面元素扩散以及界面反应均受到加
热温度的影响[26]。为研究加热温度对 TA2/12Cr2Mo1R 复合板界面组织与性能的
影响，制定以下实验方案：采用 800℃、850℃和 900℃三种加热温度，保温时间
2h，轧制过程的首道次压下率为 20%、总压下率为 84%、轧制道次为 9 道次，轧
后空冷至室温。

　　图 5-73 为不同温度下复合界面的 SEM 照片。由 SEM 照片可以看出，三种温度下复合界面都较为平直，没有发现未结合区域，界面复合情况良好。图 5-73 所示，上侧为 12Cr2Mo1R 容器钢，下侧为 TA2 纯钛，在三种加热温度下，界面没有发现明显的裂纹和夹杂物，界面复合良好。近复合界面钢侧出现脱碳层，随着加热温度的升高脱碳层的宽度随之增大。与 TA2/Q345 复合板界面类似，随着温度的升高 β-Ti 层的厚度增加。

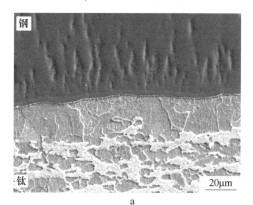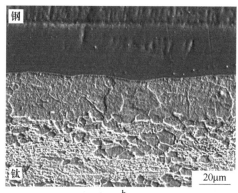

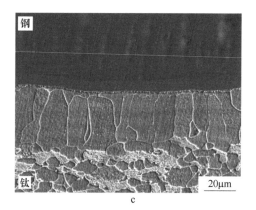

图 5-73　不同加热温度下复合板界面的 SEM 图片
a—800℃；b—850℃；c—900℃

　　图 5-74 为不同加热温度下复合界面元素的线扫描结果。如图 5-74 所示，三种加热温度下，钢侧和钛侧的元素都发生了充分的扩散。随着温度的升高，铁和钛元素的扩散距离逐渐增大，约为 3μm、4μm、7μm，铁元素的扩散距离要大于钛元素的扩散距离。由碳元素的扩散曲线可以看出，钢中的碳元素向钛侧扩散，在复合界面处聚集并形成 TiC，TiC 层对钛、铁元素在界面处的扩散起到一定的阻碍作用，可抑制 $TiFe_2$、TiFe 和 $CrTi_2$ 等相的生成。当加热温度为 850℃时，碳元素在界面处聚集程度最大，故界面处生成的 TiC 含量也最高。

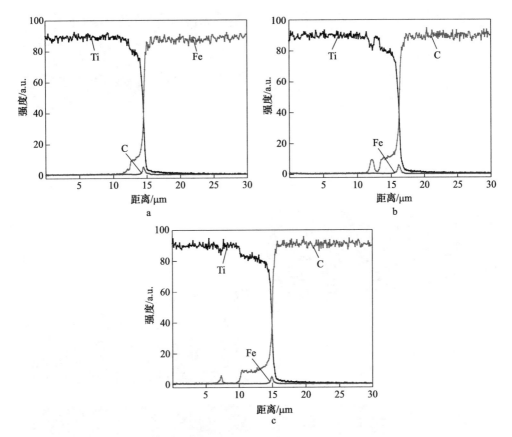

图 5-74　不同加热温度下复合界面元素线扫描结果

a—800℃；b—850℃；c—900℃

图 5-75~图 5-77 分别是加热温度为 800℃、850℃、900℃时复合界面元素分布图。可以看出，复合界面处硅、磷、铬、钼等元素没有发生明显的扩散聚集。由于采用真空焊接封坯，界面没有发现氧元素的聚集，说明复合界面不存在氧化夹杂物，而铁、碳、钛三种元素在界面处发生了明显的扩散。

加热温度为 800℃时，铁元素的扩散距离约为 3μm，铁元素的扩散距离与之前的线扫描结果相吻合。碳元素在界面分布均匀，说明钛、碳两种元素在复合界面生成了连续的 TiC 相。对比三个温度的面扫描结果可以看出随着温度的升高，界面处碳元素扩散明显增多，TiC 层的厚度增大、分布均匀。

图 5-76 为加热温度 850℃时复合界面元素面扫描分布图。铁元素的扩散距离约为 4μm，碳元素在界面聚集且连续、均匀分布，相比于 800℃，其 TiC 层的厚度更大，分布更加均匀。随着温度的升高，钛侧 β-Ti 层的厚度增大，主要由铁、铬等元素在钛侧的扩散所致。

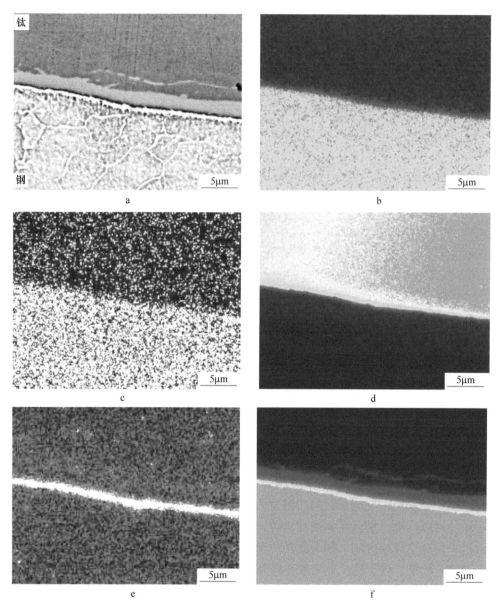

图 5-75　800℃下复合界面元素分布图

a—形貌照片；b—Cr 的分布；c—Mo 的分布；d—Ti 的分布；e—C 的分布；f—Fe 的分布

图 5-77 为加热温度 900℃下复合界面元素面扫描分布图。可以看出，铁元素的扩散距离约为 7μm，铁元素的扩散距离大于钛元素，碳元素界面分布较均匀，部分区域聚集程度较大。随着加热温度的升高，铁元素的扩散距离增大，且与β-Ti 层的厚度相对应。

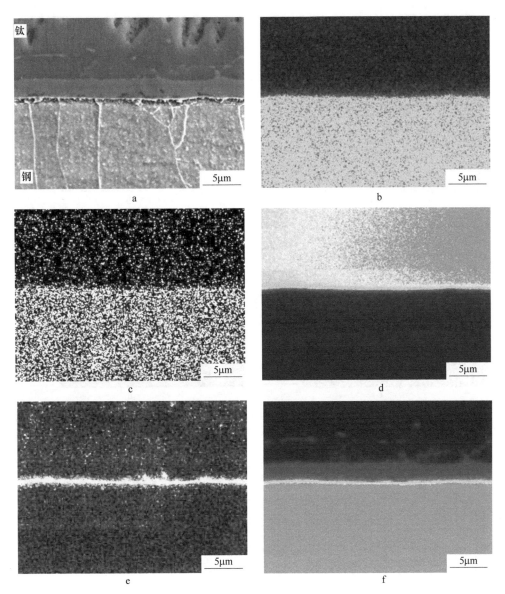

图 5-76　850℃下复合界面元素分布图

a—形貌照片；b—Cr 的分布；c—Mo 的分布；d—Ti 的分布；e—C 的分布；f—Fe 的分布

　　从线扫和面扫结果都可以看出，复合界面聚集了大量的碳元素，铁元素发生明显扩散。加热温度 900℃时，钛侧 β-Ti 层的厚度大约为 7μm，远远高于 800℃、850℃。

　　对三种不同加热温度下的钛/钢复合板界面进行力学性能检测，不同温度下平均剪切强度如图 5-78 所示。

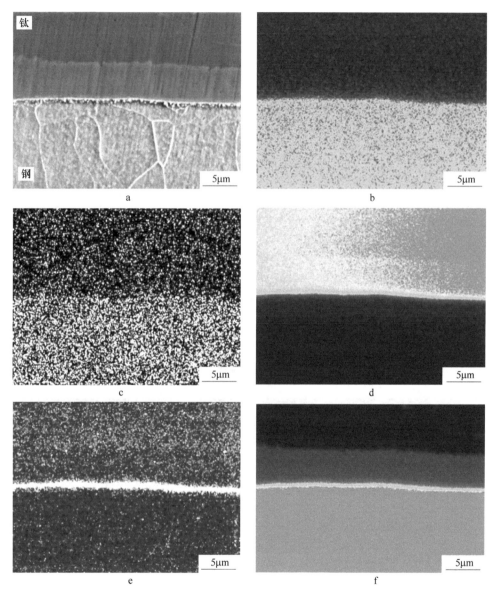

图 5-77　900℃下复合界面元素分布图

a—形貌照片；b—Cr 的分布；c—Mo 的分布；d—Ti 的分布；e—C 的分布；f—Fe 的分布

　　900℃时，复合板界面的剪切强度最低，仅为 171MPa，且性能差异大；加热温度在 850℃时平均剪切强度最高，为 189MPa。三种加热温度下的剪切强度均不满足 196MPa 的国家标准要求。与 TA2/Q345R 复合板不同，TA2/12Cr2Mo1R 复合板界面的 TiC 层对 Fe、Ti、Cr 等元素扩散的抑制程度有限，使界面生成种类较多的脆性金属间化合物，降低了界面的结合强度。

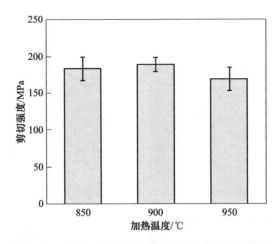

图 5-78 不同加热温度复合板界面的剪切强度结果

图 5-79 为不同的轧制温度下钛/钢复合板界面剪切断口 SEM 照片。可以看出，不同加热温度下钢侧和钛侧的剪切断口形貌呈解理状的河流花样，为典型的脆性断裂特征。加热温度 800℃时，界面撕裂较明显，表现出台阶状花样、舌状花样，断口钢侧出现撕裂下来的钛基体；加热温度 850℃时，断口撕裂状态相比于 800℃更为明显，部分位置出现剪切韧窝；当加热温度为 900℃时，断口出现台阶状花样和舌状花样，撕裂状态不明显，断口粗糙，故相比与 800℃、850℃表现出较低的强度。

图 5-80 为不同温度下复合板界面断口 XRD 检测结果。可以看出，在钢侧和钛侧的断口均有 TiC 生成，并且都有 α-Fe 相和 α-Ti 相，说明断裂发生在两金属扩散的结合界面位置。温度为 800℃时，断口钢侧主要为 α-Fe、TiC 两相，断口钛侧检测到 α-Ti、TiC、$CrTi_4$ 以及少量的 TiFe 等金属间化合物；温度为 850℃时的复合界面断口主要为 α-Ti、TiC、$CrTi_4$ 金属间化合物；当升高到 900℃时，剪切断口检测到 β-Ti 以及 Ti-Fe、Cr-Ti 等多种脆性金属间化合物的存在，由于 Ti-Fe、Cr-Ti 金属间化合物具有较高的脆性，当多种脆性金属化合物同时存在于界面处时，会严重影响复合界面的结合强度，故在界面处发生脆性断裂。

5.4.2 轧后冷却方式对 TA2/12Cr2Mo1R 复合板界面组织与性能的影响

在真空轧制复合过程中，界面处的元素扩散主要发生在轧制加热和轧后冷却两个过程中，除了加热温度外，轧后冷却速度对界面的元素扩散产生重要的影响。因此，研究冷却方式对复合钢板性能的影响有重要意义。

本研究在轧后采用水冷、空冷和缓冷三种不同的冷却方式将复合板冷却至室温。复合板水冷的冷速约为 5℃/s，空冷的冷速约为 0.5℃/s，缓冷的冷速约为

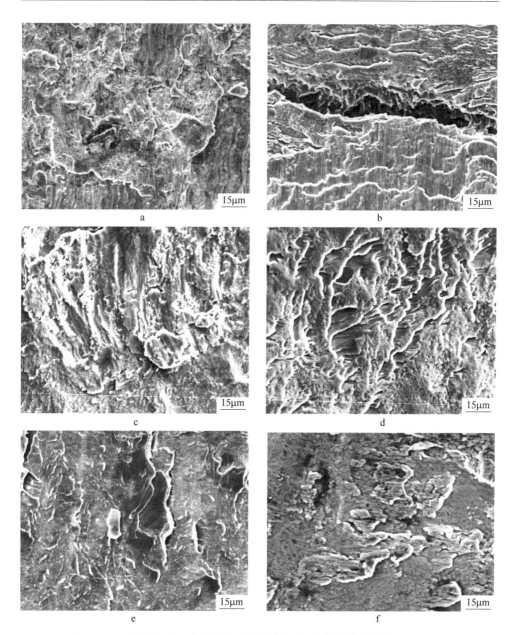

图 5-79　不同加热温度下复合板界面的剪切断口图像

a—800℃钢侧；b—800℃钛侧；c—850℃钢侧；d—850℃钛侧；e—900℃钢侧；f— 900℃钛侧

0.07℃/s。

图 5-81 为不同冷却速度下钛/钢复合板界面的背散射电子照片。如图 5-81 所示，上侧为钛，下侧为钢，钢侧的组织主要为铁素体和珠光体，水冷方式下，由

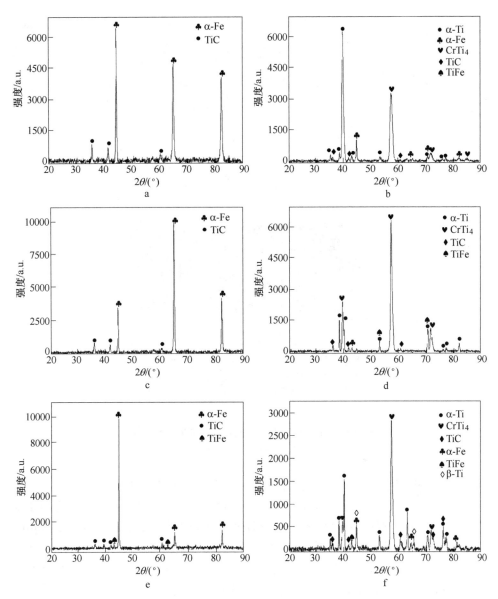

图 5-80　不同温度下断口 XRD 分析

a—800℃钢侧；b—800℃钛侧；c—850℃钢侧；d—850℃钛侧；e—900℃钢侧；f—900℃钛侧

于冷速较快，界面出现少量贝氏体组织。水冷、空冷、缓冷方式下复合界面钛侧都形成了连续的 β-Ti 层，其中缓冷方式下形成的 β-Ti 层连续性较差。相比于 Ti-Fe、Ti-Cr 等金属间化合物，β-Ti 的韧性较高，连续均匀的 β-Ti 层会有利于复合界面强度的提高。

对不同冷却方式下的复合界面进行元素线扫分析，线扫的位置垂直于复合界

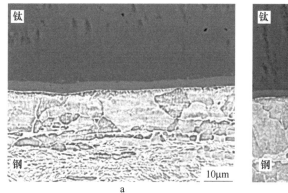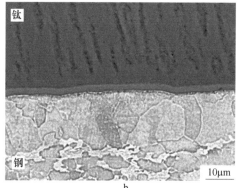

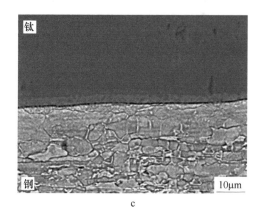

图 5-81　不同冷却方式下复合板界面的 BSE 图片

a—水冷；b—空冷；c—缓冷

面。图 5-82 是不同冷却方式下复合界面元素线扫分布图。如图 5-82 所示，三种不同的冷却方式下，Ti、Fe 元素在复合界面附近发生了充分的互扩散，冷却速度的降低并没有对铁元素在 TA2 侧的扩散距离产生较大影响，扩散距离为 5~6μm，但随着冷速的降低 Fe 元素在钛侧出现扩散平台，扩散平台中铁元素的含量升高。

对不同冷却方式下的复合板界面进行剪切强度检测，剪切强度检测结果如图 5-83 所示。空冷条件下，复合板界面的平均剪切强度最高，为 195MPa。缓冷条件下复合板的平均剪切强度最低，仅为 77MPa。三种冷却方式下复合板界面的平均剪切强度都未达到 196MPa 的国家标准要求。

图 5-84 为不同冷却方式下复合板的剪切断口形貌照片。水冷条件下，断口钢、钛两侧都呈现出明显的舌状花样，界面撕裂状态不明显；空冷条件下，断口钢侧呈现出明显的河流花样，钛侧呈现出舌状花样，断口撕裂状态明显，断口钛侧可以明显地看出撕裂下来的钢基体，故空冷条件下表现出较高的剪切强度；缓冷条件下，断口钢侧呈现出明显的河流状花样，钛侧则出现解理台阶特征，断口

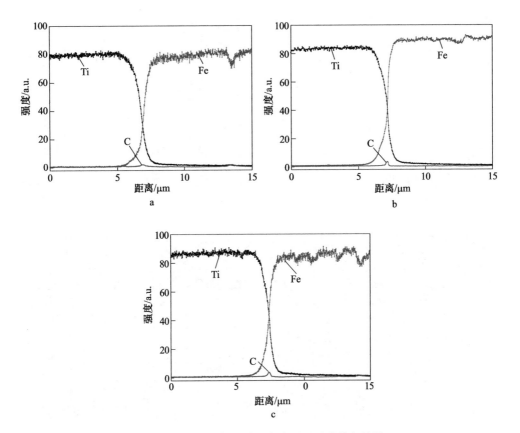

图 5-82　不同冷却方式下复合界面元素线扫结果

a—水冷；b—空冷；c—缓冷

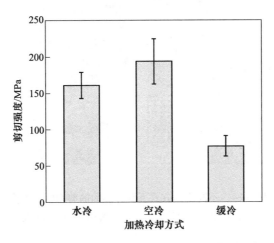

图 5-83　不同冷却方式下复合板界面的剪切强度

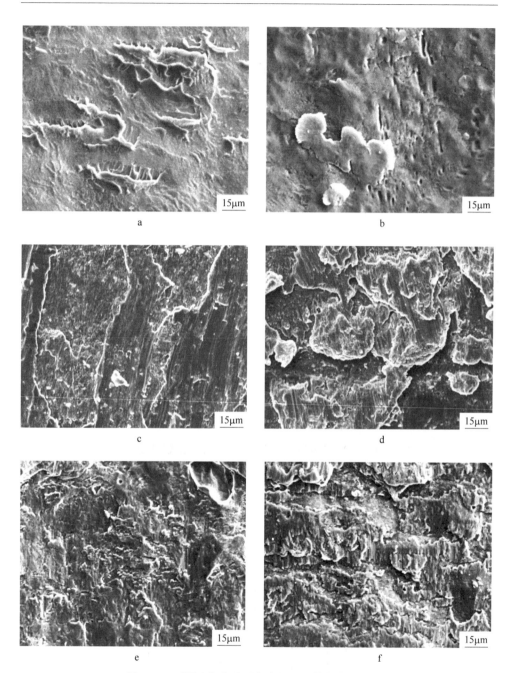

图 5-84　不同冷却方式下复合界面的剪切断口图像

a—水冷钢侧；b—水冷钛侧；c—空冷钢侧；d—空冷钛侧；e—缓冷钢侧；f— 缓冷钛侧

粗糙且撕裂状态较明显。三种不同的冷却方式下复合界面的断口都呈现出明显的脆性断裂特征。

为确定断口的物相成分，对不同冷却方式下复合界面的断口进行 XRD 物相分析，如图 5-85 所示。不同冷却条件下，界面产生的金属间化合物基本相同。水冷和空冷条件下，断口均含有 TiC、$CrTi_4$ 和 Ti-Fe，而在缓冷条件下，由于高温停留时间较长，元素扩散充分，断口各产物含量相差不大。当界面出现多种金属间化合物共存的状态时，这些金属间化合物之间的结合非常脆弱，会严重降低复合界面的剪切强度。因此，控制复合界面金属间化合物的种类和数量是改善复合界面强度的重要目标。

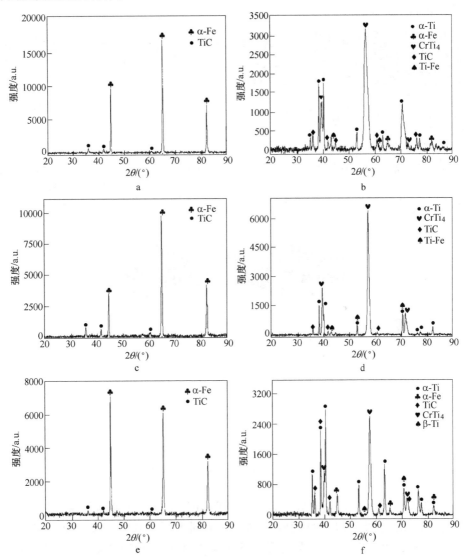

图 5-85　不同冷却方式下复合界面的断口 XRD 分析

a—水冷钢侧；b—水冷钛侧；c—空冷钢侧；d—空冷钛侧；e—缓冷钢侧；f— 缓冷钛侧

5.4.3 金属中间层对临氢容器钢复合板界面组织及元素扩散的影响

由于 TA2 纯钛与 12Cr2Mo1R 临氢容器钢直接热轧复合时易形成 Ti-Cr 系金属间化合物，影响界面结合。添加中间层可控制界面化合物种类和数量，有望提高界面强度和稳定性。因此，本研究采用铌箔和镍箔作为中间层进行研究。

图 5-86 为有无夹层钛/钢复合板界面形貌照片。可以看出，在无中间层和添加镍中间层的复合板界面都形成了 5~7μm 厚的 β-Ti 层，而铌箔与钛界面只形成了约 2μm 的 β-Ti 层。

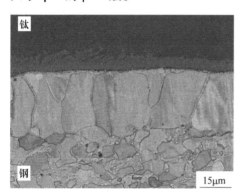
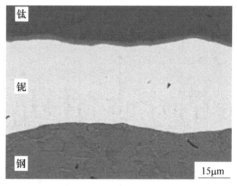

a　　　　　　　　　　　　　　　　b

c

图 5-86 有无中间层钛/钢复合板界面 EPMA 形貌照片
a—无夹层添加；b—铌中间层；c—镍中间层

如图 5-87 所示，经过热轧复合之后，Ti-Ni 界面生成了非常复杂的扩散反应区。根据形貌与 BSE 像下衬度的不同，从上到下可大致分为 Ⅰ、Ⅱ、Ⅲ、Ⅳ、Ⅴ五层结构，表 5-9 为 Ti-Ni 复合界面不同区域的 WDS 检测结果。其中第 Ⅰ 层为 β-Ti 层，WDS 检测结果显示此处含有 Ti(82.67%) 和 Ni(17.33%)，以上均为原子分数。镍为 β-Ti 的稳定元素，镍向钛侧的扩散降低了 β-Ti 向 α-Ti 转变的相变温度，因此使部分 β-Ti 在室温下保留下来。从元素含量推测 Ⅱ ~ Ⅳ 由上至下分别为 Ti₂Ni、TiNi、TiNi₃。

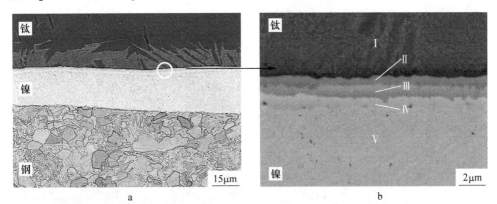

图 5-87 Ti-Ni 复合界面背散射电子照片

表 5-9 Ti-Ni 复合界面不同区域元素含量（原子分数） （%）

元 素	Ⅰ	Ⅱ	Ⅲ	Ⅳ	Ⅴ
Fe	—	—	—	—	—
Ti	82.67	71.83	52.90	26.81	8.49
C	—	—	—	—	—
Ni	17.33	28.17	47.10	73.19	91.52

图 5-88 和图 5-89 为添加铌和镍中间层界面元素面分布。由图可看出，铌和镍层均有效阻止了钛、铁、碳元素扩散，避免了 Ti-Fe 脆性化合物的生成。在 Ti-Nb 界面钛、铌发生扩散，形成了含有铌的 β-Ti 固溶体。在 Ti-Ni 界面，镍、铁元素也发生扩散，但扩散距离较小。在镍-钢界面，铁、铬元素扩散距离较小，这是因为铁和铬原子半径比镍大，无论以间隙还是置换形式都比较困难。

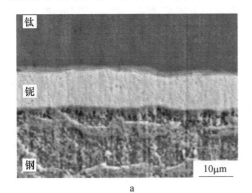
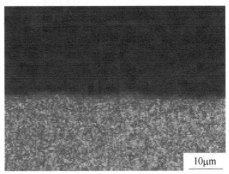

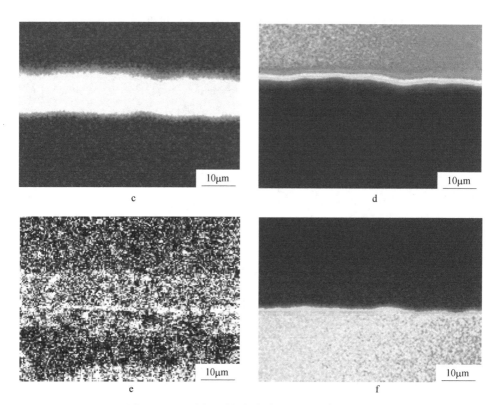

图 5-88　Nb 中间层钛/钢复合板界面元素分布图

a—形貌照片；b—Cr 的分布；c—Nb 的分布；d—Ti 的分布；e—C 的分布；f—Fe 的分布

　　对添加铌中间层和镍中间层的复合板界面取剪切试样进行力学性能检测，结果见表 5-10。通过添加铌中间层获得了结合强度较高的复合板，达到 293MPa，比不添加中间层的复合板界面平均强度高出约 100MPa，远超过国家标准 196MPa。而添加 Ni 中间层恶化了界面结合强度，平均强度仅为 127MPa。

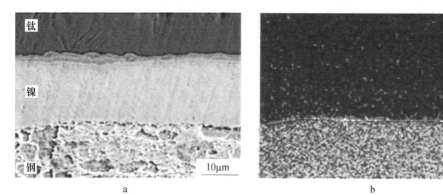

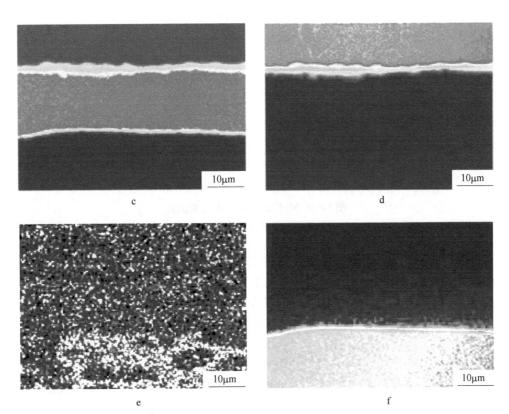

图 5-89　Ni 中间层钛/钢复合板界面元素分布图

a—形貌照片；b—Cr 的分布；c—Nb 的分布；d—Ti 的分布；e—C 的分布；f—Fe 的分布

表 5-10　添加中间层的复合板界面剪切强度检测结果　　　　（MPa）

复合板类型	剪切强度					平均剪切强度
无中间层	230	182	179	202	175	193
添加 Nb 中间层	295	294	287	293	296	293
添加 Ni 中间层	132	102	137	141	123	127

　　选取添加铌中间层的钛/钢复合板做 180°内弯和外弯的弯曲试验，如图 5-90 所示。从图 5-90 中可以看出，无论是内弯还是外弯，试样弯曲后基材与覆材表面及界面均无肉眼可见裂纹，说明钛/钢复合板具有较强的抵抗裂纹产生的能力。

　　通过复合板界面剪切断口 XRD 物相分析（见图 5-91）发现，不添加中间层下，钢侧断口主要存在 Fe、TiC，钛侧存在 α-Ti、Cr-Ti、TiC 等相。添加铌中间层后，断口处存在 Fe、β-Ti 及 Nb 相，无 Ti-Fe、Cr-Ti 的存在，说明断裂位置处在 Ti-Nb 复合界面，添加中间 Nb 层可避免金属间化合物的产生，有效地提高了复合板界面的强度。在添加 Ni 中间层后，断口产生 Ni₃Ti、Ti₂Ni、TiNi、TiNi₃ 等

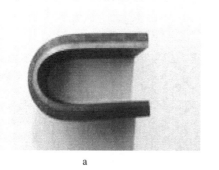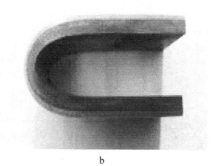

图 5-90　Nb 中间层复合板弯曲试验

a—内弯；b—外弯

金属间化合物，说明复合板断裂界面在 Ti-Ni 结合界面。添加镍中间层虽然有效隔绝了铁和铬与钛元素的互扩散，避免了 Ti-Fe、Ti-Cr 化合物的产生，但产生了多种 Ti-Ni 化合物。因此，影响钛/钢复合界面的主要因素是界面金属间化合物，界面产生种类较多的金属间化合物会显著影响界面强度，恶化界面性能。

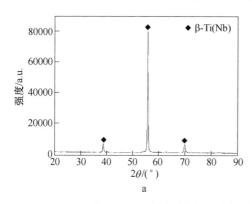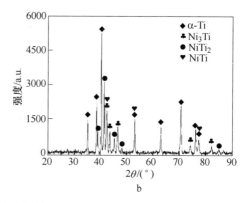

图 5-91　Nb 中间层和 Ni 中间层复合板剪切界面 XRD 物相分析

a—Nb 中间层；b—Ni 中间层

5.5　钛/钢复合板工业试制及应用

钛/钢复合板工业化产品试制的工艺流程如图 5-92 所示。在南京钢铁股份有限公司进行了钛/钢复合板的产线建设和工业化产品试制，共建设了两条钛/钢复合板产线。其中，南京钢铁股份有限公司依托其 5000mm 宽厚板产线，建设了包括真空双枪电子束焊接装备、高速表面铣削装备、翻钢机、台车式加热炉等全套复合制坯产线；鞍钢股份有限公司依托营口鲅鱼圈分公司的 5000mm 热轧产线，建设了真空电子束焊接设备和组坯装备的全套复合制坯产线。

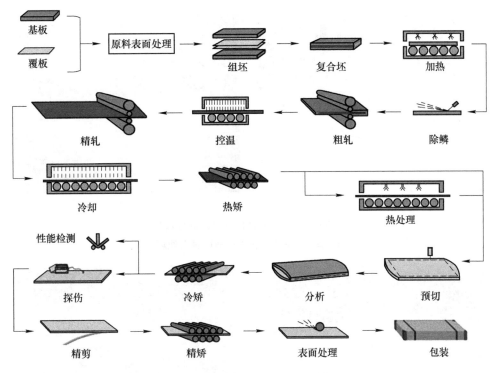

图 5-92 金属复合板工业化产品制备流程

5.5.1 工业化产品试制流程

研究结果表明，TiC 层的厚度对钛/钢复合板力学性能影响较大，因此在工业化试制时采用不同含碳量的钢板制备钛/钢复合板，见表 5-11，考察不同钢基体含碳量对复合板的界面组织及力学性能的影响。

表 5-11 不同含碳量的复合坯原始尺寸及轧后成品规格

牌 号	复合坯规格/mm	轧制规格/mm	钢板含碳量（质量分数）/%	成品规格/mm
TA2/Q370R	224×2540×3150	44×3800×10300	0.17	22×3550×L
TA2/E40-T	224×2540×3150	44×3800×10300	0.06	22×3550×L

为对比钢基体不同含碳量对钛/钢复合板界面结合性能的影响，钢基体中碳元素的质量分数分别为 0.17% 和 0.06%。坯料准备阶段分为表面处理、组坯和真空电子束焊接。表面处理过程如图 5-93 所示，其具体工艺为：将钛板表面防氧化膜去掉后，用抛光片打磨去除钛板和钢板的金属表面氧化膜，并用丙酮将钛板和钢板的表面油污去除，以获得表面洁净光滑的金属板。

焊接封装前，在内侧钛板接触面处涂抹隔离剂，将内部两块钛板真空密封焊接，如图 5-94 所示。

a   b

图 5-93　钛/钢复合板的表面处理过程

a—钛板表面处理；b—钢板表面处理

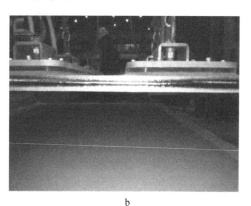

a   b

图 5-94　钛板焊接过程

a—涂抹隔离剂后的钛板；b—钛板焊缝

将焊接完成的钛板用钢板包覆后放入真空室中，抽取真空度至 10^{-2} Pa 后对外侧钢板缝隙进行密封焊接，焊接后的钛/钢复合坯料在台车炉中进行加热，坯料的加热温度为 850℃，保温时间为 8h。

钛/钢复合坯出炉后，快速送至轧机进行轧制。为保证轧制温度，采用一阶段轧制，复合板的终轧厚度为 44mm。复合坯的开轧温度及终轧温度相差不大，开轧温度约 850℃，终轧温度约 800℃。轧制过程单道次最大压下率约 20%，轧制总压下率约为 85%，轧后复合板置于通风环境较好的地点进行空冷。

钛/钢复合板轧制过程现场照片如图 5-95 所示。对冷却至室温的钛/钢复合板四周采用等离子切割机进行切边，使其对称分成上下两块复合板。分离后的复合板成品厚度为 22mm，其中基材钢板厚度 20mm，覆材钛板厚度 2mm。经超声波探伤检测，界面结合率达到 100%，轧后钛/钢复合板获得良好板形，不平度小于 5mm/m，满足 GB/T 8547—2019 中规定小于 8mm/m 的要求。

a　　　　　　　　　　　　　　　　　　b

c　　　　　　　　　　　　　　　　　　d

图 5-95　轧制过程现场照片

a—出炉后复合坯；b—复合板轧制过程；c—辊道运输的复合板；d—冷却至室温的钛/钢复合板

5.5.2　钛/钢复合板的性能评价

5.5.2.1　剪切性能评价

分别在不同含碳量的钛/钢复合板中部至边部选取 6 组样品，对每一组样品进行剪切强度测试，计算平均剪切强度。试制钛/钢复合板的最终成品厚度为22mm，按照 GB/T 8547—2019 要求，当复合板总厚度不小于 10mm 时，剪切强度检测应采用压剪方式。

试制钛/钢复合板剪切强度见表 5-12。随着钢基体含碳量的升高，复合板剪切强度呈下降趋势，这是由于钢基体碳含量较高时，界面生成较厚的 TiC 层，剪切测试时易在此处发生脆断，严重影响界面结合性能，平均剪切强度仅为167.9MPa。而钢基体碳含量较低时，界面 TiC 层厚度适中，与钛/钢两侧金属均形成了高强度结合，复合板剪切强度显著提高，平均剪切强度高达 223.6MPa。试制复合板的剪切强度应大于 196MPa（钛/钢复合板 0 类标准要求），钢基体碳元素质量分数为 0.17% 的钛/钢复合板剪切强度未能达到 0 类要求。在相同工艺条件下，与实验室制备的钛/钢复合板的平均剪切强度对比发现，钢基体碳元素质量分数为0.06%的钛/钢复合板剪切强度平均值降低了10~20MPa。这主要是试制钛/钢复合板板坯尺寸较大，轧前加热及轧后冷却时间均较长，导致界面在长时间的元素扩散下形成了含量较多TiC，造成复合板剪切强度降低。由于钢基体碳元素质量分数为0.06%的钛/钢复合板剪切强度满足0类标准要求，后续的力学性能检测均针对该钛/钢复合板进行。

表5-12　钢基体不同含碳量条件下的界面剪切强度

含碳量（质量分数）/%	剪切强度/MPa						平均剪切强度/MPa
0.06	215.5	224.6	239.4	219.1	222.7	220.3	223.6
0.17	178.3	156.5	186.7	168.4	147.3	170.2	167.9

5.5.2.2　弯曲性能评价

对钛/钢复合板分别进行内、外弯曲实验，弯曲角度均为180°，试制的钛/钢复合板经内、外弯曲后试样的宏观形貌如图5-96所示。可见，经内、外弯曲后的钛/钢复合界面没有发生开裂，界面结合良好。按照GB/T 8547—2019要求，钛/钢复合板内弯的弯曲角度是180°，外弯的弯曲角度只需105°且保证界面不开裂即可。而试制的钛/钢复合板经过180°的内、外弯曲后仍能保证界面无肉眼可见裂纹，因此工业化试制的钛/钢复合板具有优异的抗弯曲性能。

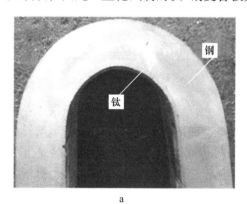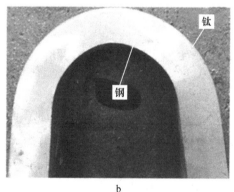

图5-96　钛/钢复合板弯曲性能检测图片

a—内弯；b—外弯

5.5.2.3　拉伸性能评价

按照GB/T 228—2010要求，制备钛/钢复合板拉伸试样，并进行拉伸性能检测。标准中规定，复合板总厚度大于38.1mm时，只需做基材的拉伸试验即可。

试制钛/钢复合板的钢基材和钛覆材厚度分别为 20mm 和 2mm，总厚度小于 38.1mm，需对整体复合板进行拉伸实验性能检测。复合板抗拉强度的理论标准值的下限按式（5-16）计算：

$$R_{mj} = \frac{t_1 R_{m1} + t_2 R_{m2}}{t_1 + t_2} \tag{5-16}$$

式中　R_{m1}，R_{m2}——基材和覆材抗拉强度下限标准值，MPa；
　　　　t_1，t_2——基材和覆材厚度，mm。

当复合板抗拉强度高于其理论标准值的下限 R_{mj} 时，伸长率大于基材或覆材延伸率标准较低的一方即可。经计算，试制复合板抗拉强度标准值的下限为 485MPa。表 5-13 是钛/钢复合板不同位置的拉伸性能，钛/钢复合板的拉伸性能合格，抗拉强度及伸长率均超过标准值。

表 5-13　复合板不同部位的拉伸性能

含碳量（质量分数）/%	取样位置	拉 伸 性 能			
		屈服强度/MPa	抗拉强度/MPa	屈强比	伸长率/%
0.06	头部	290	490	67.4	36
	尾部	284	494	66.9	35.5
	中部	297	497	67.9	34

5.5.2.4　冲击性能评价

按照 GB/T 229—2007 要求，制备钛/钢复合板冲击试样，如图 5-97 和图 5-98 所示。图 5-98 中，a 为钛覆层的厚度，b 为基层碳钢的厚度；A 面代表钛覆层上表面，B 面代表复合板界面位置，C 面代表碳钢层下表面。试验时复合板冲击试样分别在 A 面、B 面和 C 面开缺口，并检测其冲击吸收能，冲击实验检测结果见表 5-14。钛/钢复合板不同检测位置的冲击性能均满足国家标准要求。

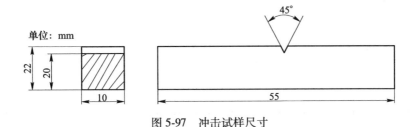

图 5-97　冲击试样尺寸

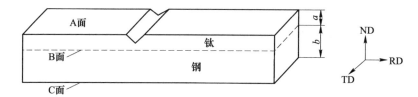

图 5-98   冲击测试样品示意图

表 5-14   复合板不同部位的冲击性能

含碳量（质量分数）/%	V 型缺口位置	纵向冲击测试	
		温度/℃	冲击功/J
0.06	A 面	20	114, 117, 124
	B 面	20	123, 135, 138
	C 面	20	126, 147, 138

5.5.3　国内外钛/钢复合板产品性能的比较

不同生产企业的钛/钢复合板与本研究工业化试制的钛/钢复合板性能对比见表 5-15。结果表明，工业化试制的钛/钢复合板无论在产品尺寸还是在力学性能方面都优于国外其他生产厂家的钛/钢复合板，采用真空热轧复合技术生产的钛/钢复合板各项性能已达国际领先水平。

表 5-15   钛/钢复合板的性能对比

对比项目	钛/钢复合板		
	奥钢联公司	JFE 钢铁公司	试制钛/钢复合板
长度/mm	12000（最大）	—	≥12000
宽度/mm	3200（最大）	3400（最大）	>3500
覆层厚度/mm	2~5	1.5~7	1~10
全部厚度/mm	6~65	6~46	5~65
剪切强度/MPa	≥186	≥185	≥196
180°弯曲实验	界面无开裂	界面无开裂	界面无开裂

参 考 文 献

[1] Yang D H, Luo Z A, Xie G M, et al. Effect of vacuum level on microstructure and mechanical properties of titanium-steel vacuum roll clad plates [J]. Journal of Iron and Steel Research Inter-

national, 2018, 25 (1): 72~80.

[2] Yang D H, Luo Z A, Xie G M, et al. Interfacial microstructure and properties of a vacuum roll-cladding titanium-steel clad plate with a nickel interlayer [J]. Materials Science and Engineering: A, 2019, 753: 49~58.

[3] Luo Z, Wang G, Xie G, et al. Interfacial microstructure and properties of a vacuum hot roll-bonded titanium-stainless steel clad plate with a niobium interlayer [J]. Acta Metallurgica Sinica (English Letters), 2013, 26 (6): 754~760.

[4] 王光磊. 真空热轧复合界面夹杂物的生成演变机理与工艺控制研究 [D]. 沈阳: 东北大学, 2013.

[5] Thonondaeng T, Fakpan K, Eidhed K. Dissimilar Metals Welding of CP Titanium to 304 Stainless Steel Using GTAW Process [J]. Applied Mechanics & Materials, 2016, 848: 43~47.

[6] Park D, Kim Y H, Lee J K. Pretreatment of stainless steel substrate surface for the growth of carbon nanotubes by PECVD [J]. Journal of Materials Science, 2003, 38 (24): 4933~4939.

[7] 常青. HA/Ti-Fe 生物复合材料制备、组织与性能的研究 [D]. 沈阳: 东北大学, 2011.

[8] 马晓光. 铝熔体反应合成 TiC 的微观形貌与生长机制研究 [D]. 山东: 山东大学, 2010.

[9] Garbacz H, Lewandowska M. Microstructural changes during oxidation of titanium alloys [J]. Materials Chemistry & Physics, 2003, 81 (2~3): 542~547.

[10] 李殿东, 刘锋, 王建录. 钛材料及钛合金保护焊接特点 [J]. 通用机械, 2003 (10): 50~53.

[11] Prasanthi T N, Sudha C, Saroja S. Effect of alloying elements on interdiffusion phenomena in explosive clads of 304LSS/Ti-5Ta-2Nb alloy [J]. Journal of Materials Science, 2016, 51 (11): 5290~5304.

[12] Zhao D S, Yan J C, Wang C W, et al. Interfacial structure and mechanical properties of hot roll bonded joints between titanium alloy and stainless steel using copper interlayer [J]. Science and Technology of Welding & Joining, 2014, 13 (8): 765~768.

[13] Xie G M, Yang D H, Luo Z A, et al. The Determining Role of Nb Interlayer on Interfacial Microstructure and Mechanical Properties of Ti/Steel Clad Plate by Vacuum Rolling Cladding [J]. Materials, 2018, 11 (10): 1~17.

[14] 祖国胤. 层状金属复合材料制备理论与技术 [M]. 沈阳: 东北大学出版社, 2013.

[15] Cool T, Bartol A, Kasenga M, et al. Gibbs: Phase equilibria and symbolic computation of thermodynamic properties [J]. Calphad, 2010, 34 (4): 393~404.

[16] 师昌绪, 李恒德, 周廉. 材料科学与工程手册 (上下) (精) [M]. 北京: 化学工业出版社, 2004: 212~249.

[17] Kundu S, Chatterjee S, Sam S. Evaluation of interface microstructure and mechanical properties of the diffusion bonded joints of Ti-6Al-4V alloy to micro-duplex stainless steel [J]. Materials Science & Engineering, A Structural Materials: Properties, Misrostructure and Processing, 2011, 528 (15): 4910~4916.

[18] 崔忠圻, 覃耀春. 金属学与热处理 [M]. 2 版. 北京: 机械工业出版社, 2007.

[19] 张恒华. 金属二元系相图手册 [M]. 北京: 化学工业出版社, 2010.

[20] 戚正风. 固态金属中的扩散与相变 [M]. 北京：机械工业出版社，1998.

[21] 刘宗昌. 金属固态相变教程 [M]. 北京：冶金工业出版社，2003.

[22] Zhang J，He P. Diffusion Bonding Technology of a Titanium Alloy to a Stainless Steel Web with an Ni Interlayer [J]. Materials Characterization，1999，43（5）：287~292.

[23] Hinotani S，Ohmori Y. The Microstructure of Diffusion-bonded Ti/Ni Interface [J]. Materials Transactions Jim，2007，29（2）：116~124.

[24] Wang C W，Yan J C，Zhao D S. Vacuum hot roll bonding of titanium alloy and stainless steel using nickel interlayer [J]. Materials Science and Technology：MST：A publication of the Institute of Metals，2009，25（7）：914~918.

[25] Kundu S，Chatterjee S. Evolution of Interface Microstructure and Mechanical Properties of Titanium/304 Stainless Steel Diffusion Bonded Joint Using Nb Interlayer [J]. ISIJ International，2010，50（10）：1460~1465.

[26] 王旭东，张迎晖，徐高磊. 轧制法制备金属层状复合材料的研究与应用 [J]. 铝加工，2008（3）：22~25.

6 真空复合制造技术在 其他领域的应用与展望

近些年,随着我国工业从高能耗、高污染向绿色化、高效化的转型升级,越来越多的传统金属结构材料尤其是钢铁材料也面临着升级换代的迫切需求,因而绿色、高效的真空轧制复合技术在新的应用领域具有广阔的应用发展空间。传统的大型锻造轧辊、钢筋、高强棒线材、特厚铝板等均采用均一材质或铸锭制造,但随着技术的进步,这种工艺越来越无法满足绿色环保的要求,以及多样化和复杂化的用户需求。因此,本章将以这几类有具体应用背景的复合材料为例,详细介绍其具体的应用背景、制造工艺过程以及工业化前景。

6.1 新型复合轧辊制备工艺研究

6.1.1 轧辊简介

轧辊是钢材成型的重要冶金装备,其主要功能是使金属压延变形,形成轧件。轧辊是轧机轧制过程中不可缺少的关键性部件,被誉为"钢材之母"。在轧钢生产过程中,轧辊与钢材直接接触,以自身磨损为代价,使钢材产生塑性变形。作为轧钢生产中主要消耗备件之一,轧辊质量不仅关系到轧钢生产成本和轧机生产作业率,还在很大程度上影响轧材质量[1~3]。轧辊在工作过程中主要承受轧制时的动静载荷、磨损和温度变化的影响,因此高性能轧辊应具有两个特点:工作层具有较高耐磨性,可延长轧辊的寿命;辊芯和辊颈具有高强韧性,可提高轧辊在工作过程中的安全性与可靠性[4]。目前轧辊种类很多,主要分类见表 6-1。

表 6-1 轧辊分类

分 类 类 型	轧 辊 种 类
产品类型	带钢轧辊、型钢轧辊、线材轧辊等
轧辊在轧机系列中的位置	开坯辊、粗轧辊、精轧辊等
轧辊功能	破鳞辊、穿孔辊、平整辊等
轧辊材质	钢轧辊、铸铁轧辊、硬质合金轧辊、陶瓷轧辊等
轧钢材状态	热轧辊、冷轧辊
按工艺方法	整体轧辊、冶金复合轧辊和组合轧辊

整体轧辊采用单一材质铸造或锻造而成，辊身外层和辊颈不同位置的性能需经铸造或锻造及热处理工艺进行调控。传统整体轧辊为提高轧辊表面硬度与耐磨性，往往需在辊身表面组织中引入较硬的碳化物。早期轧辊表面主要以 M_3C 为主，如 Fe_3C，随 Ni、Mo 等合金元素加入，碳化物形态和硬度显著改善，形成了高硬度的 M_7C_3，如 Cr_7C_3 等。随着高速钢轧辊的开发应用，加入了更多合金元素，使辊身组织主要由 MC、M_6C 的共晶碳化物和较硬的基体组织构成[5]，轧辊中常见碳化物硬度见表 6-2。对于整体轧辊，随着碳与合金含量的提高，铸坯凝固过程中的心部、表面冷却速率不同，元素很难充分扩散，从而在铸坯中易产生严重偏析，且轧辊尺寸越大，偏析越严重，组织越不均匀。图 6-1 为大型支承辊，锻造过程高碳、高合金的偏析易导致坯料开裂，从而大大降低轧辊锻造成材率，提高了制造成本。在追求轧辊高表面硬度和耐磨性同时，往往需牺牲一定强韧性[6,7]，两者难以同时兼得。

表 6-2　轧辊中常见碳化物硬度

碳化物	TiC	VC	WC	NbC	Cr_7C_3	Mo_2C	Fe_3C
硬度（HV）	3200	2600	2400	2400	1600～1800	1500	1340

图 6-1　大型支承辊

复合轧辊由于工作层可选用耐磨性好的高合金材料，心部可选用强韧性好的材料，不仅可解决单一材质合金轧辊耐磨性和强韧性间的矛盾，而且可节约大量贵金属，降低生产成本。因此，复合轧辊的研究、生产和使用已成为适应现代轧制生产的新方向。目前，复合轧辊工作层材料一般使用冷硬铸铁、无界冷硬铸铁、球墨铸铁、高铬铸铁、合金钢、高速钢、硬质合金等；辊芯材料通常使用灰铸铁、球墨铸铁、铸钢、锻钢[8]。

6.1.2　复合轧辊制备工艺研究现状

复合轧辊性能与制备工艺之间有重要关系，目前成熟的复合轧辊生产方法主要包括：离心复合铸造法（CF 法）、连续浇铸复合法（CPC 法）、电渣重熔法（ESR 法）、喷射沉积成型法（OSPREY 法）、热等静压法（HIP 法）、液态金属电渣表面复合法（ESSLM 法）[9]。如图 6-2 所示为复合轧辊照片。

图 6-2　复合轧辊

离心复合轧辊研究最早开始于 20 世纪 30 年代的德国，随后日本、英国、美国、法国、德国、瑞典等国也先后开始对离心复合铸造法生产轧辊进行研究，并逐步开始大规模生产。在国内，太钢轧辊厂和钢铁研究总院于 1974 年率先开始运用离心复合铸造法生产复合轧辊。此后，国内大量轧辊生产企业也开展了离心铸造轧辊研究。目前国产离心复合轧辊已取代了部分进口轧辊，并有部分轧辊出口。离心铸造装置如图 6-3 所示，首先将钢液注入到旋转的离心金属铸型内，浇铸前铸型一般要预热，浇入液体金属在离心力作用下被甩向铸型外缘内壁，按照由外向内逐渐凝固[10]。待复合轧辊外层钢液凝固后，再浇入心部钢液，与心部钢液接触的外层金属由于心部钢液传热作用而部分重熔，并与心部钢液发生少量混熔，冷凝后两种材质实现结合，其中，心部钢液浇铸既可用离心铸造也可用静态铸造。离心复合轧辊存在组织和成分不均匀、界面结合强度不高的缺点，但由于生产成本低，通过合理的成分设计和恰当的工艺参数即可制得复合轧辊，目前仍可满足多数轧机需求。

20 世纪 80 年代末期，日本新日铁在早期镶铸法基础上开发出了 CPC 技术和设备用于制备复合轧辊[11,12]。连续浇铸复合铸造（CPC）原理如图 6-4 所示，该工艺首先将涂有助熔剂和防氧化涂料的辊芯安装在水冷结晶器中，水冷结晶器外围布置有电磁感应加热线圈，将包覆层钢液浇入水冷结晶器，感应线圈通电持续加热外层金属液和辊芯熔体，使两种材料熔合，产生复合层。由于凝固方向为顺序向上，通过移动设备不断抽出已完成复合的轧辊，直到外层金属液浇铸完成[13]。采用该方法生产的复合轧辊辊身组织细小、均匀、夹杂物少，几乎无疏松、缩孔等缺陷，不仅克服了离心铸造产生的合金元素偏析，而且复合轧辊心部

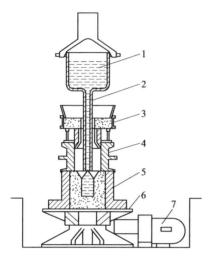

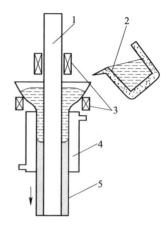

图 6-3　离心铸造装置图

1—钢包；2—注液管；3—上型；4—金属型；

5—下型；6—回转平台；7—电机

图 6-4　连续浇铸复合铸造装置示意图

1—辊芯；2—浇包；3—感应加热器；

4—水冷型；5—工作层

可用高强度锻钢，使辊芯有更高的强度，但轧辊抽出速度会影响复合层结合效果，导致工艺生产效率低。另外，为避免外层钢液污染，辊芯熔化量也受到严格控制[14]。我国鞍钢曾试图引进日本 CPC 设备，但由于日方出于技术保密考虑，我国未能成功引进该设备。

旋转电渣熔铸法是日立公司用于生产复合轧辊的一项新技术，其装置如图 6-5 所示。其生产工艺是在作为中心部分的圆柱状韧性合金锻钢周围放置同心水冷铸模，并在锻钢和铸模间放置由高合金制成的自耗电极，熔化后作为外层材料。通过旋转电渣熔铸法使电极熔化，连续填充这一空间，填充时芯料和铸模沿一定方向转动，则得到同心度高的融合层和组织致密的外层旋转电渣熔铸法有去除夹杂、减轻偏析和细化金属组织等优点[15]。因而，水冷铸型凝固的辊身组织致密、均匀、偏析少、纯净度高，辊身和辊芯结合良好。

喷射成型法（OSPREY）是 20 世纪 80 年代以来发展起来的一种快速凝固成型工艺。该工艺将合金铸钢或锻钢材质的辊芯芯棒作为接受体装在喷射仓中的合适位置，为防止辊芯表面和工作层钢液的氧化，先用氮气或其他气体清扫喷射仓，减少仓内含氧量，然后用辊芯在感应圈中往复移动对辊芯预热，同时熔炼炉熔炼工作层金属，当钢液达到要求温度后，高速气流将辊身工作层的金属液在雾化器中雾化成极细颗粒，并在气流喷射下将金属颗粒沉积在芯棒表面，快速凝固结合，形成复合轧辊[16]，OSPREY 法装置示意图如图 6-6 所示。采用喷射成型工艺制备的复合轧辊，由于制备实现了快速冷却，使得组织细化析出相均匀弥散[17]，总体性能得到了明显提高。然而，该工艺存在设备复杂、生产成本高、

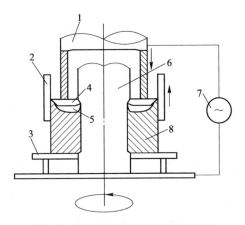

图 6-5 旋转电渣熔铸法装置示意图

1—自耗电极；2—结晶器；3—底板；4—渣池；5—熔池；6—辊芯；7—电源；8—工作层

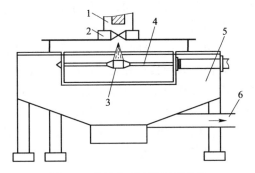

图 6-6 喷射成型法装置示意图

1—熔炼炉；2—喷射器；3—工作层；4—辊芯；5—喷射仓；6—排气口

生产效率低等缺点，导致该工艺无法进行大规模工业生产复合轧辊。

热等静压（HIP）工艺制备复合轧辊，辊芯选用铸钢或锻造合金钢，将待复合辊身工作层通过惰性气体雾化方法制成粉末，将制品放到密闭热等静压机中，并将辊身外层材质粉末填充于辊芯外，向轧辊施以高温高压及各向均等的静压力，在两者作用下轧辊得以复合[18]。用 HIP 法生产的复合轧辊组织致密、结合性能优异，韧性、抗疲劳和抗剥落性能均有所提升，具有较好的综合力学性能[19]。但是 HIP 工艺由于受其设备限制，难以生产制备大中型的复合轧辊。

乌克兰 ELMET 轧辊公司开发了电渣浇铸法制造复合轧辊，图 6-7 是该工艺的原理图。首先，对制备成型的辊芯材料表面进行清洁处理，再将辊芯置于结晶器中，保持辊芯与结晶器同轴。然后，将化渣炉内熔化的渣液浇入结晶器和辊芯间空隙，渣液在结晶器和辊芯间空隙里形成渣池，渣液热量将辊芯预热。最后，向结晶器中浇入精炼后钢液，既可连续浇铸，又可根据设定程序逐步浇入。钢液经熔渣时实现精炼，随钢液注入，熔渣不断上浮。
同时，钢液在水冷结晶器强制冷却下凝固，与辊芯
结合形成结合层。抽锭方式通常有两种，一种是结
晶器固定不动，从下端抽锭；另一种是轧辊固定不
动，结晶器上移的方式抽锭。同时将精炼好的钢水
不断从结晶器上口注入，直至达到轧辊长度。目前，
国外电渣表面复合法已实现工业化应用。

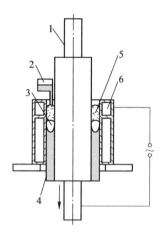

图 6-7　液态金属电渣浇铸
复合轧辊示意图
1—辊芯；2—钢包；3—金属熔池；
4—工作层；5—渣池；6—结晶器

6.1.3　真空复合锻造轧辊制备工艺研究

　　真空复合锻造轧辊新工艺是在真空轧制复合技
术基础上提出的。东北大学积累了大量核心技术，
为复合轧辊的制备提供了有利条件。复合轧辊制备
新工艺主要分为 4 个步骤：坯料表面处理、组坯、
真空电子束焊接密封、高温锻造成型，其工艺路线
图如图 6-8 所示。该工艺具体包括：首先通过机械
打磨方式将芯部外表面、复合层内表面及两端端部打磨干净，保证其表面无尘
土、油渍等污染物；然后将芯部嵌套在复合层内组合成坯料；再将坯料转移至真
空电子束焊机的真空室内，待真空室达到预定真空度后，进行焊接密封，得到复
合坯料，由于密封过程是在高真空环境下进行的，大大降低了界面在后续高温锻
造过程中被氧化的可能性；最后将复合坯料进行高温加热，达到锻造温度后取出
进行高温锻造，使界面达到完全冶金结合。

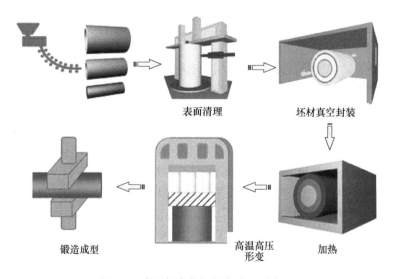

表面清理　　　　　　坯材真空封装

锻造成型　　　高温高压
　　　　　　　形变　　　　　加热

图 6-8　真空复合轧辊制备流程示意图

6.1.3.1 高铬钢/42CrMo 复合轧辊制备

选取合金结构钢 42CrMo 为芯部，以高耐磨性 Cr5 钢为复合层，在真空条件下将芯部、复合层端部焊接密封，然后进行高温锻造成型使芯部和复合层界面实现完全冶金结合。所选用复合层材质的化学成分见表 6-3，其芯部和复合层的尺寸如图 6-9 所示。

表 6-3 覆层的化学成分（质量分数） （%）

C	Si	Mn	P	S	Cr	Ni	Mo	V
0.41~0.50	0.30~0.38	0.40~0.45	≤0.015	≤0.005	4.60~5.20	0.30~0.40	0.20~0.25	0.06~0.10

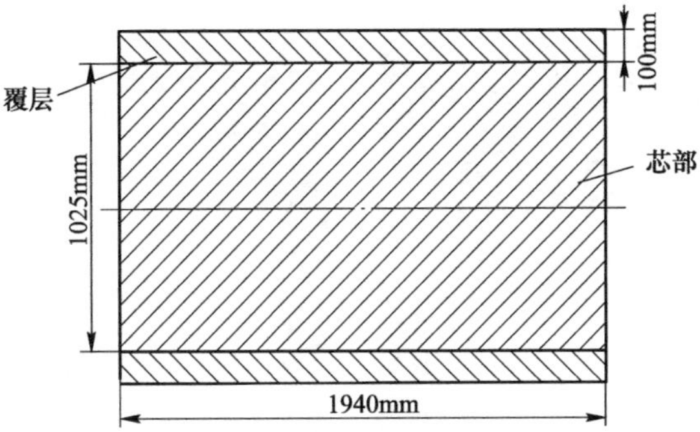

图 6-9 芯部、复合层组坯后的纵向剖面图

高铬钢/42CrMo 真空锻造复合过程包括 4 个步骤，首先通过机械打磨将芯部 42CrMo 外表面、复合层高铬钢内表面及两端端部打磨干净，使坯料露出新鲜的金属；然后将芯部嵌套在复合层内组合成坯料，将坯料转移至真空电子束焊机的真空室内，待真空室达到预定真空度后进行焊接密封，得到复合坯料；最后将复合坯料进行高温加热，到达锻造温度后取出进行高温锻造，锻后退火到室温，使界面实现完全冶金结合，图 6-10 为新型复合轧辊制备过程。

6.1.3.2 锻后退火态复合轧辊界面组织分析

结合率是复合轧辊的重要指标，通过超声波探伤对锻造退火态复合轧辊全界面探伤后发现，界面结合率为 100%。在界面处取样分析发现，复合界面结合良好，未发现任何未结合点或微裂纹，两侧实现了完全冶金结合，如图 6-11 所示。

图 6-12 是 42CrMo 侧、Cr5 侧和复合界面处的 SEM 组织形貌。42CrMo 侧组织为铁素体+片状珠光体。铁素体形成的原因是在高温区即组织共析区，先共析铁素体随时间的延长聚集长大，在 CCT 曲线上表现为冷却曲线与铁素体析出线和珠光体析出线交叉线变长，给铁素体的析出创造了机会；Cr5 钢侧为退火索氏体组织。

图 6-10　新型复合轧辊制备过程

a—焊前准备；b—真空电子束焊接密封；c—高温加热；d—锻造成型

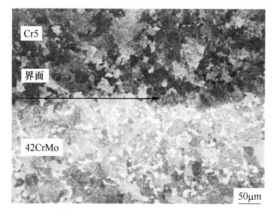

图 6-11　退火态 Cr5/42CrMo 轧辊复合界面光学显微组织

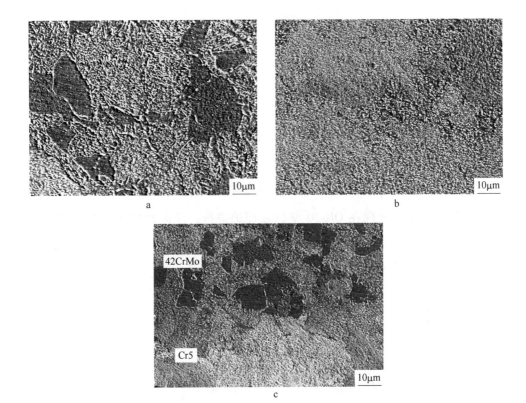

图 6-12 Cr5/42CrMo 的 SEM 组织形貌

a—42CrMo 侧；b—Cr5 侧；c—复合界面处

6.1.3.3 锻后退火态复合轧辊界面力学性能分析

为评价初始复合轧辊界面的结合性能，沿复合轧辊径向切取拉伸试样并进行拉伸实验，图中标记部位为芯部与复合层的界面，实验结果见表 6-4。

表 6-4 复合轧辊界面拉伸实验结果

项目	屈服强度/MPa	抗拉强度/MPa	伸长率/%	断面收缩率/%	断裂位置
试样 1	335	665	21.0	50.5	芯部母材侧
试样 2	315	660	20.5	51.0	芯部母材侧
试样 3	360	645	19.0	52.5	芯部母材侧
平均值	336.6	656.7	20.2	51.3	

图 6-13 为试样拉伸断裂后的宏观形貌，可看出拉伸断裂均发生在芯部 42CrMo 侧，并在断裂前发生了颈缩，说明界面抗拉强度优于芯部 42CrMo。

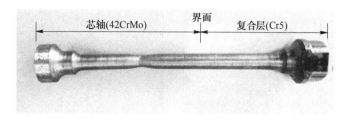

图 6-13　Cr5/42CrMo 拉伸断裂试样

6.1.3.4　复合轧辊的热处理及其性能分析

复合轧辊的热处理在 QR-30 型热处理炉进行,淬火和回火工艺如图 6-14 所示。

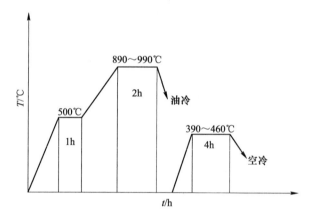

图 6-14　Cr5/42CrMo 复合轧辊淬火及回火工艺

对热处理后的复合界面显微组织分析后发现,与锻后退火态相比,两侧组织发生了明显变化,且能观察到明显中间扩散层,如图 6-15 所示。

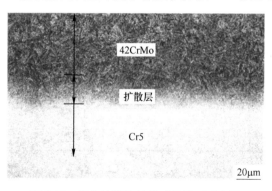

图 6-15　复合轧辊热处理后的界面示意图

为研究轧辊界面附近的硬度分布，对热处理后复合轧辊界面两侧进行硬度测量，结果如图 6-16 所示。Cr5 侧的显微硬度接近 670HV，而 42CrMo 侧显微硬度接近 440HV，界面中心硬度为 510HV 左右，符合轧辊使用要求。

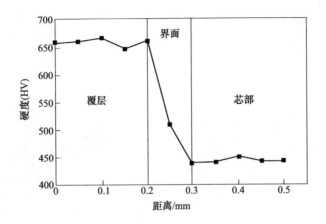

图 6-16 Cr5/42CrMo 界面附近显微硬度

6.1.4 新型复合轧辊制备工艺展望

随着社会经济发展，作为现代社会生产和扩大再生产的物质基础，钢铁工业未来在国民经济中仍将发挥巨大作用。轧辊是轧钢生产中主要部件，在轧钢生产中扮演着重要的角色。先进轧机和高效轧制技术逐渐问世，使得轧辊生产线向着大型化、高速化和自动化方向发展，轧辊的使用工况变得更为苛刻。传统复合轧辊制备工艺虽然解决了整体轧辊芯部强韧性和表面耐磨性的矛盾，提高了轧材质量，但仍有其自身无法解决的问题，例如，离心铸造法虽然生产效率高、成本低、适合于大批量规模生产，但是该工艺存在着铸件工作层偏析严重、尺寸精度不高、稳定性差等问题；连续浇铸复合铸造法制备复合轧辊克服了常规离心铸造方法所产生的合金偏析问题，但其明显的不足在于成本高、生产效率低。电渣重熔法可以采用不同的自耗电极制成具有梯度分布的复合轧辊，但生产效率低、且很难实现大型复合轧辊的制备。

在追求高性能、高效率、低成本、实现大型化轧辊生产的背景下，新型复合轧辊的开发与制备具有重要意义。目前新型复合轧辊开发设计与工艺优化还需进行多方面探索和研究，主要包括：更高合金含量轧辊表层合金成分体系设计；轧辊复合界面结合机理；芯部与复合层协调变形规律的研究；针对 42CrMo/高铬钢复合轧辊，建立起真空制坯锻造成型复合工艺技术、复合界面产物控制、界面金属冶金结合过程的系统理论体系。

6.2　不锈钢复合钢筋的开发研究与应用

6.2.1　不锈钢复合钢筋的发展背景

　　钢筋作为混凝土骨架被广泛用于基建设施，钢筋的质量和性能直接关系到建筑设施的安全和使用寿命。由于钢筋长期处在潮湿和高氯化物环境，极易发生腐蚀，如图 6-17 所示，因而在低成本前提下提高钢筋耐蚀性成为了困扰科研人员的世界性难题[20,21]。

a　　　　　　　　　　　b

图 6-17　混凝土结构的腐蚀破坏
a—桥墩的腐蚀破坏；b—房梁的腐蚀破坏

　　因钢筋锈蚀造成的经济损失和人身安全危害十分巨大。数据表明：2007 年美国因钢筋锈蚀造成的经济损失高达 4220 亿美元，占 GDP 的 3.1%，建筑相关行业损失达 50%[22,23]。墨西哥每年需对 330 座桥梁钢筋的腐蚀情况进行检查，约五分之一桥梁急需维修[24]。英国近 30 年来，因钢筋锈蚀造成的损失平均占 GDP 的 3.5%左右[25]。我国许多海港码头和临海建筑物因遭受海水腐蚀使服役寿命大打折扣，另外，我国北方许多大城市由于在结冰路面大量使用化冰盐也导致了桥梁和路面的严重锈蚀，而不得不进行大规模维修，每年因腐蚀造成的经济损失约占国内生产总值的 3.3%。我国 2004 年 5 月颁布的"混凝土结构耐久性设计与施工指南"[26]中指出，"在特别严重的腐蚀环境下和要求确保百年以上使用年限的特殊重要工程，可选用不锈钢钢筋"。但是使用纯不锈钢钢筋会使工程建筑的成本大幅提高，具有很大局限性。因此，亟需开发出高耐蚀、低成本的新型耐腐蚀钢筋。

6.2.2　耐锈蚀钢筋及不锈钢复合钢筋简介

　　为最大程度减少因钢筋锈蚀导致的损失，目前钢筋耐蚀性研究主要涉及两方面：一是提高混凝土结构自身耐蚀能力，如使用低渗水性水泥，或者增加混凝土结构的包覆厚度等，但这些都会增加混凝土结构的自身质量和生产成本，不适于重大用途的工程或服役年限超百年的建筑设施；二是研发高耐蚀性能钢筋，即延长从腐蚀开始到使用寿命结束这一腐蚀周期。目前，研发耐锈蚀钢筋更符合实际需求，已经逐渐成为研究热点。当前国内外常用的耐蚀钢筋主要有实芯不锈钢钢筋、环氧涂层钢筋、镀锌钢筋、不锈钢复合钢筋等，如图 6-18 所示。

图 6-18　不同种类的耐蚀钢筋

a—实心不锈钢钢筋；b—镀锌钢筋；c—环氧涂层钢筋；d—不锈钢/碳钢复合钢筋

　　实芯不锈钢钢筋是将纯不锈钢坯料经过多道次轧制而成，应用最广泛的不锈钢是奥氏体不锈钢和双相钢；由于有较高含量的铬、镍等贵金属元素，因此具有优异的耐晶间腐蚀性能，特别对氧化性酸具有极高的耐腐蚀能力。研究表明，304 奥氏体不锈钢的耐腐蚀性约为普通钢筋的 1500 倍[27]，但价格昂贵，生产成本过高，限制了实芯不锈钢钢筋的大量使用。

　　环氧涂层钢筋是在钢筋表面喷涂一层环氧树脂保护膜，以此隔绝外界的氧气、水分、氯离子等。该工艺最早由美国研发，现已被日本、中东等地区广泛采用，我国在 2004 年经过试点合格后也加以使用。环氧涂层钢筋有较好的耐蚀性，喷涂工艺简单，喷涂厚度可控，且对环境污染较小，但环氧涂层钢筋表面光滑，会减小与混凝土结构之间的黏结力，导致两者的结合强度降低，进而产生腐蚀。此外，环氧涂层钢筋投资较大，加工成本也较高，不利于推广应用[28]。

镀锌钢筋是利用电化学原理，采用低碳钢筋热浸镀锌的工艺，将金属件浸入熔融锌液保持一段时间后取出，使表面镀上一层锌，用于阻隔钢筋和腐蚀剂间的接触。大量研究结果表明，镀锌钢筋在延缓钢筋锈蚀时间、保护混凝土结构稳定性方面有明显优势，但易受氯离子侵袭，导致防腐蚀失效，因而只在轻腐蚀环境有一定优势。此外，镀锌钢筋因为表面镀了一层锌，存在难以回收的问题[29]。

复合钢筋即在钢筋表面包覆一层其他金属，如铜、镍、不锈钢等，使其获得较高耐腐蚀性。不锈钢/碳钢复合钢筋作为一种新型建筑用复合材料，即利用普通碳素钢作为芯材，不锈钢作为覆材，利用一定工艺使两种金属实现牢固的冶金结合。外层采用不锈钢保证优异的耐蚀性和良好外观，芯部碳钢能保证优良的机械性能。与实芯不锈钢钢筋相比，不仅节约铬镍等贵金属，而且大大降低了生产成本，逐渐被工程界认可，但制备工艺还存在一定问题。

20 世纪末，Rahidazafa 等从 1992 年开始花费 7 年时间，通过对普碳钢、镀锌钢筋、环氧涂层钢筋及不锈钢复合钢筋的对比研究发现，在钢筋混凝土结构中采用不锈钢复合钢筋的耐蚀性最佳[30,31]。同时大量数据表明，不锈钢复合钢筋有优异的耐蚀性和良好的综合力学性能，能够满足工程需要，可节约大量铬、镍等资源，降低生产成本，有广阔的应用前景。

6.2.3　不锈钢复合钢筋的研究现状与制备方法

6.2.3.1　不锈钢复合钢筋的研究现状

尽管不锈钢复合钢筋具有显著的优点，但是也存在着不锈钢覆层厚度分布不均、结合界面质量差、结合性能不稳定等问题，成为限制其大量生产和应用的障碍。在不锈钢复合钢筋的发展历程中，国内外许多学者进行了大量研究，并得到了一些重要结论。

Sawicki 等[32]通过爆炸+轧制复合法以及 TIG（钨极氩弧焊）法+轧制复合法成功制备出 X2CrNi18-10/C45E 复合钢筋，并对复合工艺、界面微观组织、力学性能以及肋的成形机理进行了分析。研究表明，爆炸复合法制备的复合钢筋覆层厚度均匀性比 TIG 法较好，满足了相关要求；肋的形成是由于双金属的流动填充孔腔所致，但因双金属流动不协调导致了肋两侧厚度出现差异；由冲剪和拉伸实验的结果可知，复合界面实现了一定程度的冶金结合，得到一定的结合性能。

Saleh 等[33]通过设计不同的孔型系统，研究了不同轧制工艺（轧制速度、轧制道次、压下率）对 316/AISI1020 复合钢筋组织与性能的影响规律。结果表明，随着压下率和轧制道次的增加，复合界面结合强度逐渐增大，轧制速度对界面结合强度的影响不明显。

Szota 等[34]通过模拟三辊斜轧棒材变形过程，研究了 FeNi42 合金/铜复合棒材的生产工艺和结合性能。结果表明，双金属在辊缝中的应力值越高，越有利于两种金属实现良好的冶金结合，覆层存在较高的应力状态会抑制表层金属的流动，从而避免内外金属因变形不一致而出现的覆层壁厚不均问题。

高亚男等[35,36]通过有限元模拟不锈钢/碳钢复合钢筋的热轧过程，研究了不同温度梯度金属间的结合强度，并分析了推/张力对界面结合性能的影响。结果表明，不锈钢和碳钢间的温度差对复合钢筋变形和界面冶金结合有很大影响，推力轧制有利于提高双金属间的有效复合及结合强度。

张少坤等[37]研究了不同扩散退火工艺对不锈钢/碳钢复合钢筋结合界面性能的影响。结果表明，扩散退火可减少界面孔洞数量，有利于改善界面强度；同时，升高温度、延长保温时间可使断面韧窝更细密均匀。采取扩散退火工艺还增大了铬元素的扩散距离，进而提高界面的结合强度。

张敏[38]采用菱-菱孔型系统研究了轧制道次、压下量、轧制温度等参数对不锈钢/碳钢复合钢筋界面组织与剪切强度的影响。结果表明，随着增加轧制道次、压下量、轧制温度，复合效果得到了很大改善，剪切强度明显增加。

基于已有研究成果，对于不锈钢复合钢筋界面的微观组织与形貌演变、析出相形成机理、元素扩散机制以及界面结合性能间的关系，仍需开展深入研究。

6.2.3.2 不锈钢复合钢筋的制备方法

国内外许多公司和学者从复合钢筋概念的问世以来一直进行大量的研究工作，并进行了试生产。

1997 年，日本黑川宣幸等人用旋转减径机成功制备出了不锈钢/碳钢复合钢筋。其工艺原理是将表面处理的碳钢钢筋穿入内表面经处理后的不锈钢钢管，通过拉拔使其紧配合，然后加热，进入旋转减径机轧制成型[39]。该工艺制得的覆层钢筋覆层厚度均匀，界面结合性能好，结合强度高，但旋转减径机由于速度低大大降低了生产效率，不适合工业化大规模生产。

英国 STELAX 公司研发的 NUOVINOX 钢筋，工艺过程是在内表面经过清理的不锈钢管内填充经清洗处理的碳钢屑，中心压实后进行多道次热轧工艺，不锈钢覆层和碳钢屑在高温下实现结合，得到不锈钢复合钢筋。这种复合钢筋的主要特点是低能耗、低生产成本、高生产效率，但存在结合强度低、不锈钢覆层厚度不均等缺陷，亟待解决[40]。

美国 SMI-TEXAS 公司采用喷射沉积+热轧复合工艺生产不锈钢/碳钢复合钢筋。该工艺流程是将液态不锈钢在保护气氛中喷射到加热的碳钢棒表面，再经过多道次轧制成型[41]。该工艺制备的不锈钢复合钢筋结合强度高，覆层均匀性好，但能耗大、生产成本高，不利于大范围推广应用。

我国在不锈复合钢筋领域的研究与国外相比起步晚，但随着近些年发展，已取得一定进步，并成功于2017年制定和通过了《钢筋混凝土用热轧碳素钢-不锈钢复合钢筋》国家标准，因而不锈钢复合钢筋的研究与应用将是未来国家基础设施及重大工程建设中一项重大课题。

2006年，华南理工大学刘小康等人采用热预应力套拉成型工艺进行不锈钢复合钢筋试制。其工艺流程为：在经表面处理后的碳钢棒外层卷曲压合不锈钢层，再进行焊接封装，最后在拉丝模内利用拉拔力使不锈钢和碳钢结合在一起成型[42]。该工艺制备的不锈钢复合钢筋覆层壁厚均匀，生产过程稳定，但拉拔生产方式为不连续性，不利于规模化生产。

2015年湖南三泰新材料股份有限公司开发了一种净界面复合方法，该方法通过净界面复合制坯后的热轧成型生产出了不锈钢/碳钢复合钢筋。其工艺流程为：将外表面处理后的碳钢与内表面处理后的不锈钢管过盈配合组装，然后通过抽真空及等离子焊接制成复合坯料，最后经热轧成型[43]。该工艺制备的不锈钢复合钢筋具有低成本、环保、高效率、耐蚀性优异、界面强度高等优点，但大规模工业化生产及应用还未见报道[37]。

由目前的研究现状和制备工艺可知，不锈钢/碳钢复合钢筋的研究已取得了一系列重要成果，采取轧制复合法生产不锈钢复合钢筋是现有的比较合理的工艺，但仍旧存在一些问题，不锈钢覆层和碳钢芯层间的冶金结合不牢固，可能导致不锈钢覆层过早的开裂，从而大大降低材料的耐蚀性能；不锈钢覆层厚度分布不均匀，影响使用性能；材料长期的力学性能不明确等。这些问题都是制约不锈钢复合钢筋普遍应用的关键因素，需要更深入的研究去解决

6.2.4　不锈钢复合钢筋的制备新工艺

基于东北大学开展的真空轧制复合技术制备特厚板及异质复合板的研究工作，将此技术核心即真空电子束焊接封装移植到不锈钢复合钢筋的工艺研究中，其研究工艺路线如图6-19所示。其具体流程包括：首先，准备相应尺寸的不锈钢钢管和碳钢棒坯料并对不锈钢钢管内壁和碳钢棒外表面进行洁净处理，然后，将两者嵌套，完成坯料组合。最关键的一步是真空电子束焊接封装制坯，具体细节参照前面章节描述。在高真空环境下焊接，减少与空气的接触，避免氧化的发生，使双金属结合处没有氧化夹杂物生成，有利于强度的提高。最后，是将焊后复合坯料加热保温和轧制成型。

钢铁材料的使用性能与控轧控冷工艺紧密相关，在不锈钢复合钢筋的研究中同样需解决性能与工艺的匹配问题，从而得到优良的综合力学性能。

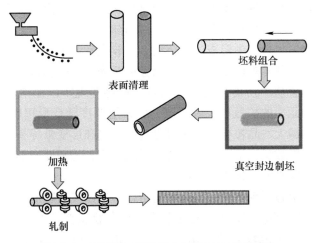

图 6-19　不锈钢/碳钢复合钢筋制备工艺路线

6.2.4.1　变形程度的影响

不锈钢复合钢筋的研究关键在于双金属间的结合状态及不锈钢覆层的均匀分布。在塑性变形过程中，不锈钢覆层和碳钢芯材会发生相对剪切移动变形，两金属间的相对滑动会直接制约复合的程度[44]。复合过程实际是从接触表面逐渐向结合界面不断转化的过程。因此，双金属间接触表面的变形程度作为热加工过程中的一个关键参数，对不锈钢复合钢筋具有重要的影响。

对变形程度为 50% 和 70% 的不锈钢复合钢筋进行微观组织观察，发现结合界面平整洁净，双金属实现了良好的冶金结合。复合界面分为明显的不锈钢区、界面复合区、脱碳层和碳钢区，如图 6-20 所示。

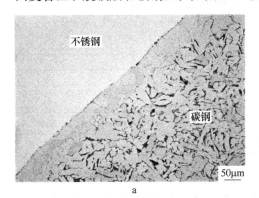
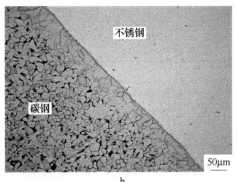

图 6-20　不同变形程度下复合界面的显微组织
a—变形程度为 50%；b—变形程度为 70%

变形程度较小时，界面附近断续分布颗粒状或条带状黑色夹杂；变形程度较大时，黑色夹杂物尺寸变小，数量减少。说明随变形程度的增加，塑性变形越剧烈，复合界面在加热过程中形成的黑色夹杂在较大轧制力下首先会被嵌合到基体中，再慢慢破碎，并随塑性变形的进行而弥散开来，夹杂物破碎会出现裂口，两侧新鲜的金属就会从中挤出使其紧密结合，最终实现牢固的冶金结合[45,46]。双金属两侧由于碳元素的扩散形成脱碳层，脱碳层厚度随变形程度的增加而减小。同时，变形程度越大，晶粒会被挤压得更扁，位错和形变带等易于成为形核位置的缺陷增多，晶界数量也增多，储存的变形能更多，为塑性变形的发生提供更充足的驱动力，所以晶粒会越来越细小。

复合界面的状态影响不锈钢和碳钢的结合，界面夹杂物形貌和成分检测结果分别见图 6-21 和表 6-5。经 50% 的变形后，夹杂物呈黑色细长条分布在界面附近，说明复合界面生成较多的氧化夹杂；经 EDS 分析，界面优先生成 $MnCr_2O_4$尖晶石氧化物。当变形程度为 70% 时，界面附近较为洁净，只是零星分布尺寸较小的黑色颗粒状夹杂，其成分主要为硅锰混合氧化物。

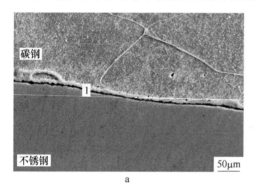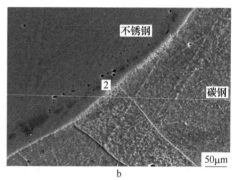

图 6-21 不同变形程度时复合界面的能谱测试结果

a—变形程度为 50%；b—变形程度为 70%

表 6-5 各类界面夹杂物的成分含量

夹杂物	元素含量（质量分数）/%					
	Mn	Si	Cr	Ni	O	Fe
1	5.15	4.37	15.74	3.08	12.53	余量
2	2.46	0.69	9.08	2.79	1.46	余量

为进一步确定界面生成物类型，面扫结果如图 6-22 和图 6-23 所示。当变形程度为 50% 时，界面附近偏聚铬、锰、氧、硅元素。由吉布斯自由能原理可知，在高温高氧环境下硅、锰元素会优先选择性氧化生成 Si-Mn 氧化物。同时，较高含量的锰、铬会形成 $MnCr_2O_4$ 尖晶石氧化物。当变形程度较大时，界面富集少量

的硅、锰元素，会优先发生氧化反应生成硅锰氧化夹杂；此外，少量的硫会与锰形成 MnS 夹杂，分布在复合界面近不锈钢侧。

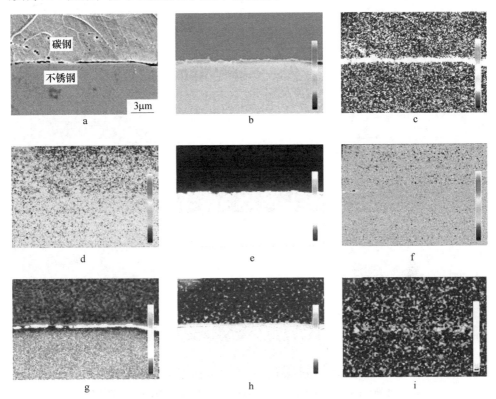

图 6-22　50%的变形程度下复合界面元素分布

a—形貌照片；b—Fe 的分布；c—O 的分布；d—Mn 的分布；e—Cr 的分布；

f—C 的分布；g—Mn 的分布；h—Ni 的分布；i—S 的分布

为直观分析铬、镍、铁等元素的扩散行为及扩散机理，对不同程度变形下结合界面进行线扫分析，如图 6-24 所示。

当变形程度较小时，元素的扩散行为受到影响，不锈钢和碳钢中铬、镍元素由于存在较大化学势而发生明显的扩散现象，铬和镍元素的浓度随扩散距离的增大而降低。同时，由于元素扩散基本完成于加热及保温阶段，随塑性变形的进行，复合界面已形成的铬、镍元素扩散区被压缩变薄；在随后冷却过程中，铬、镍元素仍会继续扩散，但扩散速度大大减缓，直至达到平衡状态。此外，复合界面出现明显的铁元素下坡，铬、锰元素上坡的现象，这是因为界面附近存在断断续续的 Si-Mn 氧化物和 $MnCr_2O_4$ 尖晶石氧化物的夹杂，阻碍了铁、铬、镍元素正常的扩散行为。当变形程度较大时，铬、镍元素的扩散距离比 50%的变形程度要大。在塑性变形时，复合界面已形成的铬、镍扩散区由于受压变薄，厚度应该小

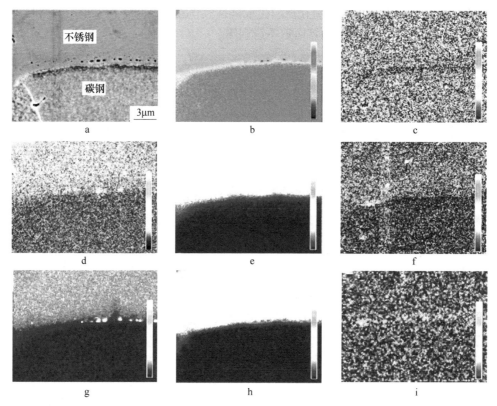

图 6-23　70%变形程度下复合界面元素分布

a—形貌照片；b—Fe 的分布；c—O 的分布；d—Mn 的分布；e—Cr 的分布；

f—C 的分布；g—Mn 的分布；h—Ni 的分布；i—S 的分布

于 50%时的扩散区；但变形程度越大，储存的变形能增大，扩散的驱动力也增大，铬、镍元素在高温阶段扩散更充分；同时，界面附近洁净，元素扩散行为并未受到阻碍，使扩散距离更远。

通过测试界面处及两侧基体的硬度，用来判断界面处的结合情况和组织分布情况。界面近不锈钢侧由于不锈钢和碳钢在加热保温及变形过程中铬、镍元素发生扩散，对碳元素有固溶强化作用外，还与碳元素反应生成铬的碳化物硬相导致组织硬度值最大；变形程度较小时，界面附近生成较多 Si-Mn 氧化物、$MnCr_2O_4$ 氧化夹杂及铬的碳化物硬相组织，而变形程度增大时，界面附近仅弥散分布少量细小的硅锰氧化物和 MnS 夹杂及少量铬的碳化物，相比小变形程度时硬相组织含量少，在界面处变形程度大时硬度值反而低。

拉伸实验得到不同变形程度时的平均抗拉强度和总伸长率为：50%的变形程度下，平均抗拉强度为 589MPa，总伸长率为 18%；70%的变形程度下，平均抗拉强度为 689MPa，总伸长率为 26%。变形程度越大时，界面处夹杂物越破碎，

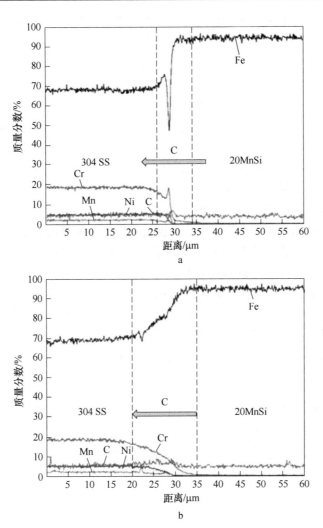

图 6-24 不同变形程度下复合界面元素浓度分布曲线

a—变形程度为 50%；b—变形程度为 70%

在高温时越有利于结合界面形成牢固的冶金结合。同时，晶粒细化程度更大，晶界数量增多。晶界的存在使变形晶粒中的位错在晶界处受阻，每个晶粒中的滑移带都终止在晶界附近，而且各个晶粒间存在着位向差。为了协调变形，要求每个晶粒都必须进行多滑移，而多滑移时必然发生位错的相互交割，这都大大提高材料的强度。

6.2.4.2 变形温度的影响

变形温度直接关系到轧制过程的形变和组织变化，是轧制过程实现形变和相变的首要条件，对金属材料的性能和组织有着重要的影响。此外，金属复合材料在制备过程中，变形温度影响金属表面氧化膜的形成，氧化膜的生成、破裂过程对界面的结合强度有至关重要的作用[47]。因此，变形温度对双金属复合材料的组织与性能的影响尤为关键。

对变形温度分别为 950℃ 和 1050℃ 时不锈钢/钢筋复合界面的微观组织进行观察与分析，如图 6-25 所示。发现复合界面干净平整，不锈钢和碳钢结合良好。950℃ 时碳钢侧为铁素体和珠光体组织；在 1050℃ 时由铁素体、珠光体及贝氏体组成。晶粒尺寸随变形温度的变化而变化，当变形温度较高时，相变温度高，相变持续时间长，这样在发生相变前的奥氏体晶粒就比较粗大，导致相变后铁素体晶粒也较粗大，晶粒尺寸较大；相反，变形温度低时晶粒明显细化。脱碳层厚度随变形温度的升高而逐渐减小，由于高温使元素发生强烈的扩散运动，在热变形中温度是影响元素扩散速率的最主要因素，变形温度越高，原子热振动越激烈，原子被激活而进行迁移的概率就越大，越有利于扩散发生。因此，当变形温度逐渐升高时，碳元素所有的激活能越大，运动驱动力越大，从碳钢侧到不锈钢侧扩散的距离越远。但当温度升高到一定值时，碳元素扩散至不锈钢侧较远处，在界面附近产生较大的浓度梯度，碳钢较远处的碳元素又会迁移到近界面的脱碳区，使脱碳区的碳元素含量增多，导致脱碳层的厚度减小。

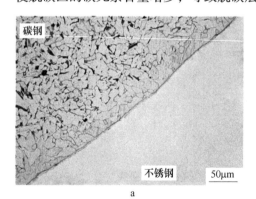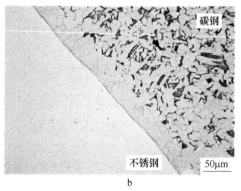

图 6-25　不同变形温度下复合界面的显微组织
a—950℃；b—1050℃

不同变形温度下复合界面形貌和夹杂物分析结果如图 6-26 和表 6-6 所示，随变形温度的升高，元素扩散越充分，不锈钢和碳钢结合越紧密，界面结合更好；经 EDS 分析，当变形温度较低时，界面处硅、锰元素含量低且在合理范围内，氧含量较高，主要源于试样机加工过程中残留所得，在热变形条件下根据选择性优先氧化原则与界面两侧硅、锰易氧化元素反应生成 Si-Mn 复合型氧化物，且分布于不锈钢和碳钢的原始界面[48]。当变形温度较高时，界面附近残留少量氧元素，在高温弱氧环境下仍会根据选择性优先氧化原则反应生成微量的 Si-Mn 氧化物。

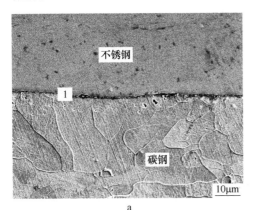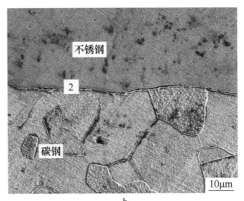

a   b

图 6-26　不同变形温度时复合界面能谱测试结果

a—950℃；b—1050℃

表 6-6　各类界面夹杂物的成分含量

夹杂物	元素含量（质量分数）/%					
	Mn	Si	Cr	Ni	O	Fe
1	0.37	0.13	6.45	0.94	1.06	余量
2	0.25	0.09	3.21	0.29	0.34	余量

对不同变形温度下复合界面两侧元素扩散行为进行分析，如图 6-27 所示。铬、镍元素因在不锈钢和碳钢中存在较大化学势，已经为扩散行为的发生提供充足驱动力；温度作为影响金属扩散系数最主要因素，在变形温度为 950℃ 和 1050℃ 时，原子的振动能将大大增加，使扩散系数也增大，元素进行充分扩散，使界面两侧浓度最终趋于平衡。在两种温度下变形，镍元素的扩散距离小于铬元素，这是由于与铬元素相比，镍在不锈钢基体中含量低，化学势较低，扩散驱动力也较低，导致扩散距离小于铬元素。同时镍在铁素体中扩散系数要远高于在奥氏体中的扩散系数，且 α-铁只能溶解少量镍，而铬和铁素体均为体心立方的晶体结构，溶解度更高，使不锈钢中铬、镍元素向碳钢扩散时，在相同时间内铬的扩散距离远于镍元素。

不同变形温度的界面附近硬度变化存在一定的规律，变形温度为 950℃ 时，碳钢侧为尺寸细小的铁素体和珠光体组织，由于晶粒尺寸比 1050℃ 的变形温度时要小，晶界数量就多，晶界又会阻碍位错运动，当晶界数量增加时，对位错的阻碍也增加，材料表现出比 1050℃ 温度下转变生成的贝氏体强韧相有更高硬度，因此从脱碳层至碳钢心部，950℃ 温度时硬度值高于 1050℃。界面近不锈钢侧由于铬、镍元

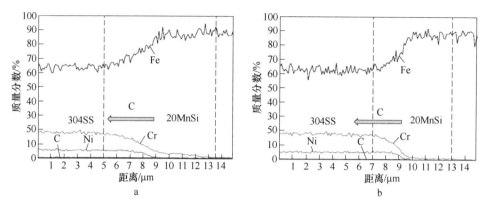

图 6-27　不同变形温度下复合界面元素浓度分布曲线
a—950℃；b—1050℃

素在 1050℃变形时进行了充分扩散，在近界面附近形成一定数量碳化物，比 950℃时界面形成的硬相碳化物含量高，导致硬度值高，提高了该区的淬透性。

通过拉伸实验检测不同变形温度下不锈钢复合钢筋的力学性能，不锈钢复合钢筋的抗拉强度随变形温度的升高而增大，伸长率随变形温度的升高而降低。不锈钢和碳钢在较高温度下容易发生动态再结晶，从而有充足形变储存能促进晶粒尺寸的长大，所以 1050℃的晶粒尺寸明显粗大于 950℃，晶粒尺寸越大，强度越低，则变形温度较低时强度应更高。但由微观组织分析发现，在 1050℃时形成了一定量贝氏体强韧相，而贝氏体相比 950℃时形成较多的铁素体组织具有较高强度和较低伸长率。因此，高温下形成的贝氏体对强度贡献远高于晶粒尺寸对其的影响。另外，变形温度越高，不锈钢和碳钢塑性变形更容易，复合界面氧化层破碎也加快，可有效促进新鲜金属接触，增大金属间接触面积；同时，较高变形温度提高了金属原子热激活能，增加了原子相互渗透与嵌合程度，使迁移扩散进行得更加充分，加速形成冶金结合[49]。因此，提高了不锈钢复合钢筋的结合性能。

6.2.4.3　冷却速度的影响

钢中组织的形貌、类型、粗细程度等与钢的性能有着十分紧密的联系，而这又取决于钢在热处理过程中奥氏体的冷却转变过程，通过合理的冷却方式可以大幅度改善钢材的组织状态，提高钢材的强韧性。对于制定钢材的控制冷却工艺来说，冷却速率不仅仅影响钢的相变温度、相变时间等因素，还能够使钢的组织发生结构上的改变，从而获得预期的组织结构，满足产品的某种性能。

图 6-28 所示的是在 1050℃温度下进行 70%变形后以不同冷却速度得到的不锈钢复合钢筋复合界面的微观组织照片。钢中的微观组织形态、分布和相对含量随冷速的改变而各有不同。当冷速为 1℃/s 时，铁素体首先在奥氏体晶界和形变带等缺

陷处形核，当剩余残余奥氏体达到共析成分时发生珠光体转变，形成先共析多边形铁素体和珠光体的混合组织，此冷速小于产生贝氏体的临界速度，最终在整个组织中生成先共析多边形铁素体和珠光体混合组织[50]。当冷速为2℃/s时达到贝氏体生成速度，组织中有少量贝氏体出现，铁素体晶粒尺寸随冷速的增大而减小，珠光体含量随冷速的增加而增加，此时形成铁素体、珠光体和少量贝氏体的混合物。当冷速为5℃/s时，珠光体相变受抑制，含量开始减少，一定含量的先共析铁素体形态呈现针状。随冷却速度增加，多边形铁素体和珠光体含量进一步降低，贝氏体含量持续增加，当冷速为10℃/s时，形成以贝氏体为主、针状铁素体和珠光体的三相混合组织；同时形成网状铁素体，这是由于先共析铁素体优先在奥氏体晶界上析出，然后沿晶界长大形成网状铁素体，这不利于材料的强韧性。

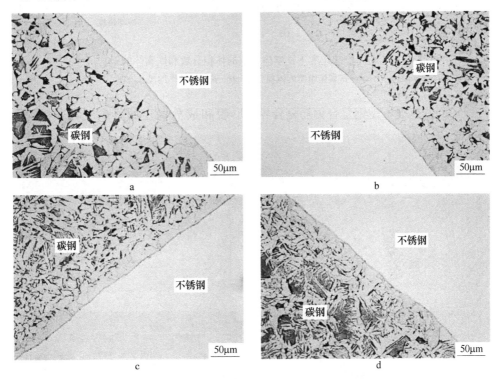

图 6-28 不同冷却速度下复合界面的显微组织
a—1℃/s；b—2℃/s；c—5℃/s；d—10℃/s

铁素体含量随冷速增大而减小，其体积分数统计结果如图6-29a所示。同时，冷速越大，铁素体晶粒尺寸减小，其晶粒尺寸统计结果如图6-29b所示。铁素体晶粒尺寸从1℃/s时的58μm降到10℃/s时26μm，这是由于冷速提高使过冷度增大，导致铁素体相变自由焓差增大，晶界、位错等处的临界形核自由能与均匀变形时临界形核自由能相比逐渐减小，即在晶界上越容易形核，使铁素体相变可以在较低温度下进行，即导致相变点温度降低，故在较低温度下相变不仅提高形核率，促进新铁素体晶粒进一步形核，而且还促进了在奥氏体内形核，铁素体晶粒细化。

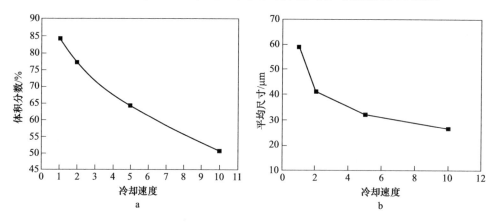

图 6-29　不同冷却速度下铁素体组织的体积分数和铁素体的平均尺寸

a—铁素体组织的体积分数；b—铁素体的平均尺寸

不同冷速下不锈钢复合钢筋复合界面形貌和成分测定如图 6-30 和表 6-7 所

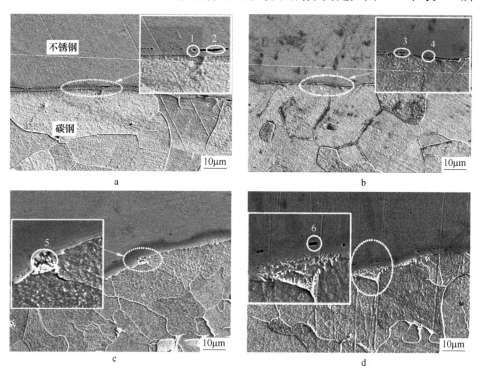

图 6-30　不同冷却速度下复合界面微观组织的 SEM 照片

a—1℃/s；b—2℃/s；c—5℃/s；d—10℃/s

示。复合界面两侧合金元素进行了充分扩散，不锈钢和碳钢实现了良好的冶金结合。在界面附近零星分布着颗粒状及条状黑色夹杂物，经 EDS 检测分析可得，点 1 处的颗粒状夹杂物推测为 Al_2O_3、Si-Mn 复合型氧化物和 MnS 夹杂。点 2 处呈长条状的夹杂存在含量很高的氧、锰、铬元素，推测为 $MnCr_2O_4$ 尖晶石氧化物。点 3 处条状夹杂为微量的 Si-Mn 复合型氧化物。点 5 夹杂类型与点 2 夹杂相同。点 6 与点 1 处相似，存在较高含量氧、硅、锰、铝、硫元素，由选择性优先氧化原则可形成 Al_2O_3、Si-Mn 复合型氧化物和 MnS 夹杂混合夹杂。综上分析，这些氧化物或硫化物夹杂在轧制变形过程中弥散分布于复合界面附近。

表 6-7 界面不同位置夹杂物的成分含量

位置	元素含量（质量分数）/%								
	O	Si	Mn	Al	S	Cr	Ca	Ni	Fe
1	7.72	5.02	12.17	0.23	0.27	8.93	0.26	1.87	余量
2	12.06	0.51	17.23	—	—	26.06	—	0.92	余量
3	4.8	7.04	7.60	—	0.12	17.31	0.19	1.16	余量
4	0.34	0.09	0.25	—	0.02	3.21	—	0.29	余量
5	5.03	0.71	9.60	—	—	20.72	—	1.75	余量
6	10.95	7.58	20.77	0.35	0.83	7.00	—	1.34	余量

不同冷速下复合钢筋界面附近的硬度变化规律为：从脱碳层到碳钢心部，硬度值随冷速增大而增大，近界面不锈钢侧到不锈钢侧心部，硬度变化趋势也是随冷速增大而增大。

通过对不同冷速下不锈钢复合钢筋进行拉伸实验，测得冷速为 1℃/s 时，抗拉强度为 572MPa，总伸长率为 52%；冷速为 2℃/s 时，抗拉强度为 689MPa，总伸长率为 26%；冷速为 5℃/s 时，抗拉强度为 704MPa，总伸长率为 37%；冷速为 10℃/s 时，抗拉强度为 726MPa，总伸长率为 34%；力学性能均超过单一芯材 20MnSi 碳钢国家标准规定的参考值：$R_m \geq 455MPa$，$A \geq 17\%$。这说明不锈钢复合钢筋在 1050℃ 温度下，经 70% 的轧制变形后再由不同冷速处理得到的复合钢筋力学性能满足相关要求。其中，抗拉强度随冷速增大而增大，伸长率随冷速增大基本呈减小趋势，因为冷速增大，高温相变产物（PF、P）逐渐减少，低温相变产物（AF、B）增多，贝氏体较多边形铁素体具有较高强度和较低伸长率。因此，由于相变强化的作用使得不锈钢复合钢筋强度提高；同时冷速越大，晶粒尺寸越小，单位体积内晶界的面积越大。低碳钢塑性变形的主要机理是位错滑移，位错无法通过晶界，则单位体积内面积越大，位错滑移的阻力越大，从而提高了材料的强度。

6.3　不锈钢复合钢丝绳的研究

6.3.1　钢丝绳的产品特点和工艺特点

钢丝绳是将力学性能和几何性能符合要求的钢丝按照一定的规则捻制在一起具有致密的、柔软性和较高抗拉强度的螺旋状钢丝束，属于金属制品的范畴。通常以热轧高碳线材为主要原料进行深加工，具体操作是先由多层钢丝捻成股，再以绳芯为中心，由一定数量股捻制成螺旋状的绳。因此，钢丝绳也称为"线材的二次制品"。

与其他钢铁制品相比较，钢丝绳具有诸多工艺特点，可归纳如下[51]：

（1）能够传递长距离的负载。

（2）具有较高的抗拉强度、抗疲劳强度和抗冲击韧性，能承受较重负载及交变载荷的作用。

（3）在高速工作条件下，耐磨、抗振、运转稳定性好。

（4）耐蚀性好，能在各种有害介质的恶劣环境中正常工作。

（5）柔软性好，可挠性好，能适宜于牵引、卷扬、拉拽和捆扎等多方面的用途。

（6）表面有镀层的钢丝绳有良好耐蚀性，能在含各种有害介质的恶劣环境下正常工作。

（7）承载安全系数大，使用安全可靠。

（8）自身质量轻，便于携带和运输。

概括起来即是钢丝绳具有强度高、自重轻、工作平稳、不易骤然整根折断、工作可靠等优点，使其在国民经济建设中发挥着举足轻重的作用。也由于上述特点，到目前为止，国内外还未找到一种更理想的产品来全面或者在某个领域内替代钢丝绳。因此，它是矿山、冶金、石油天然气钻采、煤炭、桥梁、轨道交通等领域中必不可少的部件或材料。现在，钢丝绳质量一直是国内外相关行业关注的重点，为此投入了大量人力、物力对其结构优化、工艺改进及性能提升等方面进行了广泛研究，取得一系列研究成果。

在生产工艺上，钢丝绳具有与其他产品工艺不同的特点：

（1）与其他金属制品相比，钢丝绳生产工艺较为复杂，在一定程度上它可以综合反映金属制品的生产工艺水平。

（2）钢丝绳是由制绳钢丝按照一定的规则捻制而成。捻制后，钢丝由直线状态变为螺旋线状态。捻制时，钢丝的运动由圆周运动和直线运动复合而成。

（3）在捻制过程中，钢丝经受弹性-塑性变形，其截面的形状、尺寸、金属量和内部组织并没有明显的变化（面接触除外）。

（4）捻制后制绳钢丝的力学性能有所削弱。

（5）钢丝绳生产工艺路线较长，工序间衔接性较强，单件产品的加工周期较长。

（6）钢丝绳生产配套设备比较多，生产过程的管理比较复杂和严密，对操作者的责任心和技术熟练程度有一定的要求。

6.3.2 钢丝绳生产技术的发展

6.3.2.1 钢丝绳生产技术的发展背景

自 1834 年欧洲人奥鲁伯特发明第一根钢丝绳以来，至今快 200 年了。在未出现钢丝绳以前，人们使用的是麻绳和铁链进行生产劳作，随采矿业的快速发展，对生产效率提出了更高要求，使升降机械和卷扬机械在该领域中逐渐得到应用。由于麻绳和铁链的抗拉强度较低难以满足生产发展的需求，于是利用金属丝捻制而成的钢丝绳就此出现，成为麻绳与铁链的替代品。

最初钢丝绳的结构与麻绳相似，由 3 股构成，每股中含有 4 根钢丝。这种构造的钢丝绳虽简单但不完善，但相比麻绳与铁链而言，其抗拉强度有很大的提高，从当时的社会生产环境来说具有重要的意义。据记载，在 19 世纪 50 年代以前，钢丝绳所用的钢丝一直是强度较低的低碳钢丝，随采矿业的发展，尤其是矿井深度的不断增加，对钢丝绳的抗拉强度有了更高要求，于是研制出了含碳量较高的钢丝捻制成的钢丝绳；同时由于科技不断进步，人们发明了热处理强化钢丝绳的方法，使拉拔后的高碳钢丝绳兼具较高的强度和良好的塑韧性，从此以后，钢丝绳的品种与结构等也得到了不断改进和完善。

经过近 200 年的发展，钢丝绳的生产技术和生产设备同时取得长足进展，钢丝绳的生产效率比过去也有了很大提高。迄今为止，世界上较发达国家都有了一定规模的钢丝绳生产企业，满足了经济社会发展对钢丝绳数量、品种、结构、规格等方面的需求，不论在钢丝绳品种、结构和规格等方面还是在力学性能上都得到了很大改善。在生产装备上，不仅出现了高转速（已达 5000~6000r/min）、大工字轮（已达 ϕ2400mm）、多工字轮的捻制设备，又有自动化装置比较完备的捻股机和成绳机；捻制钢丝绳的最大直径已达到 ϕ310mm，单根钢丝绳的质量已达到 200t。

我国的钢丝绳工业始建于 20 世纪 30 年代。新中国成立前，我国钢丝绳生产设备落后，产量极其稀少。无论是在产品数量上，还是在产品的品种、结构、规格上都远远落后于世界上较为发达的国家。建国初期，仅有大连、鞍山、天津和重庆四家钢丝、钢丝绳厂，且产量仅有几千吨。而后随着国民经济建设的蓬勃发展，钢丝绳工业的发展也突飞猛进，各行各业对钢丝绳的需求日益增多，国家先后在鞍山、天津、上海、杭州、大连、马鞍山等地扩建或新建立了一批大中型钢丝绳企业，使钢丝绳生产有了较大的发展[52]。近年来，钢丝绳的生产呈现一派欣欣向荣的景象，全国各地又涌现了一大批地方中小型钢丝绳生产厂家，不仅在生产能力上有了大幅度发展，而且在产品规格方面也增加很快。线接触钢丝绳、面接触钢丝绳、异型股钢丝绳、密封钢丝绳、多层股钢丝绳、石油钻井钢丝绳、预应力钢丝绳、镀锌钢丝绳等多品种结构，弥补了我国钢丝绳品种结构的空白。与此同时，产品质量得到很大的提高，工艺装备不断完善，逐步实现了捻制设备的系列化、标准化。所有这些，都充分体现我国的钢丝绳生产工艺已经发展到了一个全新的水平，并且逐渐迈入世界的先进行列。

6.3.2.2　耐蚀钢丝绳

进入 21 世纪，尽管我国钢丝绳工业实现了飞跃式发展，但在一些特定使用条件，如周期性或长期服役在具有腐蚀性的环境下，钢丝绳的锈蚀会慢慢造成整绳的失效，进而造成严重的经济及生命财产的损失。

如应用在海洋渔业的镀锌钢丝绳要求其具有良好的防水性和耐蚀性。我国有 3.2 万千米海岸线，其中大陆海岸线 1.8 万千米，岛屿海岸线 1.4 万千米，西起广西防城港，东到辽宁丹东，渔业资源十分丰富，位居世界渔业大国之首。近年来渔业发展较为迅速，随着国家对渔业资源的宏观调控，乱捕乱捞得到了有效控制，渔业行业开始向远洋捕捞、深海捕捞方面发展，由此带动了相关产业的发展。尤其是用于拖网作业（包括大功率单拖、双拖）的钢丝绳产品，其用量每年估计在数万吨以上。目前，各捕捞渔船使用较多的仍是厚镀锌渔业钢丝绳，渔业钢丝绳使用环境的特殊性，业界一直将锌层厚度（上锌量）和钢丝绳的油脂涂层作为技术的主攻目标，以期待钢丝绳具有较好的耐蚀性，钢丝的上锌量达到一定极限后，要想再次提高钢丝的上锌量较为困难。因此，渔业钢丝绳在长期使用过程中，海水腐蚀钢丝并进入到钢丝绳内部造成钢丝绳损坏，缩短其使用寿命[53]。

又如广泛应用于煤炭、石油、化工、船舶、桥梁等领域的不锈钢钢丝绳，同样要求具备良好的耐蚀性与力学性能。不锈钢钢丝绳出现于 20 世纪初期，随着不锈钢材料的发明与迅速发展而应用于钢丝绳制造领域中。因为不锈钢材料独特的理化性能，使钢丝绳具备耐高温、抗疲劳性能好、破断拉力优、使用寿命长、耐蚀性优良等诸多特点，在各行各业发挥着重要的作用。在欧美发达国家钢丝绳的生产中不锈钢钢丝绳早就得到应用。相比之下，不锈钢材质的钢丝绳进入中国工业制造系统中较晚，但随着改革开放的进程日益深入，我国不锈钢丝绳制造行业发展迅猛，众多企业迅速崛起，生产的钢丝绳在质量与性能上逐渐走在世界前列，具有广阔前景。目前国内不锈钢钢丝绳生产企业常用的品种是奥氏体304、316 型不锈钢，其他牌号的奥氏体型不锈钢尚少有开发应用，同时不锈钢钢丝绳发展面临原材料、技术工艺升级、应用领域有待继续扩大，产品结构、品种等多方面的问题，需要不断加强。

从以上背景资料可知，目前生产的耐蚀性钢丝绳多是表面镀锌钢丝绳及不锈钢钢丝绳。表面镀锌钢丝绳具有较高的性价比，主要采用热镀锌工艺进行制绳钢丝的制备，即制绳钢丝靠物理的热扩散作用形成镀层。具体地，首先形成铁-锌化合物，而后在镀锌钢丝表面铁-锌化合物表面形成纯锌层，最后将镀锌钢丝按照一定规则捻制成镀锌钢丝绳，提高其耐蚀性。不锈钢钢丝绳中有较高含量铬、镍等耐蚀性优异的贵金属，利用铬镍等元素的作用在很大程度上提高了耐蚀性，但是生产成本大大增加，同时消耗了铬镍等资源。对需求日益增加的各行各业不锈钢钢丝绳的生产而言势必都承受着一定压力，因而也限制其广泛使用。

因此，从这个角度上来说，在保证强度的前提下，增强其耐蚀性的钢丝绳在新品种的研发上仍有很长的一段路要走，需要进行更深层次的探索与研究。

6.3.3 不锈钢复合钢丝绳的设计开发

为了保证钢丝绳强度的同时改善其耐蚀性，同时控制生产成本，据报道，在电气化铁路补偿网用钢丝绳的研究开发过程中出现了碳素钢和不锈钢两种材料共同使用的实例，选用高碳钢盘条和304不锈钢盘条作为钢丝绳生产的主要原料，两者通过控制一定的比例按照一定的规则进行捻股合绳工艺制备表面为实心不锈钢钢丝绳芯为实芯碳钢钢丝的"复合钢丝绳"[54]。不锈钢和碳钢之间的接触形式主要有点接触、线接触和面接触。点接触是股中钢丝直径均相同，为使钢丝受力均匀，每层钢丝拧绕后的螺旋角大致相等，但拧距不等，所以内外层钢丝相互交叉，呈点接触状态。线接触是由不同直径的钢丝捻制而成，股内各层之间的钢丝全长平行捻制，每层钢丝捻距相等，钢丝之间呈线接触状态。面接触是由异型钢丝制成，呈面接触状，与相同直径的其他类型钢丝绳相比，其抗拉强度较大，能够承受横向压力，但挠性差，工艺较复杂，制作成本高，多用于承载索。三种接触形式如图6-31所示。

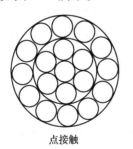 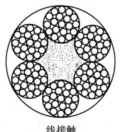 

点接触　　　　　　　线接触　　　　　　　面接触

图 6-31　钢丝绳的接触形式

这种"复合钢丝绳"相比表面镀锌钢丝绳而言，由于表层均由实芯不锈钢钢丝捻制而成，使其具有不锈钢的优异特性，芯部采用塑韧性较好的碳钢材质，保证其具备优良的力学性能；而不像镀锌钢丝绳在长期服役过程中表层易发生脱落，以致使该处的钢丝绳失去耐蚀能力，影响钢丝绳的使用寿命。此外，相比纯不锈钢钢丝绳，由于通过结构和工艺设计，减少了不锈钢钢丝的用量，实现了降低生产成本、保证钢丝绳的综合使用性能的目的。

　　根据上述"复合钢丝绳"的启示，改变不锈钢和碳钢之间的接触形式，使每根制绳钢丝均由耐蚀性优的不锈钢和力学性能良好的碳钢以牢固的冶金结合形式构成，具体表现为单根制绳钢丝外周是一定厚度的不锈钢覆层，芯部为力学性能优良的碳钢材质，这样就使每根制绳钢丝同时兼具了优异耐蚀性和良好力学性能的特点，同时不锈钢和碳钢两者的使用比例较上述点、线、面接触的少，即减少了不锈钢用量，降低了生产成本。因此，基于当前耐蚀钢丝绳的应用背景和工艺技术特点，提出不锈钢/碳钢复合钢丝绳的设计开发思路，即利用真空电子束焊接技术制备不锈钢/碳钢复合坯料，再通过一系列工艺设计与优化制备单根制绳钢丝，接着将不锈钢复合钢丝捻制成绳，最后再将股绳捻制成钢丝绳，具体工艺流程如图 6-32 所示。

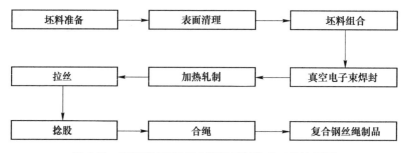

图 6-32　不锈钢/碳钢复合钢丝绳制备的工艺流程图

　　冶金结合形式的复合钢丝绳除了满足不锈钢和碳钢的原有特性外，还使其物理、化学和力学性能比单一金属更有优越性，充分发挥了材料的"相补效应"，即不但可以弥补各自的不足，经过一定组合可以获得优异的综合性能。根据不锈钢/碳钢复合钢丝绳制品的工艺路线，其核心在于不锈钢/碳钢复合坯料的制备，即如何控制不锈钢和碳钢实现牢固的冶金结合并发生均匀协调的变形。在不锈钢/碳钢复合钢丝绳制备过程中，存在结合界面易氧化问题，导致双金属界面结合性能大大降低，影响最终产品的使用性能。因此，清洁干净的金属表面状态是获得良好结合界面的一个重要前提，而不锈钢/碳钢复合坯料在加热保温阶段界面必然存在氧化反应的可能。

6.3.4　不锈钢复合钢丝绳的应用前景与展望

　　随着我国电气化铁路的飞速发展，铁路运营速度的不断提高，对电气化高速铁路用钢丝绳的运营安全可靠性、使用寿命及维修工作量提出了越来越高的要求。其主要原因在于，电气化高速铁路用钢丝绳作为金属制品领域的高新技术产品，广泛应用于国家高速铁路接触网滑轮钢丝绳张力系统上，是张力系统调节的主要张力件，应具有高疲劳寿命、高破断拉力、高耐腐蚀性能、不旋转及高捻制质量等特点。因此，实现铁路建设的高速、高安全性，解决接触网滑轮钢丝绳张力系统是首要条件。而目前，国内外沿用多年的老式系统均采用的是不锈钢铁路钢丝绳（材质为 0Cr18Ni9 奥氏体不锈钢）或者高碳钢镀锌钢丝绳做张力件，不论从破断拉力、耐腐蚀、疲劳寿命等方面都不能满足系统提速后的要求。同样，在渔业、船舶、桥梁等领域中由于现有系统所使用的钢丝绳长期需要承受冲击、振动、温差变化、环境腐蚀、磨耗、电火花烧蚀等问题，导致整绳失效，继而造成严重损失已经成为令业界困扰的难题。

　　现有的耐腐蚀钢丝绳（不锈钢钢丝绳或镀锌钢丝绳）虽能在一定程度上解决或缓解实际工程应用的问题，但是从长远看来，仍存在较多的问题，如纯不锈钢钢丝绳的生产使成本持续增加，镀锌钢丝绳局部脱落导致更换频繁等。因此，新型耐腐蚀钢丝绳的开发具有一定的现实基础与深远意义。

　　在追求资源节约、环境友好的新型工业化背景下，耐蚀不锈钢/碳钢复合钢丝绳的开发与应用意义重大，它具有能够节约钨、钼、镍、钒等贵重金属的用量，对环境友好、不会产生新的环境污染，能获得优良耐蚀性及力学性能，有很高的性价比等优势，是耐蚀钢丝绳发展的重要方向，有望在桥梁、交通运输及海洋渔业等领域成为现有耐蚀钢丝绳的替代产品，具有广阔前景。

　　目前，我国的不锈钢/碳钢复合钢丝绳还未见相关研究报道，基本属于一片空白，因此距离工业化生产与应用还有很长一段路要走，不锈钢/碳钢复合钢丝绳的开发设计与工艺优化还需要进行多方面的探索和研究，主要包括：外层不锈钢厚度最优值及与变形关系的研究；外层不锈钢与芯部碳钢间的协调变形规律的研究；不锈钢与碳钢冶金结合界面特征的研究分析；综合性能评价体系的建立等。

6.4　特厚铝合金复合板的应用前景与展望

　　根据美国"铝及铝合金薄板和中厚板的技术规范"标准，工业上通常把厚度大于 6mm 的铝合金板材称为厚板（Thick Plate）。厚板用的高性能铝合金材料主要是 2×××系（Al-Cu-Mg）和 7×××系（Al-Zn-Mg-Cu）铝合金[55]。

　　随着现代工业化进程的不断推进，设备的大型化对材料的性能和尺寸提出了更高要求。航空航天是高性能铝合金厚板的重要应用领域，此外，船舶工业、轨道交通、石油天然气工业等领域也越来越多地使用铝合金厚板，特别是随着近年来大型运输机、大型客机、高速动车、大型液化石油气储罐以及特种车辆等方面的需求日益旺盛，铝合金厚板用量在持续增长[56~58]。为了降低加工成本，提高材料性能，越来越多的高性能铝合金采取以轧代锻的方式加工。高性能铝合金板材，尤其是铝合金厚板作为一类高技术、高附加值的产品反映了国家的尖端科技水平。

6.4.1　国内外铝合金厚板的生产现状

铝合金厚板的生产方法分为铸锭热轧法和铸锭法[59]。世界范围内的热粗轧机开口度均在 800mm 以下，热轧法无法轧出内部组织均匀、250mm 以上厚度的板材，大于 250mm 的厚板只能用铸锭法生产。但是铸锭法只适用于生产对性能和组织均匀性要求不高的非航空级铝厚板。航空级铝合金厚板必须经轧制成型，目前在欧美等一些发达国家均有大规格铝合金厚板的加工制造基地。美国铝业公司的 Davenport 轧制厂拥有全球最大的宽厚板轧机，开口度达到 660mm，可生产 180mm 超大规格铝合金厚板。德国 Crous 集团的 Koblenz 轧制厂可生产最厚达 280mm、最宽达 3600mm 的航空级厚板，波音公司、英国航空公司、洛克西德马丁公司等多家民用和军用飞机制造企业已成为 Koblenz 厂的客户[60]。在国内，目前只有西南铝业、东北轻合金、南南铝业等少数几家企业可以小批量生产 80mm 厚的铝合金板材，大规格高性能铝合金厚板的研发和生产能力与发达国家相比还有很大差距，这使得我国在飞机制造业以及军事工业的发展受到严重制约。

6.4.2　目前铝合金厚板热加工存在的问题

高性能铝合金成分复杂，在熔体内容易分布不均，且合金的结晶范围较宽，非平衡共晶会使铸锭变脆而产生裂纹的倾向较大。所需的超大规格铸锭使用传统的半连续铸造技术冷速较低，铸锭芯表存在很大的冷却速度梯度，导致铸锭内部出现宏观偏析、芯部晶粒粗大、芯部疏松以及铸造应力大等严重问题，大大降低了成材率。铸锭内部一次凝固析出相尺寸粗大，在轧制变形中损伤组织，固溶时难以完全回溶而残留于合金中成为开裂源，这些铸造缺陷在后续热加工过程中仍然残留并遗传到成品中，造成成品厚板的强韧性和疲劳性能下降，对合金的综合性能造成不利影响。同时一次凝固析出相消耗了合金中的主合金元素，造成合金中析出强化相的体积分数难以提高，合金质量较差[61]。

6.4.3　特厚铝合金复合板轧制工艺方法

真空轧制复合法制备高性能铝合金厚板，其核心技术是实现原始坯料在真空条件下的焊接封装。但高性能铝合金熔焊时，接头内部生成铸态组织的倾向较大且焊缝内容易产生气孔和裂纹，从而恶化力学性能，被认为是不能通过熔焊技术焊接的材料。利用真空电子束焊接封装制坯时，焊接接头处产生很高的残余应力容易导致变形和开裂的发生，使真空制坯失败。因此，该工艺选择使用真空搅拌摩擦焊对铝合金原始坯料进行焊接封装，即在真空状态下将两块相同规格尺寸的铝合金板材通过搅拌摩擦焊接封装，然后进行轧制复合成型。

搅拌摩擦焊（Friction Stir Welding，FSW）是由英国焊接研究所 TWI 公司于 1991 年发明的一种创新的固态焊接工艺。它广泛适合于铝、镁合金的焊接，为解决高性能铝合金熔化焊焊接易产生气孔、裂纹等问题提供了一种崭新的途径。因此，搅拌摩擦焊技术特别适合高性能铝合金的焊接密封。

搅拌摩擦焊的工作原理是焊接时将工件紧固并在其背部提供刚性支撑，将高速旋转的搅拌头插入工件待焊部位，插入一定深度后开始焊接。利用搅拌头和被焊材料间摩擦产生的热量使接头软化并发生剧烈地塑性变形，在搅拌头轴肩的压力作用下形成致密的焊缝，实现金属间的连接[62]，其原理如图 6-33 所示。

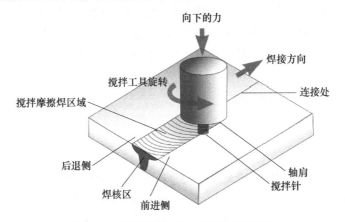

图 6-33　搅拌摩擦焊的工作原理示意图

6.4.4　制备特厚铝合金复合板需要解决的问题

（1）搅拌摩擦焊封装的密封性问题。复合板材的密封性问题将直接影响复合板的复合效果，因而对真空搅拌摩擦焊设备的功能提出了更高要求。在焊接过程中搅拌头向工件施加足够大的顶锻力和驱动力，同时，被焊工件刚性固定在工作台上不能发生移位，这就要求焊接设备有足够的刚度和良好的稳定性。焊接过程真空度越高，坯料中残留气体越少，从而在后续的加热保温及轧制过程中避免氧化的可能性越高，复合效果越好。复合坯料较好的密封性正是焊接封装所要解决的关键问题以及获得良好结合性能的前提条件。

（2）轧制复合工艺对界面复合效果的影响。焊接封装后将板材进行加热轧制复合，其复合界面的复合效果将直接影响成品板材的综合性能。在轧制复合及随后的热处理过程中，复合界面状态受到多种工艺参数的影响，如轧制温度、压下量、压下速率以及随后的固溶温度、固溶时间、时效温度、时效时间等。因此，为增强铝合金厚板的复合效果，进而提高其综合性能，必须优化复合工艺。

6.4.5　特厚铝合金复合板的前景与展望

高性能铝合金厚板是飞机制造和国防工业等高端领域发展的关键材料。传统的铸锭热轧法能耗高、效率低，生产的高合金厚板容易产生宏观偏析，造成组织成分不均匀使性能恶化，产品成材率低。真空轧制复合技术是制备高品质特厚板的一种途径，由于高合金轻金属的电子束焊接性能较差，创新性地将搅拌摩擦焊接技术引入到真空制坯领域，探索一种全新的高性能铝合金厚板真空制坯轧制复合技术。因此对真空搅拌摩擦焊设备、真空搅拌摩擦焊制坯工艺和界面结合行为的研究具有开创性意义。

目前国内外关于采用复合制造技术开发大规格高性能铝合金厚板的研究尚处于空白阶段，实现高性能铝合金厚板的增材制造无疑具有开创性，对于我国实现超大规格的铝合金厚板的跨越式发展，提高国家关键材料自主供应和技术实力具有重大意义。

参 考 文 献

[1] 符寒光. 高速钢轧辊研究现状与展望 [J]. 中国钼业，2006，30（4）：25~32.

[2] Mitsuo Hashimoto, Taku Tanaka, Tsuyoshi Inoue. Development of cold rolling mills rolls of high speed steel type by using continuous pouring process for cladding [J]. ISIJ International, 2002, 42：982~989.

[3] Cao Yulong, Jiang Zhouhua. Research on the Bimetallic Composite Roll Produced by an Improved Electroslag Cladding Method：Mathematical Simulation of the Power Supply Circuits [J]. ISIJ International, 2018, 58：1052~1060.

[4] Fu H, Xiao Q, Xing J, et al. A study on the crack control of high speed steel roll fabricated by a centrifugal casting technique [J]. Materials Science and Engineering A, 2008, 474：82~87.

[5] 符寒光，刘金海，殷作虎. 国外高速钢复合轧辊研究的进展 [J]. 铸造，1999，48（2）：44~47.

[6] 孙以容. 21世纪轧辊技术发展趋势 [J]. 宝钢技术，1996，14（5）：60~63.

[7] 李春光，孙大乐. 5Cr冷轧辊多次调质处理研究 [J]. 热加工工艺，2009（11）：138~140.

[8] 刘梯，梁从涛，郝进元，等. GB/T1503—2008铸钢轧辊 [S]. 北京：中华人民共和国国家质量监督检验检疫总局中国国家标准化管理委员会，2008.

[9] 师江伟，杨涤心，倪锋. 高速钢复合轧辊研究的进展 [J]. 铸造设备研究，2005（1）：28~31.

［10］ 张军.立式离心铸造充型过程数值模拟［D］.武汉：华中科技大学，2011.

［11］ Sano Y, Hattori T, Haga M. Characteristics of high carbon high speed steel rolls for hot strip mill［J］. ISIJ International, 1992, 32（11）：1194~1201.

［12］ Hashimoto M, Otomo S, Yoshida K. Development of high performance roll by continuous pouring process for cladding［J］. ISIJ International, 1992, 32（11）：1202~1210.

［13］ 熊伟.电火花自动强化工艺及复合强化试验研究［D］.上海：东华大学，2009.

［14］ Hashimoto M, Yoshida K, Otomo S, et al. Development of high-toughness roll by CPC process［J］. Nippon Steel Technical Report, 1991（48）：71~76.

［15］ 李正邦.电渣冶金原理及其应用［M］.2版.北京：冶金工业出版社，1987：59~60.

［16］ 刘宏伟，张龙，王建江，等.喷射成形工艺与理论研究进展［J］.兵器材料科学与工程，2007（3）：63~67.

［17］ 许加星.喷射成形设备控制系统研究与应用［D］.西安：西安电子科技大学，2009.

［18］ 顾嘉文，刘慧渊，范帮勇，等.热等静压技术在金属陶瓷复合材料制备中的应用［J］.佛山陶瓷，2015（6）：1~3.

［19］ 冯养巨.M32 粉末高速钢旋转锻造及热处理工艺研究［D］.哈尔滨：哈尔滨工业大学，2013.

［20］ Govindarajan Balakumaran S S. Corrosion Testing and modeling of chloride-induced corrosion deterioration of concrete bridge decks［J］. Astm Special Technical Publication, 2012, 17（5~6）：401~410.

［21］ 金伟良，袁迎曙，卫军，等.氯盐环境下混凝土结构耐久性理论与设计方法［M］.北京：科学出版社，2011：27~34.

［22］ J. D. J. Life cycle cost optimization for infrastructure facilities［D］. Rutgers, the State University of New Jersey, 2003.

［23］ 袁思奇.钢筋锈蚀环境下混凝土结构全寿命周期设计与优化初探［D］.镇江：江苏大学，2017.

［24］ 何冰冷.碳钢芯/不锈钢覆层钢筋成型理论的研究［D］.秦皇岛：燕山大学，2012.

［25］ 焦耐淇.喷射钢纤维混凝土耐久性试验研究［D］.西安：西安建筑科技大学，2012.

［26］ 中国工程院土木水利与建筑学部工程结构安全性与耐久性研究咨询项目组.混凝土结构耐久性设计与施工指南［M］.北京：中国建筑工业出版社，2004：12~16.

［27］ 徐春一，王元清，郭奕含，等.混凝土用不锈钢钢筋力学性能及工程应用［C］.//第十五届全国现代结构工程学术研讨会论文集.2015：1319~1324.

［28］ 张延吉，郑丽敏.环氧树脂涂层钢筋技术［J］.吉林交通科技，2005（3）：18~18.

［29］ 汪燃原，孔纲，卢锦堂.混凝土中热浸镀锌钢筋的研究及应用［J］.电镀与涂饰，2009，28（10）：22~25.

［30］ 许贤敏.国外不锈钢筋的研究动态［J］.山东建材，2000（5）：29.

［31］ 向勇，黄玲，曾麟芳，等.热轧不锈钢-碳钢复合钢筋的开发和应用前景［J］.金属材料与冶金工程，2017（5）：84~88.

［32］ Sawicki S, Dyja H. Theoretical and experimental analysis of the bimetallic ribbed bars steel-steel resistant to corrosion rolling process［J］. Archives of Metallurgy and Materials, 2012,

57（1）：61~69.

[33] Saleh N. Influence of Hot Clad Rolling Process Parameters on Life Cycle of Reinforced Bar of Stainless Steel Carbon Steel Bars [C]// International Conference on Sustainable Manufacturing, Gcsm 3-5 October. 2016.

[34] Sawicki S, Szota P, Dyja H. Analysis of the bimetallic bars rolling during a skew rolling [J]. Archives of Materials Science & Engineering, 2008, 32（1）：53~56.

[35] 高亚男, 鲍远通, 张全逾, 等. 不锈钢/碳钢复合钢筋内外温差轧制工艺研究 [J]. 铸造技术, 2017（7）：1708~1712.

[36] 高亚男, 张艳菊, 郝瑞朝, 等. 推/张力轧制不锈钢/碳钢复合钢筋的有限元模拟与实验研究 [J]. 特殊钢, 2013, 34（4）：5~9.

[37] 张少坤, 肖宏, 谢红飙, 等. 热处理工艺对热轧包层钢筋界面结合性能的影响 [J]. 材料热处理学报, 2013, 34（11）：67~73.

[38] 张敏. 建筑用钢筋的轧制工艺研究 [J]. 铸造技术, 2014（6）：1282~1285.

[39] 吴伟, 蔡庆伍, 余伟, 等. 耐腐蚀复合钢筋的生产工艺和技术 [C]// 全国线棒材及小型型钢学术研讨会及 2015 年棒线材长厂长会议, 2015.

[40] 尹剑侠, 杨化宝. 不锈钢复合棒材的技术特性及其应用 [J]. 中国科技纵横, 2009（12）：136.

[41] Cross W M, Duke E F, Kellar J J, et al. Stainless steel clad rebar in bridge decks [J]. Corrosion Resistance, 2001, 121（7）：114~139.

[42] 刘小康, 张铱洪, 潘敏强, 等. 碳钢芯/不锈钢复合型材套拉成形工艺研究 [J]. 工具技术, 2006, 40（10）：32~35.

[43] 湖南三泰新材料股份有限公司. 一种不锈钢/碳钢双金属螺纹钢及其复合成型工艺：中国, CN105150608 [P]. 2015-12-16.

[44] 李振虎. 孔型系统对不锈钢覆层钢筋轧制影响的模拟与实验研究 [D]. 秦皇岛：燕山大学, 2011.

[45] Peng X K, Wuhrer R, Heness G, et al. Rolling strain effects on the interlaminar properties of roll bonded copper/aluminum metal laminates [J]. Journal of Materials Science, 2000, 35（17）：4357~4363.

[46] 王光磊, 骆宗安, 谢广明, 等. 首道次轧制对复合钢板组织和性能的影响 [J]. 东北大学学报（自然科学版）, 2012, 33（10）：1431~1435.

[47] 田德旺. 双金属复合材料冷轧变形行为及结合强度的研究 [D]. 武汉：武汉科技大学, 2006.

[48] 郭秀斌, 何毅, 张心金, 等. 热轧不锈钢/碳钢复合板结合界面的组织性能 [J]. 一重技术, 2015（5）：52~55.

[49] 高亚男, 张艳菊, 郝瑞朝, 等. 热轧工艺对不锈钢/铁屑芯包层钢筋性能的影响 [J]. 钢铁研究学报, 2013, 25（11）：42~48.

[50] 马占福, 赵西成. 控轧控冷工艺对 20MnSi 钢组织和性能的影响 [J]. 热加工工艺, 2009, 38（8）：46~48.

[51] 潘志勇, 邱煌明. 钢丝绳生产工艺 [M]. 长沙：湖南大学出版社, 2008.

[52] 王奎生. 钢丝绳生产工艺与装备 [M]. 北京：冶金工业出版社，1993.

[53] 张正强. 一种钢丝绳涂层：中国，CN201210120014.8 [P]. 2012.

[54] 张春雷，董东，刘红芳，等. 电气化高速铁路用钢丝绳的研发与生产 [J]. 金属制品，2011 (4)：11~14.

[55] 王祝堂. 铝合金厚板生产技术与应用手册 [M]. 长沙：中南大学出版社，2015：1.

[56] 刘静安，谢水生. 铝合金材料的应用与技术开发 [M]. 北京：冶金工业出版社，2004：12~13.

[57] Staley J T, Lege D J. Advances in aluminum alloy products for structural applications in transportation [J]. Journal De Physique, 1993, 3 (7)：179~190.

[58] 王国军，王祝堂. 铝合金在中国民用航空器上的应用 [J]. 轻合金加工技术，2017，45 (11)：1~11.

[59] 王祝堂，田荣嶂. 铝合金及加工手册 [M]. 长沙：中南大学出版社，2000：243~278.

[60] 江志邦，宋殿臣，关云华. 世界先进的航空用铝合金厚板生产技术 [J]. 轻合金加工技术，2005，33 (4)：1~7.

[61] 鲁法云，赵凤，张军利，等. 不同厚度 7050 铝合金板材的组织与性能 [J]. 金属热处理，2017，42 (4)：144~149.

[62] Mahoney M W, Calabrese M, et al. Evolution of microstructure and mechanical properties in naturally aged 7050 and 7075 Al friction stir welds [J]. Materials Science & Engineering A, 2010, 527 (9)：2233~2240.

索　引